短波通信建链与传输技术

主　编　付国宾
副主编　罗颖光　段超凡　彭　畜

国防工业出版社
·北京·

内 容 简 介

本书详尽地探讨了短波通信领域的发展历史及关键技术，内容覆盖了短波通信现状及发展、短波信道模型、短波数据传输技术、第二代短波异步选频建链与传输技术、第三代短波同步选频建链与传输技术、第四代短波智能选频建链与宽带传输技术，以及短波接入网技术等，具有很高的学术价值和实用性。

本书适合从事短波通信设备设计研发、生产和使用的工程技术人员，部门行业通信专业技术人员、指挥管理人员和科研院所师生阅读。

图书在版编目（CIP）数据

短波通信建链与传输技术 / 付国宾主编；罗颖光，段超凡，彭靥副主编. -- 北京：国防工业出版社，2025. -- ISBN 978-7-118-13734-7

Ⅰ. TN91

中国国家版本馆 CIP 数据核字第 2025MZ0980 号

※

国防工業出版社 出版发行

（北京市海淀区紫竹院南路 23 号　邮政编码 100048）

三河市天利华印刷装订有限公司印刷

新华书店经售

*

开本 710×1000　1/16　**印张** 20　**字数** 323 千字

2025 年 6 月第 1 版第 1 次印刷　**印数** 1—1500 册　**定价** 138.00 元

国防书店：（010）88540777　书店传真：（010）88540776

发行业务：（010）88540717　发行传真：（010）88540762

本书编委会

主　　编　付国宾

副 主 编　罗颖光　段超凡　彭　蓊

参编人员　王丽娟　李　晓　朱春祥

余　奇　马宇峰　欧春芳

赵　欣　胡　佳　但阳鹏

杨　帆

前言

短波通信发展已经有一百多年的历史，由于其通信距离远、抗干扰能力强等优点，一直被广泛运用于军事、交通、气象、应急等各个领域，以保障语音、电报、文字、图像等各类信息的远距离传输。特别是在军事领域，短波通信一直是被用于军事指挥的重要通信手段。但短波通信相对其他通信手段而言，存在带宽窄、速率低、可用频点少等缺点，一定程度上制约了其网络化发展和运用。随着软件无线电、认知无线电和人工智能技术的不断发展，短波智能选频建链与宽带化传输取得了重大进展，短波通信在保障远距离通信、应急通信、外交专用网络以及军事通信等方面又重新赢得重视。本书以短波通信技术发展为主线，对第二代短波异步选频建链、第三代短波同步选频建链、第四代短波智能选频建链和宽带化传输，以及短波接入网等关键技术与发展应用进行了全面系统的分析阐述，有助于帮助我们及时跟踪了解短波通信新技术、理解短波通信新思维、发展短波通信新应用。

全书共分为7章，具体安排如下：

第1章主要介绍短波通信的发展历史和概况，分析了短波通信的特点，阐述了短波通信运用场景，探讨了短波通信技术现状和发展趋势。第2章主要介绍短波信道传输方式及特性，重点研究了 Watterson 窄带信道模型和 ITS 宽带信道模型，并就短波信号传输损耗和中长期频率预测进行了研究分析。第3章主要介绍短波调制解调、差错控制技术，探讨了 STANAG5066 标准协议。第4章主要介绍第二代短波通信建链与传输技术，详细讨论短波自动链路建立（异步模式）协议结构、建链波形、呼叫协议、链路建立和维护过程。第5章主要介绍第三代短波通信建链与传输技术，详细讨论第三代短波自动链路建立（同步模式）协议体系，重点研究了突发波形、自动链路建立与维护、业务管理、数据传输等协议套件，与第二代短波通信系统相比，同步建链模式建链速度更快，信道拥塞概率更低。第6章主要介绍第四代短波通信建链与宽带传输技术，主要讨论了短波宽带通信需求、宽带化建链技术、宽带数据传输技术以及短波宽带互联网应用。第 7 章主要介绍短波接入网网络结构、国外短波接入网建设情况以及接入网中的同步选频接入、分集接收合并等关键技术。

本书的编写经历长期的调研、实践和总结的过程，国防科技大学信息通信学院付国宾、罗颖光、段超凡、彭靥、王丽娟、李晓、朱春祥、余奇、马宇峰、欧春芳、赵欣、胡佳、但阳鹏、杨帆等参与了本书的编写。我国短波通信领域的许多专家学者，如海军工程大学张志刚教授、中国船舶集团公司第 722 研究所彭开志高工、南京熊猫汉达科技有限公司（国营 714 厂）赵倩高工等，长期工作在短波通信教学和科研第一线，理论基础深厚、实践经验丰富，对本书编写提出了许多宝贵意见，在此表示感谢。感谢编者为本书所做出的努力和贡献，同时还感谢指导专家在理论和技术方面给予的支持和帮助。

在本书的编著过程中参考了大量国内外相关文献，在此对这些文献的作者表示衷心的感谢。

本书涉及短波通信领域广泛的理论和技术问题，由于作者的知识局限，书中难免有不妥之处，敬请读者批评指正。

编者

2024 年 12 月

目录

第1章 短波通信概述

长期以来，短波通信以其广域覆盖、机动灵活、使用简单等显著特点，被广泛应用于政府、外交、气象、应急等各个部门，用以传送语音、文字、图像、数据等信息，尤其在军事部门，一直是军队战略战役指挥通联的主要手段。由于短波通信具有其他通信手段不可替代的重要作用，因此世界各国诸多机构都在不遗余力地开展研究。本章主要介绍短波通信的产生、发展、特点及系统组成。

1.1 短波通信产生与发展

自第二次世界大战以来，短波通信技术取得了巨大的进步。按照国际无线电咨询委员会（ITU－R）对无线电频率的划分，短波是指频率为3～30MHz、波长为10～100m的电磁波。利用短波进行的无线电通信称为短波通信，又称为高频（High Frequency，HF）通信。

短波通信的诞生可以追溯到电磁感应现象发现的时期。

1820年，丹麦科学家奥斯特在研究电和磁的关系时，发现了电流的磁效应，即“电”可以产生“磁”。1831年英国物理学家法拉第在总结前人研究成果的基础上，提出了电磁感应定律，证明了“磁”可以产生“电”。

1865年，英国物理学家麦克斯韦在库仑定律、安培定律和法拉第定律基础上，提出了涡旋电场和位移电流假说，建立了完整的电磁场理论体系。1888年，德国物理学家赫兹首先证实了电磁波的存在，验证了麦克斯韦的理论。

1895年，意大利电气工程师马可尼成功进行了通信距离为2.7km的无线电信号传输试验。1896 年，俄国无线电通信发明家波波夫进行了无线电传递莫尔斯电报码的试验。这两个试验标志着无线电通信的诞生。根据频率和波长的不同，无线电通信可划分为甚长波、长波、中波、短波、超短波、微波等工作波段，如表 1－1 所示。

表 1－1　无线电频段划分表

频率范围	波长	频段名称	波段名称
3Hz～30kHz	10～100km	甚低频 VLF	甚长波
30～300kHz	1～10km	低频 LF	长波
300～3000kHz	100～1000m	中频 MF	中波
3～30MHz	10～100m	高频 HF	短波
30～300MHz	1～10m	甚高频 VHF	超短波
300～3000MHz	10～100cm	特高频 UHF	微波
3～30GHz	1～10cm	超高频 SHF	
30～300GHz	1～10mm	极高频 EHF	

在无线电通信应用的最初阶段，人们认为波长短于 200m 的电波不适于远距离通信，大都使用长波和中波波段进行通信。直到 1921 年，在意大利首都罗马的近郊发生了一场大火，一个业余无线电爱好者用了仅有几十瓦功率的短波电台发出了求救信号，这一信号竟意外地被远在 1500km 以外的哥本哈根的业余无线电台收到了。由此，人们发现了短波具备远距离通信的能力。

1924 年，第一条商用短波通信线路在德国的瑙恩和阿根廷的布宜诺斯艾利斯之间建立。随后，各种高增益、强方向性短波天线的出现，使得短波通信得到了飞速发展，迅速成为世界各国中、远程通信的主要手段，被广泛应用于政府、军事、外交等部门，用以传送电报、电话、传真、语音、广播等业务。

1965 年，美国发射了第一颗商用通信卫星，为远程通信特别是洲际通信的重要手段提供了替代手段。此后，由于受到卫星通信发展的强烈冲击，许多短波通信业务被卫星通信所替代，短波通信发展进入了低谷期。20 世纪 80 年代，以美苏争霸为主要特征的世界军备竞赛愈演愈烈，1980

年 2 月，美国国防部核武器局在一份报告中指出："一个国家，在遭受原子弹袭击后，恢复通信联络最有希望的解决办法是采用价格不高、能够自动寻找信道的高频通信系统"。20 世纪 80 年代后期，随着短波高速数据传输技术的突破和短波通信业务需求的不断增加，短波通信重新得到重视，迎来了大发展期。

整体而言，短波通信技术与系统的发展大体上可分为四个阶段，国内外发展概况如图 1－1 所示。

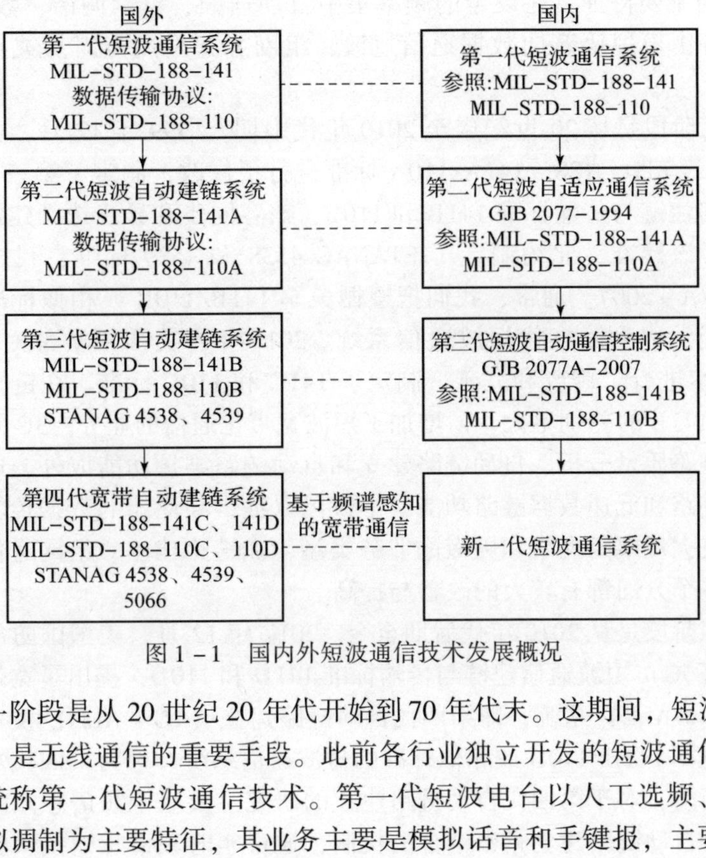

图 1－1　国内外短波通信技术发展概况

第一阶段是从 20 世纪 20 年代开始到 70 年代末。这期间，短波通信发展迅速，是无线通信的重要手段。此前各行业独立开发的短波通信链路建立技术统称第一代短波通信技术。第一代短波电台以人工选频、手动调谐、模拟调制为主要特征，其业务主要是模拟话音和手键报，主要采用点对点通信。

第二阶段是从 20 世纪 80 年代初到 90 年代末。这期间，短波通信进入了新的发展时期。在收发信机和调制解调器方面出台了系列标准，主要包括美国联邦标准 FED－STD－1045、美军标准 MIL－STD－188－141A 和 110A、北约标准 STANAG 4285 等。特别是在 1988 年，美国国防部制定了第二代短波通信技术标准 MIL - STD - 188 - 141A，明确了调制解调器的各种参数定义、自适应链路建立（ALE）协议、数据链路协议、抗干扰、组网等方面的内容。1994 年，我国有关部门研究制定了“短波自适应通信系统自动线路建立规程”（GJB 2077 - 1994），对于我国短波自适应通信的研究发展起到了巨大的促进作用。我们把遵循美军标准 141A/110A 或相似标准的短波通信系统，称为第二代短波通信系统。2G 短波通信具备链路质量分析（LQA）、自动链路建立和自动链路维护（ALM）功能，以“自动、数字”为主要特征：在设定的频率集中自动选频、自动调谐、数字调制。通信业务由模拟语音向数据通信过渡，组网方式采用点对点或点对多点方式。

第三阶段是从 20 世纪末至 2010 年代中期。1999 年 12 月，美国国防部对 MIL - STD - 188 - 141A/110A 标准进行了修改，制定了第三代（3G）短波通信建链与传输标准 141B 和 110B，兼容同步和异步选频建链两种模式。参考该标准，北约制定了 STANAG 4538 和 4539 标准，我国制定了 GJB 2077A - 2007。通常，我们把遵循美军 141B/110B 或相似标准的短波通信系统，称为第三代短波通信系统。2011 年，美国国防部对 141B 和 110B 版本进行了修改和完善，制定了 141C 和 110C 标准。在链路建立上 141C 与 141B 的差别不大，但增加了短波宽带化通信的业务。3G 短波通信除具备链路质量分析、自动链路建立和自动链路维护功能以外，还支持高速数据链路和低速数据链路功能，不仅可以提供高性能的数据传输，还可以支持更大规模的网络和更多的业务类型，在链路建立、组网通信、信息处理等多个方面都有较大的改善与提高。

第四阶段是从 2010 年代后期至今。2017 年 12 月，美国国防部制定了第四代（4G）短波通信建链与传输标准 141D 和 110D，提出了宽带自动链路建立（WALE）系统，即第四代自动链路建立（4G - ALE）技术。我们把遵循美军 141D/110D 或相似标准的短波通信系统，称为第四代短波通信系统。当前，对于第四代自动链路建立的研究主要基于频谱感知的信道实时探测与自动链路建立紧密结合的机制，通过实时频谱感知技术获取可用频率，通过宽带信号快速侦听技术实现快速建链。第四代短波通信系统采用的技术以“智能化、宽带化、网络化”为主要特征，以满足宽带化“综合业务传输”需求为目标，以智能选频快速建链和综合组网为基础，其关键技术主要包括宽带信号快速侦听、宽带链路建立、高性能数据传输、分集接收处理、智能化业务管理、综合抗干扰处理等。

近年来，关于短波通信的研究较为活跃，国际上IEEE每年都召开的“MILCOM”会议，均有很多关于短波通信技术的文章。有很多大公司如哈里斯（Harris）、摩托罗拉（Motorola）、罗克韦尔柯林斯（Rockwell Collins）等，以及一些组织机构和实验室，如加拿大通信研究中心、武汉大学电子信息学院电离层实验室等，每年或不定时组织召开短波技术交流会议。在新的时代发展背景下，工业界和学术界正在联合展开工作，致力于构建新一代短波通信技术标准。

1.2 短波通信主要特点

短波通信有着许多显著的特点，与卫星、地面微波、光缆等通信手段相比，短波通信不需要建立中继站便可实现远距离通信，建设和维护费用低，建设周期短；短波通信设备简单，既可以根据使用要求固定设置进行定点通信，也可以背负或车载、舰载、机载等进行机动通信；短波通信链路调度容易，临时组网方便、迅速，具有很大的使用灵活性；短波通信设备体积小，容易隐蔽，便于改变工作频率以躲避敌人干扰和窃听，破坏后容易恢复，对自然灾害或战争的抗毁能力强，其应用特点主要体现在以下几个方面。

1. 通信覆盖与远程通信能力强

短波通信可采用地波传播和天波传播两种传播方式。地波传播的衰耗随工作频率的升高而递增，在同样的地面条件下，频率越高，衰耗越大。因此，地波主要适用于近距离通信，其工作频率一般在5MHz以下。但是地波传播受天气影响小，比较稳定，信道参数基本不随时间变化。天波是无线电波经由距地球表面60～600km电离层反射进行传播的一种工作模式。倾斜发射的电磁波经电离层反射后，可以传到几千千米的地面（见第2章）。天波的传播损耗比地波小得多，经电离层一次反射（单跳）最远通信距离可达几千千米，经地面与电离层之间多次反射（多跳）之后，可以实现全球通信。由于电波工作频率超过30MHz时，电离层反射能力减弱，电磁波将会穿透电离层而不能到达地面，工作频率小于3MHz时，因电离层吸收损耗过大而不适合天波传播，因此天波传播最合适的工作频率是短波频段3～30MHz。短波天波传播不仅可以用于远距离通信，还可以用于近距离通信。在地形复杂，短波地波或视距超短波/微波传播受阻挡而无法到达时，短波天波可利用近垂直反射传播技术达成有效的通信。因此，短波通信具有不需要建立中继站而实现远程全域覆盖的通信能力。

2. 通信系统顽存性强

有线通信网和大多数无线通信网一般都采用“中心式”组网结构，用户的接入与复接、通信路由的选择与交换、域间中继与汇接，以及用户和网络的管理等均由“中心式”节点设备来完成。为了实现区域覆盖组网通信，一般需要建立若干个中心节点，节点之间由中继线路连接。这种组网方式最大的特点是通过建立资源共享的通信平台，可实现大用户量承载，减少线路、设备的建设投入和运行成本。中心节点既是网络运行的核心设备，也是网络安全最脆弱的部分，一旦发生故障就会造成部分用户无法通信。特别是当战争或自然灾害造成区域内多个中心节点受损时，就会造成局部甚至整个通信网络瘫痪。与此相比，短波通信具有无中继远程及全域通信覆盖能力，无须考虑线路费用，通常采用无中心、用户全连接通信组网方式，通信线路或路由的变换控制一般是通过频率规划、调度和管控来实现。每个通信台站既可以作为主站也以作为从站，当部分台站受损时，不会影响网络的正常运行。同时，短波通信具有天然的不易被摧毁的“中继系统”——电离层，只有在高空原子弹爆炸时才可能在有限的电离层区域内短时间造成影响。此外，短波通信工作模式灵活多样，既可实现用户间远端无线电通信，也可以接入其他无线或有线通信网进行通信或转信。因此，与其他通信系统或通信网络相比，短波通信具有较强的顽存性。

3. 运用模式多样、适用范围广

随着微电子、计算机、数字信号处理、自适应与扩频通信等现代电子信息技术在短波通信中的广泛应用，大大改善了短波通信的性能，短波信道的固有缺点逐步得到克服，通信的可靠性、稳定性、传输速率、数字业务的支持能力、频率利用率和多用户承载能力大大提高，短波通信技术和装备有了极大的发展和进步。短波通信作为一种有效的无线电通信手段，既适合于固定方式运用，也适合于机动方式运用。短波通信运用于固定通信时，不需要建立中继站和地下工程线路即可实现中远距离通信，因而通信建设和维护费用低，且建设周期短；短波通信运用于机动通信时，通信设备简单，特别是天线设备以线天线为主，体积小、重量轻、形式多样。无论是地波还是天波传播，受周围环境影响较小，建立短波通信也不需要像卫星、微波通信那样要求精确的定位和定向。因此与其他无线电通信方式相比，短波通信装备更适合于背负、车载、机载和舰载，实现机动式通信或运动中通信。除此之外，短波通信也适合于应急通信。短波通信快速开设、快速组网、快速沟通能力强、运载和运用方式多样、组网运用灵活，特别是不需要依托其他地面设施即可实现远程通信和组网通信。当因战争或非战争因素造成地面通信资源和手段被毁或处于瘫痪状态时，短波通信是实现应急指挥通信的重要选择。因此，无论是军事通信，还是突发事件应急行动通信，短波通信系统和装备都是有效而重要的手段之一。

1.3 短波通信运用场景

由于短波通信的固有特点，其一直被广泛运用于军事、航空、航海、气象、商业等各个领域，用以传送语音、文字、图像、数据等各类信息。但短波通信的窄带、低速、可用频点少、易受干扰等固有缺点严重妨碍了其网络化运用。近年来，随着国际复杂局势的发展，对短波通信提出了新的应用需求，特别是第三代和第四代短波通信技术的出现，较好地解决了抗衰落、抗干扰、宽带化等难题，短波在复杂电磁环境下的远距离可靠通信、国家安全战略下的最低限度通信、应急指挥通信，航空、远洋、外交等行业通信，以及军事指挥通信等方面又重新得到重视和发展。

1. 复杂电磁环境下的远距离可靠通信

由于使用不易摧毁、零成本的电离层作为中继站，短波通信比卫星通信等其他通信方式能更好地满足远距离通信需求。随着信息化的不断发展，电磁环境日趋复杂和恶化，各种干扰日益增大，如何在复杂电磁环境下实现远距离和超远距离通信，是短波通信必须接受的挑战。随着智能选频技术、宽带波形技术、分集接收技术的发展，短波通信已经能够利用中小功率实现远距离抗干扰通信，大大提升了短波通信的应用范围。如我国某短波科研和生产企业研发设计的某型自主选频电台，可较好地解决复杂电磁环境下小功率短波电台远距离可靠通信问题，该型电台无需预先规划和预置通信频率，无须依赖操作人员的经验、频管系统或专门的勤务信道，即能在短波全频段自动选择可用通信频率，建立短波通信链路，大大提高了短波电台的可通率和通信质量。经过多次试验，使用20W小功率短波电台（架设双极天线），即可实现1000km以上点对点的可靠通信。

2. 国家安全战略下的最低限度通信

受国际竞争及西方敌对势力的影响，维护海外战略利益和大国战略任重道远。通信领域各种电磁干扰手段层出不穷，短波通信作为远距离、最低限度通信手段，具备在复杂电磁环境下全天候生存能力，可以作为全球光缆通信、卫星通信等远程通信的备用手段、最低限度手段，确保通信基础设施被严重破坏下的保底通信应用。发展最低限度短波通信系统，与抗干扰卫星、流星余迹等最低限度通信手段融合应用，能够确保战时最低限度指挥通信、重大突发事件第一时间通信、核安全保底通信、国际局面风云诡变情况下的远程通信，确保国家安全战略的最低通信需求。

3. 应急指挥通信

近年来，世界范围内频发的自然灾害和突发事件，使得应急通信得到更为广泛的关注和重视，特别是2008 年我国汶川“5・12”大地震、2011年日本“3・11”大海啸，都对人民生命财产造成了极大的损失，对应急通信建设提出了新的更为迫切的需求。通过汶川大地震的救援，可以看出在突发重大自然灾害面前，灾害救援现场通信能否及时、准确、畅通直接影响着抢险救援的效能发挥。要在最短的时间内调集多个部门应急救援力量参与到地震救援工作中，迅速、高效的现场应急指挥通信是关键。地震发生后，现场原有通信设施可能已经遭到破坏，公众通信网大面积中断，通信不畅使灾区态势发送不出去，参与救援的各部门之间无法实现有效协同、信息共享，抗震救灾指挥部的决策和部署也受到影响。国内常用的灾害应急通信技术手段有卫星通信、集群通信、微波通信、短波通信等，汶川大地震前期救援过程中，现场短波无线电台发挥了重要作用，尤其在救援初期，合理使用短波通信系统可以确保地震救援现场应急通信的及时、准确、畅通。短波通信作为应对重大自然灾害条件下应急通信保障体系的重要组成部分，依托其自身的优点在迅速、主动、有效地应对自然灾害中发挥了重要的作用，提高了处置突发事件的能力，确保了人民群众的生命财产安全和社会的和谐稳定。

4. 航空、远洋、外交等行业通信

短波通信以传统优势和其自身特点，在国家各行业领域得到了广泛应用。在航空领域，建立了航空专业短波通信系统，短波通信作为塔台指挥、航路导航、对空通信、雷达通信的重要手段，发挥着不可替代作用。在远洋渔业领域，海洋运输、渔业、海洋科考、海上巡航等对海通信，也基本依托短波电台。在外交领域，“全球外交通信网”是根据党中央有关指示，应时代要求而建立的一个集通信与控制于一体的全球外交通信系统，从结构上来看，全球外交通信系统包括短波通信系统、卫星通信系统和辅助通信系统，以短波通信为主，有线通信为辅，某些节点采取卫星通信，内外各个网络节点均设有短波收发信台。

5. 军事指挥通信

短波通信自诞生起，就一直是作战指挥的重要通信手段之一。在第一次世界大战中，短波通信作为电报传输的主要手段，展现了巨大的应用价值。在第二次世界大战中，短波通信被广泛应用在作战指挥、作战协同以及坦克装甲、飞机、舰艇等主战武器平台通信之中。新中国成立后，国家和军队高度重视无线电通信建设，经过多年建设，短波通信已成为我军重要远距离通信手段之一，通信业务由过去的报话通信为主向以数据通信为主、数话结合转变。在未来信息化条件下联合作战中，在遭敌精确火力打击情况下，短波通信依然是非常重要的通信手段。

1.4 短波通信系统组成

短波通信系统是指为开展短波通信所必需的设备的总和。短波通信系统通常由发射机、天线、接收机、电源及附件组成。典型的短波通信系统组成如图 1－2 所示。

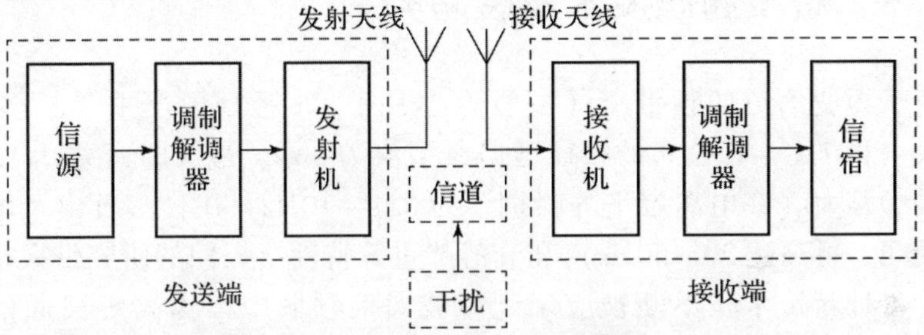

图 1－2　短波通信系统组成

发送端主要包括信源、调制解调器、发射机和发送天线，通过自由空间传输信道将信号发送至接收端，接收端主要包括接收天线、接收机、调制解调器和信宿。各部分功能描述如下：

1. 发送端主要构成

（1）信源：主要产生话音、数据以及其他原始信息。

（2）调制解调器：主要实现模拟信号向数字信号的转换。

（3）发射机：主要由电源单元、激励器、谐波滤波器、功率放大器和功率指示模块等组成，用于激励放大遥控电信号，并交由发射天线进行发射。

2. 接收端主要构成

（1）接收机：主要是将天线接收到的无线电信号加以选择、变换、放大，包括电源单元、信道接口模块、控制接口模块、谐波滤波器和功率放大器等模块。

（2）调制解调器：主要实现数字信号向模拟信号的转换。

（3）信宿：主要用于接收从信源传输的信息。

其中，信源主要产生话音、数据以及其他原始信息，发送端调制解调器实现信号的调制功能，将电信号搬移到合适的工作频率上，原始的信息源转换成适合在短波信道上传输的信号，包括调制、频率变换、编码、放大等处理过程，再通过天线将短波射频电流能量转换成无线电波送入传输介质。无线电波通过传输介质传输到收信端，收信天线把接收到的短波无线电波转换成射频电流能量送入收信端设备。收信端设备将接收到的射频信号进行放大、频率变换和解调，恢复成相应的基带信号，再通过收方用户设备转换成原始信息。

1.5 短波通信技术发展趋势

由于短波信道的频带窄（一般为3kHz）、多径现象严重（2～4条）、延迟大（由ITU－R公布的路径延迟典型值为2ms，最大时延差达10ms）、多普勒频移大（在电离层平静时期，为0.1～10Hz，在日落日出及电离层扰动期间，可高达20～50Hz）和衰落严重等特性给人们的研究带来很大的挑战，各种新技术正不断被应用到短波通信领域中以提高短波通信的性能。短波通信在进行远距离传输时，仅需要不大的发射功率和适中的设备费用，且其通信线路不易被摧毁。但是，短波通信也存在多径和衰落而导致的可靠性低、质量差的缺点，无法适应越来越高的传输要求。随着许多新技术的出现，如自适应均衡、最大似然序列估计、加入保护间隔等技术可以有效地克服多径效应；另外，为了减轻衰落的影响，可采用分集技术、现代编码交织技术等。这些新技术的应用有力推动了短波通信的发展，使得在高频信道上进行高速数字传真、数字保密电话、数字视频传输、高速数据传输等业务逐渐成为可能。

1.5.1 由数字化转向软件无线电发展

短波通信的数字化含义通常可以理解为语音数字化通信和数据业务通

信。短波通信数字化是根据高速数据业务的需要，在短波信道条件下，进行低误码率的语音编码，并通过信号处理技术，实现短波数字化传输。大规模和超大规模集成链路的发展，为短波通信技术的软件化提供了支持，使短波通信技术软件化成为可能。软件无线电的基本思想是以一个通用、标准、模块化的硬件平台为依托，通过软件编程来实现无线电台的各种功能。软件无线电采用标准的、高性能的开放式总线结构，以利于硬件模块的不断升级和扩展。利用软件无线电技术来改变短波通信系统的结构，研究新型的基于软件无线电的数字化短波系统，是现代短波通信一个新趋势。对于短波通信而言，由于系统的工作频率相对较低，降低了对A/D电路的性能要求，可以利用现有器件实现射频信号的数字化，这是实现软件无线电的一大优势。软件无线电技术不仅为新一代短波通信设备提供了最佳的解决方案，而且为短波通信体制的突破发展提供了有利的研究基础。以美国哈里斯公司的RF－7800H和德国R&S公司的M3SR电台为代表的软件无线电短波电台的出现，打破了传统短波通信设备过分依赖硬件实现各种功能的旧体制，实现了多功能、多模式、可编程的短波电台，为短波通信发展注入了新的活力。

1.5.2 天线向智能化方向发展

天线是用于发射和接收电波的装置，设计的目标是链路电磁能量的正反变换期间，获得或者送出更多功率。短波台站天线一般采用大型对数周期天线、鱼骨天线、阵列天线，实现宽频带、高增益的收发效果。由于短波波长较长，导致该频段天线一般体积较大，阻碍了短波通信在小型平台上的应用。自适应天线属于高频自适应技术，其技术优势是信息处理功能和自动控制功能。自适应天线能够适应环境变化，无论在任何环境下，都能够增强对信号的感知能力。向智能化方向设计发展就是使天线的适应能力继续增强，在方向、阻抗等方面优于传统天线，能及时找准方向，提高信号灵敏度。天线向智能化方向发展从根本上提高了短波通信的抗干扰能力。

1.5.3 由窄带通信向宽带通信技术发展

传统的低速率短波通信业务已不能适应信息化条件下高速率大容量的业务需求，短波网络需要支持数字语音、图像、视频等大容量高速率业务，对于带宽有限的短波通信而言，大容量高速率是亟待解决的难题。当前，传统短波点对点通信模式已逐步发展为智能选频建链和接入网通信模式，有效提升了短波通信建链速度和可靠性。同时，编码技术、时域均衡技术以及 OFDM、QAM 等宽带波形技术的发展，使得短波传输速率明显提高，从传统的 2400bps（3kHz 带宽）提升到了 128kbps（24 ~ 48kHz 带宽），甚至更高，并且在传输性能上更适应短波信道的时变色散特性，大大提升了短波频谱的利用效率。特别是美国国防部第四代短波通信技术标准 MIL - STD - 188 - 141D 和 110D 的提出，显著提升了短波通信系统的传输性能，能够适应或支持特定的 IP 业务、图像和视频业务，其应用范围得到进一步拓展。

1.5.4 由单一自适应向全自适应技术发展

短波信道是一种典型的随机变参信道（信道特性随时间、空间和工作频率而随机变化），为提高短波通信的可靠性和有效性，需采用频率自适应技术，使短波通信系统能够实时地或近实时地选用最佳工作频率，以适应电离层的种种变化，同时克服多径衰落影响和回避临台干扰的作用。同时，辅以功率自适应技术、传输速率自适应技术，以及调制解调技术和分集、编码技术、宽带并行接收技术，将多种技术综合起来应用，实现技术之间的相互作用和结构上的完美设计，从单一自适应向全自适应技术的发展已经成为保证短波通信质量的关键措施。当前具有代表性的自适应短波通信系统有美国哈里斯公司的 RF - 7100、RF - 7166、RF - 5800H 等系统，罗克韦尔柯林斯公司的 AN/ARC - 190（又叫 SELSCAN 系统），加拿大瑞斯公司的 RTS151 系统、澳大利亚的 HF - 90H 系统，德国 R/S 公司的 ALIS 系统，西门子公司的 CHX200 等，这些都是较为先进的自适应通信电台。

1.5.5 由点对点（多点）组网向 IP 互联网络方向发展

空天地（海）一体化信息通信网络是下一代信息通信的基本特征，短波通信需要与卫星通信、移动通信、自组网通信等系统实现综合组网，发挥各自优势和特长。此外，地基、海基、空基等短波用户的数量日益增加，用户业务呈多样化、突发性特征，要求短波通信向数字化、网络化、业务综合化发展。通过将移动平台架构移植到短波通信系统上来，能够实现公共电话网、互联网与短波通信的有效结合，使短波通信在互联网时代可以与更多的行业衔接，建立新的发展空间。短波通信技术与空天地海一体化网络的结合，是新理念和新技术的综合应用。因此，在短波通信技术的发展过程中，我们应精确把握短波通信技术的特点，明晰短波通信的自适应特性，正确分析短波通信技术走势，将短波通信作为一种新的通信平台，努力打造高效、安全、可靠的第四代自适应网络。

1.6　小结

电离层特性决定了短波通信是唯一不受网络枢纽和有源中继制约的远程通信手段，其抗打击能力和自主通信能力显著，且技术起点较低、价格低廉。随着数据业务量的增加和业务种类的拓展，短波通信作为现代信息系统的主要技术手段，一方面在装备体制上正逐步实现从模拟向数字、台站向网系、窄带向宽带数据传输的转变；另一方面，随着新技术、新器件、新工艺的不断应用，短波信道设备和终端设备的性能不断提升，进一步提高了信息传输的可靠性和有效性。基于以上原因，世界各国均进一步加强短波通信技术与系统的研究。

第 2 章 短波信道

无线电波传播信道是连接发射机和接收机的媒介，其特性决定了信息论容量，也决定了无线通信系统的表现。理解无线信道特性，对于短波通信系统设计具有重要作用。通过短波天波传播实现低成本、超视距通信的关键是要理解电离层传播的物理特性和天波信道传播的统计特性。本章主要对短波信道的特性进行研究，分别从短波传播方式、信道传播特性、信道噪声及抗干扰和信道模型等方面进行阐述和分析。

2.1 短波传播方式

2.1.1 无线电波传播方式

根据电波传播路径的不同，无线电波主要有以下四种传播方式：直射波传播、地波传播、天波传播和散射传播，如图 2 – 1 所示。

1. 直射波传播

直射波传播是指电波在发射天线和接收天线能互相“看见”的距离内传播的一种传播方式，也称为视距传播。直射波传播主要适用于超短波、微波，一般有两种形式，一种是地对地的视距传播，另一种是地对空的视距传播。

2. 地波传播

地波传播是指无线电波沿地球表面传播。地波传播方式主要适用于甚长波、长波、中波和短波，短波电台在陆地上采用地波传播时，只能进行近距离通信。

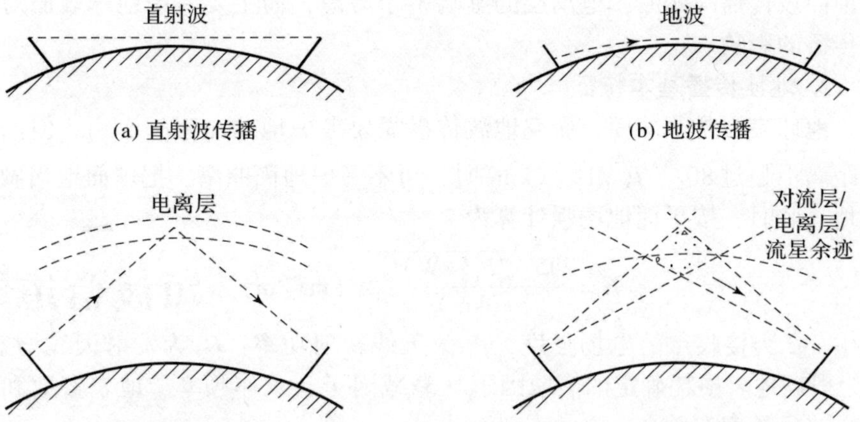

(a) 直射波传播　(b) 地波传播　(c) 天波传播　(d) 散射传播

图 2－1　无线电波的主要传播方式

3. 天波传播

天波传播是指发射天线向空中发射电波，由高空电离层反射后到达接收点。天波传播主要适用于短波，是短波通信的主要方式。

4. 散射传播

散射传播是利用对流层、电离层，以及流星余迹中的不均匀“介质团”对电波的散射作用而实现的超视距传播，主要用于超短波和微波的远距离超视距通信。当电磁波遇到一些凸起或开口等不规则的“介质团”时，由于反射、折射和散射，电磁波会沿着不同的方向传播出去，形成一个散射场，这就是散射通信的基本原理。与传统的直接传输方式相比，散射通信具有更好的穿透力，并能适应更为复杂的环境条件，是最低限度通信的重要方式之一。

2.1.2　短波地波传播

1. 地波传播形式

我们把沿地面传播的无线电波叫地波，当短波天线架设较低，且其最大辐射方向沿地面时，主要是地波传播。地波传播主要受其跨越的那部分地球表面的影响。其特点是信号比较稳定，主要因为地表面导电特性在短时间内变化小，基本上与昼夜和季节的变化无关，因此没有天波信道常见的各种衰落。地波传播基本上不受气象条件的影响，但随着电波频率的增高，传输损耗迅速增大。因此这种方式特别适用于短波的低端频率。在讨论地面波传播问题时，电离层的影响不予考虑，而主要考虑地球表面对电波传播的影响。

2. 地波传播基本特征

地球表面是个球面，研究地波传播需要考虑地球曲率的影响。但当通信距离不超过 $80/\sqrt[3]{f(\mathrm{MHz})}$ (km)时，可不考虑地面曲率，把球面地当做平面地。此时，按平面地场强计算为

$$E=\frac{245\sqrt{P_t(\mathrm{kW})\mathrm{G}_t}}{r(\mathrm{km})}A\ (\mathrm{mV/m}) \tag{2-1}$$

式中：E 为接收点的电场强度；P_t 为天线辐射功率；G_t 为发射天线增益；A 为根据地表损耗确定的衰减因子（衰减因子与工作频率、地表参数和无线电路径长度有关）；r 为通信距离。

在实际中，地波传播距离不仅与频率有关，还与传播路径上媒介的电参数密切相关，受地质、地形和地貌的影响较大。

就地质情况而言，由于地球表面是有电阻的导体，当电波在它上面行进时，有一部分电磁能量被消耗，衰减的快慢与电波频率、地面的电参数等有关。通常，地面的导电性能越好，吸收越小，电波传播热损耗越小。电波在海洋上传播损耗最小，在湿土和江河湖泊上的损耗次之，在干土和岩石上的损耗最大。电波频率越低，损耗越小，因为地电阻与电波频率有关，频率越高，由于趋肤效应，感应电流更趋于表面流动，使流过电流的有效面积减小，地电阻增大，故损耗增大。例如，使用 100W 功率短波电台，在岩基沙地以 7MHz 通信，可达 30km；以 14MHz 通信，仅可达 10km。所以，短波地波传播时，要选用较低频率，较大发射功率和高增益天线。

就地形地貌情况而言，无线电波的绕射能力与其波长和地形的起伏有关。波长越长，绕射能力越强；障碍物越大，绕射能力越弱。在地波通信中，长波的绕射能力最强，中波次之，短波较小，超短波、微波绕射能力最弱。显然，对于长波来说，除了高山都可将地面看作平坦的；而对于分米波、厘米波，即使是一堵墙一棵树也应看作地面有严重的不平度，对电波传播具有一定的阻碍作用。远距离通信必须考虑地球曲率的影响，此时到达接收点的地波是沿着地球弧形表面绕射传播的。此外，地面的障碍物对电波有一定的阻碍作用，地波有绕射损失。电波穿过障碍物时，必然要产生感应电流，障碍物的导电性能越好，感应电流就越大，则其吸收的能量就越多，电波的衰耗就越大。例如电波穿过矿山时所受到的衰减比普通山脉要大。在城市中铁皮屋顶、钢筋结构及铁塔、电线等物体，都会使电

波受到很大衰减。当通信双方之间间隔一定高度的山岳时，两部短波电台的选址不应靠近山脚，应各自离开山脚一定距离。一般来说，山越高，电台选址离开山脚应越远（台址距离障碍物的距离 >10 倍障碍物高度）。

2.1.3 短波天波传播

短波地波传播虽可提供超视距通信能力，却不能覆盖全球范围。为了将通信覆盖范围扩展到数千千米，我们必须采取另一种方法：向天空发射信号，无线电信号与电离层相互作用并返回至地球表面。

1. 电离层概况

地球大气层厚达 2 万多千米，大气密度随距离地面高度的增加而降低，大气层的运动变化对无线电波传播影响很大，对人类生存环境也有深远影响。地球表面大气分层如图 2 – 2 所示。

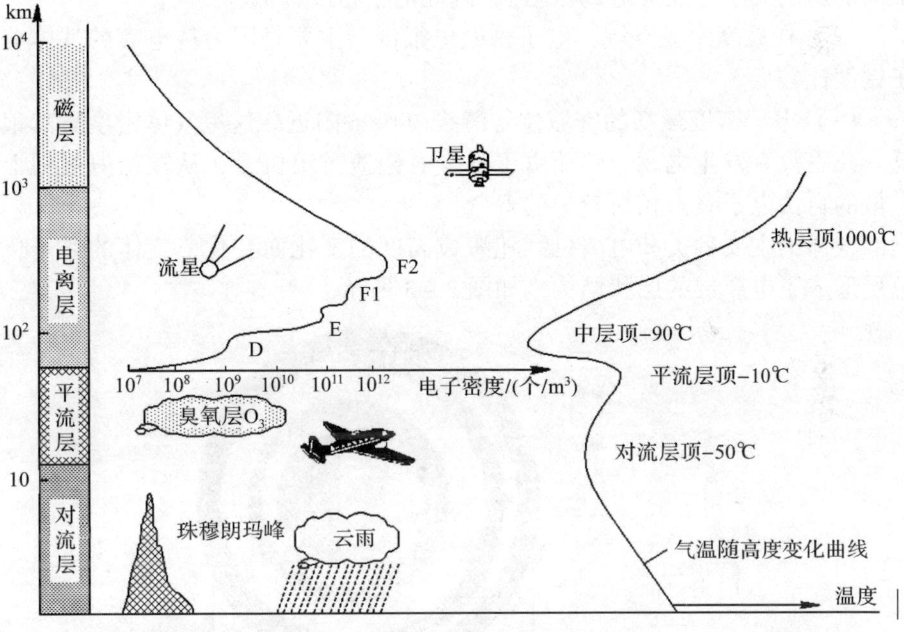

图 2 – 2 地球表面上空大气分层示意图

在离地面 10 ~ 12km（两极地区为 8 ~ 10km，赤道地区达 15 ~ 18km）以内的空间里，大气是相互对流的，称为对流层。对流层中复杂的气象变化形成的不均匀“介质团”对超短波、微波等电波传播影响特别大，是散射通信的重要媒介。在离地面 10 ~ 60km 的空间，气体温度随高度的增加而略有上升，气体的对流现象减弱，主要是沿水平方向流动，称为平流层，平流层对电波传播影响较小。

在离地球表面上方 60～600km 的空间，空气受太阳高能辐射以及宇宙射线的激励会产生电离，形成较高电子密度的大气区域，称作电离层。电离层中的这些离子体主要由自由电子、正离子、负离子、中性分子和原子等组成。发生电离的主要电离源有太阳辐射的紫外线、X 射线、γ 射线、高能带电微粒流、为数众多的微流星、其他星球辐射的电磁波以及宇宙射线等。其中，最主要的电离源是太阳光中的紫外线。

从电离层到几万千米的高空存在着由带电粒子组成的辐射带，称为磁层。磁层顶是地球磁场作用的最高处，是保护人类生存环境的第一道防线。

电离层电子密度随高度的变化而变化。

（1）在较低海拔高度空域，中性气体密度高，电离辐射强度低（只有最高能量的光子才能穿透到这里），因此电子密度很低。

（2）在最高海拔空域，电子密度也很低。主要是因为待电离的气体分子密度比较低。

（3）电子密度最高的空域位于海拔 300km 附近。这里气体密度虽然很低，几乎没有发生电离，然而由于很少有碰撞重组机会，从较低海拔向上扩散的自由电子具有相对较长的寿命。

气体的主要种类和电离机制随海拔高度的变化而变化，气体的离子化分层形成了电离层的层状结构，如图 2－3 所示。

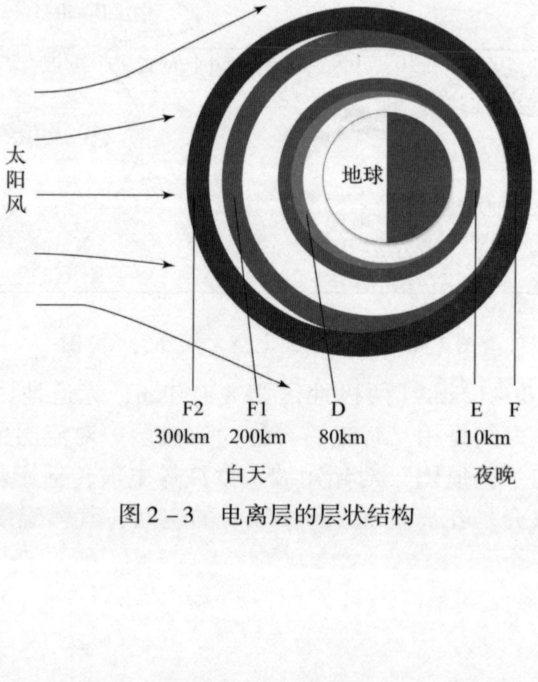

图 2－3　电离层的层状结构

电离层电子密度呈不均匀分布，按照电子密度随高度变化的情况，可把它们依次分为D层、E层、F1层和F2层。F2层的电子密度最大，F1层次之，D层电子密度最小。就每层而言，电子密度也不是均匀的，只在每层中的适当高度上出现最大值。

（1）D层最低，位于地球上空60~90km之间，电子密度低且中性气体密度高。这里主要是γ射线和X射线对一氧化氮进行电离。D层出现在太阳升起之时，消失在太阳降落之后。白天，当太阳辐射强度最大时，D层电子密度达到峰值。夜晚，宇宙射线在这里虽产生离子，但速度缓慢。在夜间D层不再对短波通信产生影响。D层的电子密度较之E、F1、F2层要低得多，不足以反射短波，所以短波以天波传播时，将穿过D层。在穿过D层时，电波将遭受严重的衰减，频率越低，衰减越大。而且在D层中的衰减量远大于E、F1、F2层，所以D层也称为吸收层。

（2）E层位于地球上空90~150km之间，该层电子密度比D层高，但中性气体压力比D层低。这里主要是太阳辐射对氧气分子的电离。E层出现在太阳升起时，在中午电离达到最大值，而后逐渐减少，太阳降落后，E层对短波传播已不起作用。E层白天可以反射高于1.5MHz的电磁波。

（3）F层位于三层中的最外层，离地球表面200~600km。F层电子密度最高，但中性气体密度最低。白天，强烈的太阳辐射在F区域产生双层结构F1和F2。F1层是较低的一层，位于地球上空150~200km高度处，仅在夏季白天出现；F2层位于地球上空200~600km高度处，它不同于其他电离层，在日落后仍能保持一定电子密度，但能反射的电磁波频率远低于白天。图2-3中夜里仅标记为“F层”。对短波传播而言，F层至关重要。

电离层的分层状况如表2-1所示。

表2-1 电离层的分层情况

参数	D层	E层	F1层	F2层
夏季白天高度/km	60~90	90~150	150~200	200~600
夏季夜间高度/km	消失	90~140	消失	150以上
冬季白天高度/km	60~90	90~150	160~180 （经常消失）	170以上
冬季夜间高度/km	消失	90~140	消失	150以上

续表

参数	D层	E层	F1层	F2层
白天最大电子密度/(个/m^3)	2.5×10^9	2×10^{11}	$2\times10^{11}\sim4\times10^{11}$	$8\times10^{11}\sim2\times10^{12}$
夜间最大电子密度/(个/m^3)	消失	5×10^9	消失	$10^{11}\sim3\times10^{11}$
电子密度最大值的高度/km	≈80	≈115	≈180	200 ~ 350
碰撞频率/(次/s)	$10^6\sim10^8$	$10^5\sim10^6$	10^4	$10\sim10^3$
白天临界频率/MHz	<0.4	<3.6	<5.6	<12.7
夜间临界频率/MHz	—	<0.6	—	<5.5
半厚度/km	10	20 ~ 25	50	100 ~ 200
大气成分	N_2、O_2、少量NO	N_2、O_2、O	N_2、O_2、O	N_2、O_2、O
中性原子及分子密度/(个/m^3)	2×10^{21}	2×10^{18}	10^{16}	10^{14}
电离成因	X射线和赖曼α射线的光电离；宇宙射线的碰撞电离	X射线及紫外线的光电离	$\lambda_0=(200\sim800)\times10^{-10}$m的紫外线	

如上所述，电离层很大程度受时间、季节和太阳活动变化的影响，但我们可以从电离层的电子密度峰值的典型数量级数据推导出一些可用的天波频率范围。

（1）在D层，白天自由电子密度峰值可达到每立方米10^9个电子数量，临界频率约为300kHz。该临界频率远低于HF频带，因此所有HF频带的电波几乎没有折射地穿过D层。然而，HF频带中的较低频率在白天通过D层时，电波会明显衰减。

（2）在E层，白天自由电子密度峰值可达到每立方米10^{11}个电子数量，临界频率约为3MHz，接近HF频段的最低挡。依靠倾斜角度，E层可用于中程通信。

（3）在F2层，白天自由电子密度峰值可达到每立方米10^{12}个电子数量，临界频率约为 9MHz，大部分 HF 波段可能产生倾斜折射。夜间，电离峰值缓慢衰减，下降一到两个数量级。由于 F 层在电离层中自由电子密度最高，因此，F 层的临界频率可设为可用频率的上限。由于其高度，F 层的反射最长可达数千千米，因此远程天波通信会优选 F 层。若要依靠 F 层的反射实现几千千米以上远距离通信，需采用多跳路径。即，从电离层返回至地球的信号在地球表面发生散射，部分能量向上传播，再次经过电离层反射。需要注意的是，每次反射或散射都会明显减弱信号强度。天波路径的端到端损耗通常超过 100dB。

总之，电波到达电离层后，一部分能量被电离层吸收，一部分能量被反射与折射返回地面形成天波，或穿过电离层进入外层空间。电波频率越高，电子和离子的振荡幅度就越小，因而被吸收的能量越小。从这一点看，利用电离层通信宜采用较高频率。另外，随着频率的增高，电波穿入电离层的深度也越深，当频率超过一定值后，电波会穿透电离层，不再返回地面。因此，利用电离层通信可供采用的频率既不能太低，也不能过高，一般只限于 1.6～30MHz 频段。

2. 电离层变化规律

天波作为由高空电离层反射而到达接收点的电波，受电离层的影响很大。而电离层的高度、密度及稳定性等随年份、季节、昼夜、气候的不同而改变，因此天波传播信号很不稳定。在短波波段有严重的衰落现象，有时还会因电离层突变而使通信中断。归纳起来，电离层各层的电子密度随昼夜、季节、太阳活动周期而变化的规律如下：

（1）昼夜变化。白天的电子密度大于夜间，中午的密度大于早晚。夜间 D 层消失，E 层和 F2 层电子密度减小，夜间能反射的频率也低于白天。

（2）季节变化。夏季的电子密度大于冬季。

（3）太阳活动周期变化。电离层电子密度随太阳黑子数增加而增大。太阳黑子数的变化周期是 11 年，因此电离层的变化也与 11 年周期有关。

（4）随地理位置变化。电离层的特性随地理位置不同也是有变化的。这是因为，不同地点的上空受太阳的辐射强度不一样，赤道附近太阳照射强，南北极弱，因此赤道附近电子密度大，南北极最小。

电离层特性除了具有上述规律稳定的变化外，还会发生一些随机的、非周期的、突发的急剧变化，主要包括偶发 Es 层、电离层暴、电离层突发骚扰等。电离层的突发随机变化有时会造成通信中断。

偶发 Es 层形成原因并非太阳活动所致，而是因为风切变将大气碎片中的单原子金属离子聚集，从而形成偶现 Es 层。偶现 Es 层由于具有很高的电子密度，甚至能将高于短波频段的频率反射回来。Es 层出现偶然，形成后在一定时间内保持稳定，偶发 Es 层出现时，入射电波的部分甚至全部能量遭到反射，无法通过 Es 层以上区域反射回地面，形成所谓的“遮蔽”现象，不能实现预定距离通信，该层的使用仍需谨慎，易造成通信中断。

电离层暴是由太阳局部地区扰动引起的电离层剧烈变化，主要影响 F 层，持续时间由几小时至几天不等。电离层暴通常可分为 3 类：一是正相电离层暴指 F2 层可反射的最高频率高于正常值，多发生于赤道地区上空；二是负相电离层暴指 F2 层可反射的最高频率低于正常值，多发生于中、高纬度地区，持续时间长；三是双相电离层暴指上述两种情况同时出现。电离层暴会导致电离层结构受到严重破坏，出现层次不清的混乱状况。电子密度呈现或增加或减少的剧烈扰动，会造成数小时甚至数天内不能正常通信。

电离层突发骚扰是一种来势很剧烈的变化。

3. 电离层传播

由于电离层电子密度随着高度变化而变化，因此当电磁波穿过明显有电离梯度差异的区域时，电磁波将产生折射。这种效应随电波频率而变化，对于给定的电离分布，随着频率的增加折射量减小。

1）最高和最低可用频率

电波到达电离层后存在三种不同情况，一是被电离层完全吸收；二是反射回地面；三是穿透电离层。在电离层特性一定的条件下，具休出现哪种情况与短波通信工作频率密切相关。电波频率越低，被电离层吸收得越多；电波频率越高，被电离层吸收的越少，穿透能力越强。

最高可用频率（MUF）是指在实际通信中，能被电离层反射回地面的最高频率。对于一定电子密度的电离层各分层及一定距离的收发通信双方，存在一个相应的最高频率 f_0，也称为临界频率（CF），以保证电磁波能反射回地球表面。随着短波通信频率的降低，电离层的吸收能力逐步增强，接收端电波能量逐渐降低。当频率降低到一定程度时，电波能量的大部分甚至全部被电离层吸收，接收端的信号强度将低于接收门限，导致通信中断，此时的临界频率定义为最低可用频率（LUF）。LUF 和 MUF 之间的频率称为可用频率窗口。需要注意的是，可用频率窗口与实际通信系统的接收门限有关。

MUF 取决于电离层自由电子密度 Ne 及电磁波投射到电离层的入射角 φ。

当电波垂直入射（即入射角 $\varphi=0°$）时，自由电子密度为 Ne（每立方米中的电子数量）的区域，可有效地折射低于临界频率 f_0（单位 Hz）的无线电波：

$$f_0 = 9\sqrt{Ne} \tag{2-2}$$

也就是说，频率为 f_0 的无线电波沿垂直电离层的方面传播，在到达自由电子密度为 Ne 的电离区域时，将被折射 90°，然后对称地再折射 90°，电波返回至源点。频率大于 f_0 的电波折射度小于 180°，不会返回到源点，但可能在远离源点的位置被接收。入射无线电波中的一些能量会在电离区域被吸收，而不是被折射。但是，随着频率的增加，吸收引起的衰减会减小。

如果电波是以 $\varphi>0°$的入射角斜射电离层，频率为 f_0 的电波不会穿出该层，而当为更高的某一频率 f_{max} 时才穿出该层。f_{max} 被称为入射角为 φ 时的最高可用频率，显然，$f_{max}\geqslant f_0$，在给定通信距离和反射点高度的情况下，f_{max} 与 f_0 关系可用下式表示：

$$f_{max}(\varphi)=f_0\sec(\varphi)=f_0\sqrt{1+\left(\frac{d}{2h}\right)^2} \tag{2-3}$$

式中：φ 为电波斜射至电离层的入射角；d 为收发两端之间的距离；h 为电波反射点处电离层的虚高，如图 2-4 所示。

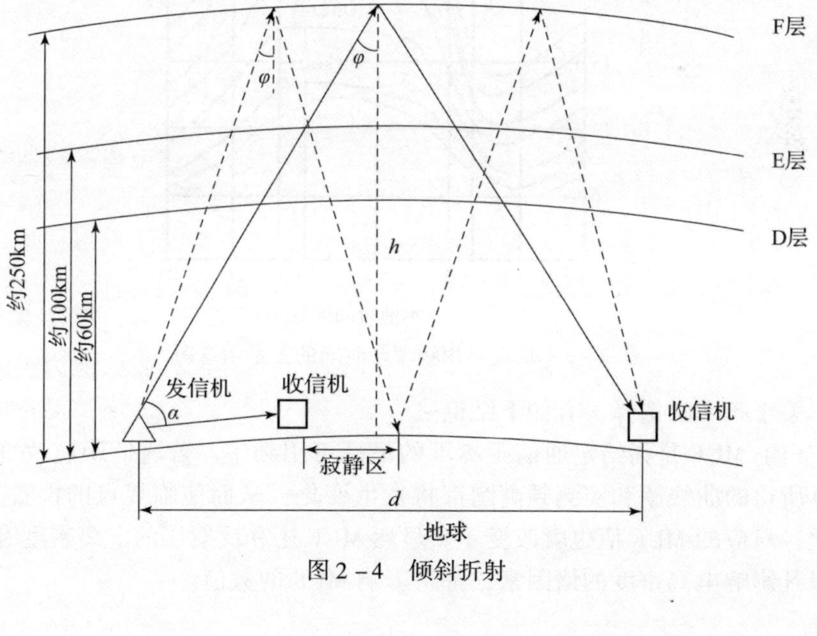

图 2-4　倾斜折射

通常，电离层随着昼夜、季节以及年份剧烈地变化，使得 MUF 和吸收损耗也相应变化。根据表 2-1 中的最大自由电子密度，D 层的最大 Ne 为 10^3，其对应的 f_0 约为 300kHz，此时 f_0 远远小于短波通信频段，大部分工作频率都会穿透 D 层，D 层通常限制远距离通信的最低可用频率；E 层的最大 Ne 为 10^5，其对应的 f_0 约为 3MHz，E 层通常用于中等距离的传输；F1 层的最大 Ne 为 10^5，其对应的 F1 层 f_0 约为 3MHz，F2 层的最大 Ne 为 10^6，其对应的 F2 层 f_0 约为 9MHz，F2 层通常用于远距离的传输。

由于电离层的电子密度受太阳辐射影响很大，白天和夜晚的最高可用频率相差甚大，工作频率也需要进行相应的调整。图 2-5 显示了最高可用频率一天内的变化，而为了更好地适应电离层参数变化引起的传输特性随机起伏，实时地选用最佳工作频率（FOT）是合适的。

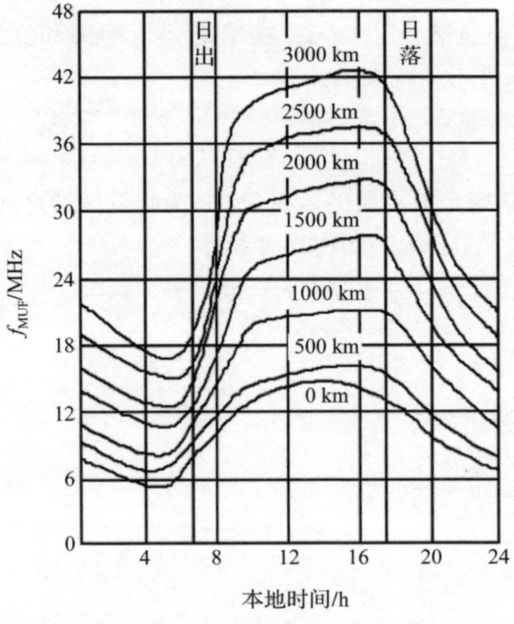

图 2-5　最高可用频率与时间的关系示意图

关于频率的选择，有如下结论。

（1）MUF 是指给定通信距离下的最高可用频率。若通信距离改变了，计算所得的曲线簇和实测频高图都将发生变化，从而使临界点的位置发生变化，对应的 MUF 值也就改变了。显然 MUF 还和反射层的电离密度有关，所以凡影响电离密度的诸因素，都将影响 MUF 的数值。

（2）当通信链路选用 MUF 作为工作频率时，由于只有一条传播路径，所以在一般情况下，有可能获得最佳接收。

（3）MUF 是电波能返回地面和穿出电离层的临界值。考虑电离层的结构随时间的变化和保证获得长期稳定的接收，在确定链路的工作频率时，不是取预报的 MUF 值，而是取低于 MUF 的最佳工作频率。

一般情况下，选取 FOT = 0.85MUF。选用 FOT 之后，能够在一定范围内基本适应电离层的波动变化，保证通信线路有 90% 的可通率。由于工作频率较 MUF 下降了 15%，接收点的场强较工作在 MUF 时损失了 10 ~ 20dB，可见为此付出的代价也是很大的。

2）入射角选择与传播模式

入射角对通信距离有很大的影响。对于较远距离的通信，应用较大的入射角，反之应用较小的入射角。但是，如果入射角太小，电波会穿过电离层而不会折射回地面，如果入射角太大，电波在到达电离密度大的较高电离层前会被吸收。因此，入射角应选择在保证电波能返回地面而又不被吸收的范围。入射角可由下式确定：

$$\sin\varphi = \sqrt{1 - \frac{80.8Ne}{f^2}} \tag{2-4}$$

以上讲的是单跳模式，即经过一次电离层反射。在天波传播中，往往存在着多跳模式。例如，电波经过两次 F 层反射（两跳），称为 2F 模式。表 2-2 中列出了在不同通信距离时，可能存在的传播模式。

表 2-2 不同距离可能存在的电波传播模式表格

通信距离/km	可能存在的传播模式
<2000	1E，1F，2E
2000 ~ 4000	2E，1F，2F，1E2F
4000 ~ 6000	3E，4E，2F，3F，4F，1E1F，2E1F
6000 ~ 8000	4E，2F，3F，4F，1E2F，2E2F

图 2-6 给出了 4000 ~ 6000km 可能的电波传播模式，包括 3E、2F、1E1F、2E1F 等，其他可能存在的传播模式包括 4E、3F、4F 等常规传播模式，也有可能出现 1E2F 等非常规传播模式。

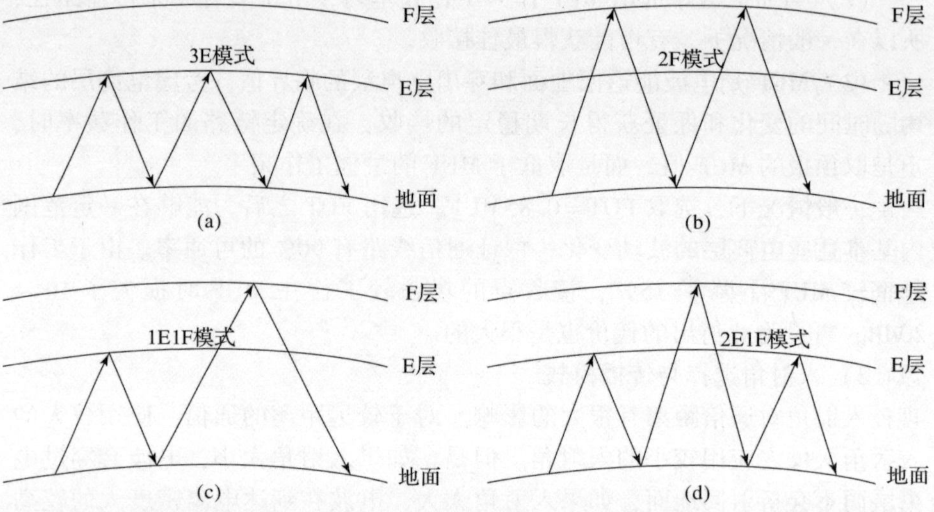

图 2－6　4000～6000km 电波传播模式示意图

4. 近垂直入射天波

由天波的反射原理可知，入射角越小，反射线到达的地点距发射点越近。当入射角小到一定值时，电波就有可能穿透电离层而无反射。天线发射的电波一般不是一条射线，而是一簇波束，在此波束中由于入射角度不同，有的反射得远，有的反射得近，有的穿透电离层而无反射。因此，电波的最近反射点至发射点之间是没有反射电波的，这种现象称为天波的越距。

在进行短波通信时，天线发射的电波，除有天波传播外，还有地波传播。一般来说，地波最远通信可达 30km，而天波从电离层第一次反射落地（第一跳）的最短距离约为 100km。可见 30～100km 之间的这一区域，地波和天波都覆盖不到，形成了短波通信的寂静区，简称静区，也称为盲区。盲区内的通信大多是比较困难的。

静区是长期困扰短波“动中通”的一大难题。解决通信盲区的方法有：一是增大电台的发射功率以延长地波传播距离；二是采用较低的工作频率。由于静区的大小与电波频率、电离层电子密度及发射功率有关。频率越低，电子密度越大，发射功率越大，则静区越小。三是采用高仰角天线，也称高射天线或喷泉天线，以缩短天波第一跳落地的距离。仰角是指天线辐射波瓣与地面之间的夹角。仰角越高，电波第一跳落地的距离越短，盲区越少，当仰角接近90°时，盲区基本上就不存在了。近垂直入射天波（NVIS）技术就是以几乎垂直的角度向上发射短波频段无线电信号，经由电离层将它们反射至附近的接收点，解决短波通信盲区问题的一种技术。由于对电离层几乎垂直的入射，NVIS操作需要使用比远距离天波通信更低的频率。此外，由于白天电离层D层对短波低频率信号的吸收，NVIS可能需要较大的发射功率。

使用NVIS技术，增加垂直辐射能量，使反射波以均匀的功率辐射到地面，从而解决动中通问题。例如，美军在伊拉克战场上使用的WTA（Whip Tilt Adapter）型天线适配器，使辐射波以近垂直的角度进入电离层，以喷泉状反射到地面，可覆盖0～200km的地域。又如，PR4G电台是北约现役的制式短波电台（美国哈里斯电台、英国电台），其采用了车载近垂直入射天波，天线长度只有波长的1/10，其天线辐射电波的角度与其圆弧形的弧度相关，并分配不同功率从不同角度辐射出去，因能量受到控制，不至于穿透电离层，经电离层反射下来后，呈喷泉状覆盖以电台为中心的区域，克服了短波电台“灯下黑”的弱点。

2.2 短波信道传播特性

短波天波信道属于随机变参信道，其信道传输参数是时变的，也就是说，短波天波信道传输参数是时变的，几乎无规律的。不断变化的电离层会影响短波无线电信号的传播，并在数据波形中造成码间串扰。电离层短波信道存在多径效应、衰落、多普勒频移和多普勒扩展等特性，而这些特性在其他信道也存在，但并不显著。

2.2.1 多径效应

无线信道与有线信道的重要区别之一是多径传播。由于电离层具有垂直分层结构，电磁波通过电离层反射经过若干条路径或者不同的传输模式到达接收端，导致接收到的信号是不同时延、频移的多个分量的组合。

1. 多径传播的原因

从发射机到接收机存在多条路径，如图2－7（a）～（f）所示。多径传播是信号在传播过程中，可能存在反射、绕射或散射现象。引起短波多径传播的原因主要包括：

（1）电磁波经电离层的一次反射或电离层与地面的多次反射。

(2) 不同路径电离层反射层高度不同。

(3) 地球磁场引起的电磁波束分裂成寻常波与非寻常波。

(4) 电离层不均匀性引起的漫射现象。

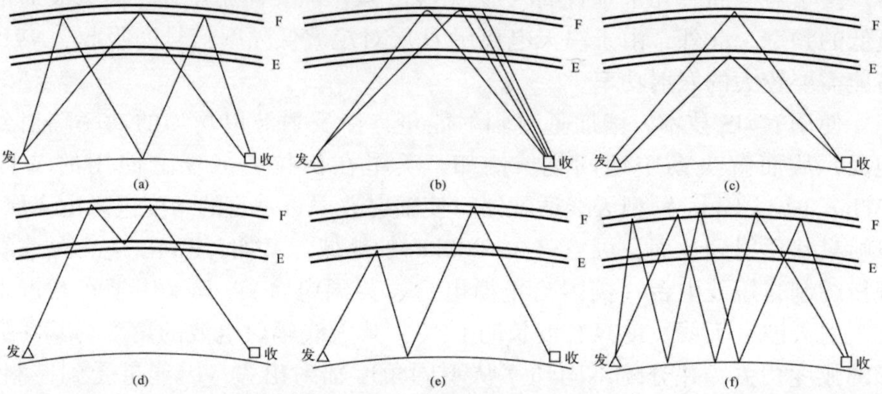

图 2-7　几种可能出现的传播路径

通常情况下，不同传播路径到达接收端的时延、频移、相位变化、幅度衰落及传输损耗均不相同。HF 信道中存在两种多径效应：一种是分离的多径，由单跳与多跳传播的射线、高仰角与低仰角射线、寻常波与非寻常波等形成，其多径传播时延差较大。一般而言，99.5% 的多径时延等于或大于 0.5ms，50% 的多径时延等于或大于 1.4ms，0.5% 的多径时延超过 5ms，多径路径数在 2～4 条约占 80%。通常，多径时延与收发两端的距离有密切的关系，在 200～300km 的路径上传播，由于电离层和地面之间的多次反射，多径时延最为严重，可达 8ms；在 2000～8000km 的路径上，可能存在的传输模式减少，多径时延只有 2～3ms，当距离进一步加大时，由于不存在一次反射的单跳模式，多径时延又随之增大。

另一种多径效应为微分多径，主要由不均匀体所引起，其多径传播时延差连续，无法区分。不均匀分布的电离层是一个多散射体，电波射入时产生多个反射波，发生电波的漫反射现象，这种多径效应会导致严重的时延扩展。

多径传播对模拟通信系统的影响主要表现在信号的衰落上，也就是多径传播使接收信号的幅度随机变化（即接收功率随时间或/和空间变化）。同时，多径传播还会产生延迟色散，如果传输一个持续时间为 T 的信号，则接收信号的持续时间将是一个更长的 T'。

多径效应是指电波信号从发射源出发后，经过不同路径并以不同时间延迟到达远端接收器的现象。由于电离层的不均匀性，信号在传播过程中遇到多个散射体，电波经过这些散射体的反射后，会产生多个反射波，这种现象被称为无线电波的漫反射。在接收端接收到来自同一发射源的多个电波信号时，称为“细多径效应”。

在短波电波传播过程中，信号可能通过电离层进行一次反射后直接到达接收端，也可能先反射到地面，再反射回电离层，经过第二次反射到达接收端，形成二次跳跃的情况。甚至有时信号可能经过三次或四次反射后才到达接收端。换句话说，尽管发射端只发出一个电波信号，接收端却可能接收到多个不同路径反射而来的同一信号，这种现象称为“粗多径效应”。

这些经过不同途径到达接收端的信号，因时延不同使相位互不一致，并且因各自传播途径中的衰减量不同使电场强度也不同。当干扰信号的相对相位产生变化时，信号就会产生衰减。远程天波信道中的多径衰减通常按瑞利分布建立模型，这是因为在接收信号中没有主要分量。当能量通过电离层和地波路径到达接收端时，会产生莱斯衰落。衰落的持续时间取决于路径差异的大小。

2. 多径时延的特征

在短波信道上，多径时延具有下列特征。

1）多径时延随着工作频率偏离 MUF 的增大而增大

因为频率越高，电波越容易穿透电离层，所以工作频率越接近 MUF，可能存在的传播路径越少，各路径的传输时延差也越小。相反，随着工作频率的降低，多径时延也将会增大。在 $f = \mathrm{MUF}$ 时，理论上将出现单径传输，不存在多径时延。对于给定的通信链路，为了使多径时延不超过允许值，其工作频率就不能偏离 MUF 过大。我们将工作频率 f 与最大可用频率 MUF 的比值称为多径缩减因子（MRF），表示为

$$\mathrm{MRF} = \frac{f}{\mathrm{MUF}} \tag{2-5}$$

其中，f 为工作频率，多径缩减因子 MRF 越大，说明工作频率越靠近最高可用频率 MUF。

在实际通信链路中，由于 MUF 会随着电离层发生变化，因此 MRF 也随之变化，多径时延亦随之变化。因此，在链路设计时应考虑这一情况，实时进行链路质量分析来达到工作频率尽可能靠拢 MUF 的目的。

2）多径时延与通信距离有密切关系

在短波通信中，当线路长度在200～300km之间，由于电离层与地面之间发生多次反射，导致多径时延最为显著，时延可达到8ms；而在2000～8000km的线路上，可能的传播模式相对较少，因而多径时延仅为2～3ms。随着通信距离的增加，由于不再存在单跳模式，多径时延会再次增加，在距离达到20000km时，时延可达到6ms。据统计，在短波信道中，2～4条传播路径的出现概率约为85%，其中3条路径最为常见，2条和4条次之，超过5条的情况可以忽略。多径时延典型值为2～5ms，时延大于等于2.4ms的约占50%，大于等于0.5ms的占99.5%，但超过5ms的概率仅占0.5%。

3）多径时延随时间发生变化

多径时延随时间而变化的原因在于电离层的电子密度随时间波动，进而引起MUF（最大使用频率）变化。电子密度变动越剧烈，导致的多径时延变化越显著。在日出和日落时，多径时延现象更为明显且复杂，而在中午和子夜时，多径时延较小且相对稳定。除了受到小时和日期的影响外，由于电离层状态的变化，多径时延还可能出现快速波动，甚至在几毫秒的时间内发生变化。因此严格地说，多径时延应该用统计平均值来描述。通常用"多径展宽"这一信道参量来定量地描述多径效应对脉冲波形变宽的影响。

多径时延是影响短波数据通信质量的重要因素，因此在链路设计时需限制传输速率以确保传输质量。目前在电报通信中，已将传输速率限制在200波特以下以减少多径传输的影响。在短波传输高速数据时，通常需要采用多路并发技术。

3. 符号间干扰

符号间干扰（ISI），也称为码间干扰或码间串扰，是指同一信号由于多路径传播在接收端相互叠加而产生的干扰。到达接收机的信号是经过不同路径、具有时间差异的多个信号的组合，这种组合在时域中会造成信号相对于原始信号的时延扩展。时延扩展可定义为最大传输时延与最小传输时延之间的差值，即最后一个可分辨信号的到达时间与第一个信号的到达时间之间的差值。时延扩展是评估多径传播信道质量的重要指标。在数据传输中，由于存在时延扩展，接收信号中一个符号的波形可能会扩展到其他符号的周期内，从而导致码间串扰，使接收端信号失真。因此，在接收端采用信道均衡技术修正码间串扰影响，或设计较长的符号宽度抵御多径引起的时延扩展。对数字通信系统出现的符号间干扰，若不采取均衡器等措施，其导致的差错无法简单地通过增加发射机功率来消除，这种不可减轻的错误将严重影响短波数字通信的质量。

时延扩展程度随纬度、季节和时间等因素而变化，许多天波路径都表现出毫秒量级的时延扩展。短波数据信号受到相应幅度的符号间干扰影响。对于长符号（即符号宽度长于时延扩展），此重叠仅发生在符号边界处，如图 2－8（a）所示；但是对于更高的信号速率，解调器必须时刻处理多个符号的异步重叠影响，如图 2－8（b）所示。

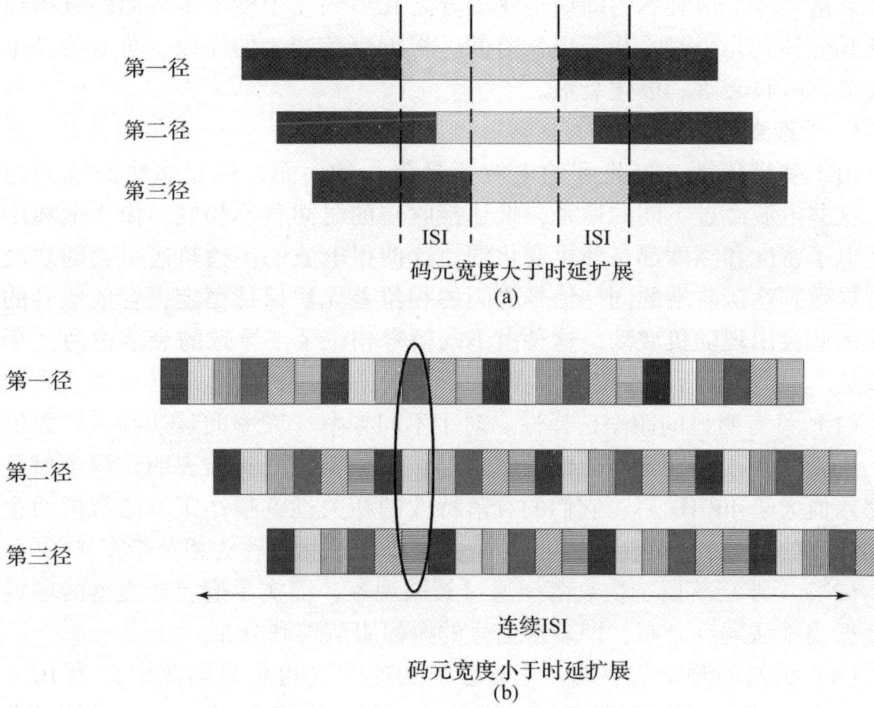

图 2－8　多径传播产生的符号间干扰

处理多径码间串扰的方法一般有以下两种。

（1）使用比预期多径时延扩展更长的符号，并且在解调中不要使用包含 ISI 的间隔。为了在抽样时刻无 ISI，通常均方时延扩展不能大于符号宽度一半所对应的时间。时延扩展限制了信号速度，也限制了每个调制副载波可获得的数据速率。如果需要更高的数据速率，则必须采用多个副载波。

（2）当时延带来的误码率不能满足要求，所传输的业务又要求不能再降低符号速率时，需采用信道均衡技术来降低ISI。在较高符号速率下调制单个副载波，使用自适应均衡器或最大似然序列估计器（MLSE），消除接收机中因多径效应引起的信号失真，这种波形称为单音或串行音波形。

2.2.2 衰落

在短波通信中，即使在电离层的平静时期，在接收端也不可能获得稳定的信号，接收端信号总是呈现忽大忽小的随机变化，即接收功率随时间或（和）空间变化，这种现象称为衰落。在短波传播中，衰落又有快衰落和慢衰落之分。快衰落的周期是从十分之几秒到几十秒不等，而慢衰落周期从几分钟到几小时，甚至更长时间。根据衰落产生的原因，可分为：干涉衰落、吸收衰落、极化衰落。

1. 干涉衰落

由于多径传播，接收到的电波不是单一的，而是通过多个路径到达的。这些电波经过不同的途径，抵达接收端的时间各不相同。由于电离层中的电子密度和高度都是随机变化的，这使得电波的传播轨迹也会随之改变，导致到达接收端的同一信号之间的相位差无法保持恒定，合成信号的振幅因此会出现随机波动。这种由不同信号相位干涉导致的衰落称为“干涉衰落”。干涉衰落具有以下特点：

（1）具有明显的频率选择性。对于不同频率（频率间隔达到一定数值时）的信号，由多径干涉引起的随机起伏现象不同。实验表明，两个信号频率差值大于400Hz后，它们的衰落特性的相关性就很小了。通常把两个不同频率的信号、衰落特性不再相关的最小频率间隔称为相关带宽。

（2）干涉衰落属于快衰落。通过长期观察，证实了遭受快衰落的电场强度振幅服从瑞利分布，即衰落信号的振幅服从瑞利分布。

（3）大量的测量值表明：干涉衰落的速率（也称衰落速率）为10～20次/min，衰落深度可达40dB，偶尔达80dB。衰落持续时间（指信号电平低于给定门限电平的持续时间）通常在4～20ms范围内，它和慢衰落有明显的差别。持续时间的长短可以用来判别是快衰落还是慢衰落。

快衰落现象对电波传播的可靠度和通信质量有严重的影响，单纯靠增加发射功率来提高可通率是极不经济的。应对快衰落的有效办法是采用分集接收技术、时频调制技术以及差错控制技术，使得在正常的瑞利衰落信道上传输数据时，用不太大的功率获得线路的高可通率。

2. 吸收衰落

吸收衰落是由于电离层 D 层的衰减特性而引起的缓慢变化，通常其变化周期较长，有时可持续超过 1h，因此被归类为慢衰落。吸收衰落具有如下特征：

（1）接收信号幅度的变化比较缓慢，周期从几分钟到几小时（包括日变化）。

（2）对短波整个频段的影响程度是相同的。如果不考虑磁暴和电离层扰动，衰落深度有可能低于中值 10dB。

电离层的扰动通常也被视为慢衰落。太阳黑子的活动期间，耀斑会释放出强烈的 X 射线和紫外线辐射，迅速传播到地球，导致白昼时电离层电离程度增强，D 层的电子密度可能比正常值高出 10 倍以上，这不仅会吸收中波，还可能完全吸收短波信号，导致通信中断。这种扰动通常持续几分钟到 1h。

实际上，快衰落与慢衰落往往是叠加在一起的，在较短的观测时间内，慢衰落不易被察觉。克服慢衰落，除了正确地调换发射频率外，只能靠加大信号发射功率来补偿电离层的吸收。

3. 极化衰落

当电波被电离层反射后，其极化状态会发生变化。平面极化波经过电离层的反射后，由于地磁场的影响，会转换为两条椭圆极化波，这两个分量合成后形成接收地点的椭圆极化波。椭圆长轴的大小和相位会随着传播路径中电子密度的随机变化而不断波动，从而导致接收信号强度的变化。

极化衰落的发生概率显著低于干涉衰落，粗略估计极化衰落只占全部衰落的 10%~15%。当发生极化衰落时，接收设备的电压通常比没有衰落时下降 3dB。为了避免极化衰落，可以采用多种不同极化方式的接收天线，并选择接收到的最强信号进行输入，这种方法被称为极化分集。

综上所述，分集接收是一种有效的减轻信号衰落的方法。在短波通信系统中，通常通过设置两副相距约 300m 的天线获取两个较不相关的信号样本，或者使用两个频率相差在 400Hz 以上的接收机获取互不关联的信号样本，然后按一定规则将两个信号样本合并，合成的信号电平比较平稳，衰落程度大为减轻。上述利用两副不同位置的天线进行分集的方法称为二重空间分集，而利用两个不同频率传输的方法称为二重频率分集。增加所利用的天线或频率数目，可使分集重数增加。

2.2.3 多普勒频移和多普勒扩展

1. 多普勒频移

电离层的快速运动及反射层高度的变化，会导致传播路径长度不断改变，从而引起收发两端的相对移动，产生多普勒效应，导致信号载波频率的偏移，称为多普勒频移。在单一传播模式下，由于电离层的快速变化，传播路径的有效速度也不断变动，信号的相位因此呈现不规律的波动。当电离层高度下降时，反射路径长度缩短，多普勒频移大于零，接收信号载波频率升高，反之电离层高度上升时，接收信号频率降低。

多普勒频移量 f_s 与收发两端的相对移动速度 v 之间的关系为

$$f_s = \left(\frac{v}{c}\right) f_c \cos\theta \tag{2-6}$$

式中：c 为无线电波的速率（光速）；f_c 为信号频率；θ 为运动方向和收发两端连线的夹角；v 为收发两端相对移动的速度。可以看到，收发两端相对速度越快，多普勒频移越严重。

从时间域来看，短波传播中还会出现时间选择性衰落。多普勒频移在日出和日落期间较为明显，可能影响小频移的窄带电报传输。通常在电离层平静的夜间，多普勒效应不显著，而在其他时间段内，多普勒频移一般在 1 ~ 2Hz 之间。当发生太阳磁暴时，电离层的剧烈变化可能使频移达到 6Hz。上述的 1 ~ 6Hz 的多普勒频移是基于单跳传播模式。如果电波通过多跳模式传播，则总频移可以通过特定公式进行计算：

$$\Delta f_{\text{tot}} = n f_s \tag{2-7}$$

式中：n 为跳数；f_s 为单跳多普勒频移；Δf_{tot} 为多跳后总频移。

确定相位函数反映信道的多普勒频移。函数 $D_n(\tau, t)$ 描述每条路径的多普勒频移特性，可表示为

$$D_n(\tau, t) = \exp\{\mathrm{j}2\pi[f_s + b(\tau - \tau_c)]t\} \tag{2-8}$$

式中：t 为时间变量；τ 为时延变量；τ_c 为时延偏移；f_s 为时延 $\tau = \tau_c$ 时多普勒频移的值；$b = \dfrac{(f_{s\min} - f_s)}{(\tau_c - \tau_{\min})}$表示多普勒频移相对于 τ 的变换速率，$f_{s\min}$ 为时延 $\tau_{\min}$ 时对应的频移值，多普勒频移与时延存在一定的依赖关系。

根据每一条子路径的时延 τ_i 来确定对应的多普勒频移：

$$f_B(\tau_i) = f_s + b(\tau_i - \tau_c) \tag{2-9}$$

最后，根据采样时钟来计算确定 $D_n(\tau_i, t_k)$，每条子路径分别乘以对应

的 $D_n(\tau_i, kT_h)$ 来仿真多普勒频移的影响。

2. 多普勒扩展

短波信号在经过电离层反射后，由于多径传播和电离层反射特性的随机变化，接收到的信号相位会随时间出现不规则波动。这种相位的变化会导致信号频谱的畸变和扩展。从时间域的角度来看，信号显示出时间选择性衰落的特性；而从频域的角度来看，由于相位波动引起的多普勒频移表现为随机函数，这种现象被称为多普勒展宽。

在短波信道中，多普勒展宽谱通常呈现高斯分布，而在高纬度电离层复杂区域则表现为洛伦兹谱（Lorentzian Spectrum）。在中纬度地区，平静电离层下的多普勒展宽一般在 0.1 ~ 1Hz 之间，而在跨极地地区，多普勒展宽通常为 6 ~ 8Hz。在一些特殊情况下，例如核爆炸事件，可能导致高空电离层的强烈反应，从而使多普勒展宽度在一个很大的范围内波动，最大可达 40Hz，甚至更高。这种频谱的展宽会引起时域衰落，表现为时间选择性衰落。在短波慢衰落信道中，电离层变化相对平缓，收发电台之间的相对位移较小，且符号时间远大于信道的相干时间。

天波衰落的原因还有很多，比如法拉第效应，主要是因为天波折射信号的偏振缓慢旋转，导致衰落时间从几秒到几分钟。再比如，在电离层中形成透镜型不规则性，导致逐渐变化的射线干扰，衰落的时间为几十分钟。总之，可以认为天波路径的传输性能几乎在任何时间范围内都是非平稳的。

2.3　短波信道噪声及抗干扰

短波通信应该向用户提供一定的最低传输质量保障，即要求接收机处达到所接受的最低信噪比。糟糕的链路质量正是由过大的噪声或过低的信号功率造成的。电台受到的噪声可分为内部噪声和外部噪声。内部噪声是指接收设备本身产生的热噪声、接收机噪声，热噪声的功率谱密度取决于天线“所见的”环境温度，接收机中的放大器和混频器会引入噪声，增加总的噪声功率。外部干噪声是指接收天线从外部接收的各种噪声，如大气噪声、宇宙噪声、人为噪声等。在短波频段，外部噪声电平非常高，通常会超过接收机内部的热噪声，天线噪声系数为 30 ~ 70dB。在通信中对信号传输产生影响的主要是外部噪声干扰。

2.3.1 自然噪声

在短波波段，自然噪声主要是天电干扰，具有以下特征。

(1) 天电干扰由大气放电产生。天电干扰具有方向性，如北京冬季受到的天电干扰主要来自南方亚热带及热带地区方向。天电干扰强度随季节变化，冬季低于夏季，白天弱于夜间。闪电放电所产生的高频振荡的频谱很宽，这些噪声可以直接通过地波或天波路径传播到接收端。天电干扰对长波波段的干扰最强，中、短波次之；对超短波、微波的影响极小，甚至可以忽略。

(2) 每一地区受天电干扰的程度视该地区是否接近雷电中心而异。在热带和靠近热带的区域，雷电较多，天电干扰更严重。

(3) 天电干扰与接收地点产生的电场强度和电波的传播条件有关。在短波波段中，出现干扰电平随频率的增高而加大的情况。这是由于天电干扰的场强不完全取决于干扰源产生的频谱密度，而且与干扰的传播条件有关。

HF 频带中的大气噪声主要是脉冲的，但为了计算简便，作为一级近似，我们经常将其看作高斯型的，即将干扰看成等效噪声，建模为加性高斯白噪声（AWGN）。干扰和噪声相比，干扰会经历衰落，而噪声功率一般是常数。与使用测量得到的 HF 噪声相比，这种建模方式虽便利，但可能导致调制解调器在 AWGN 信道模拟中错误率更高。

2.3.2 人为噪声

人为噪声也称工业干扰，是由各种电气设备、电力网和点火装置产生的。许多电子设备和其他频段的无线电发射机会在很宽的带宽上存在信号的杂散发射。就城市室外环境而言，汽车点火和其他脉冲源是影响相当大的噪声源。与热噪声相反，脉冲源产生的噪声随频率的增加而减弱。特别地，人为噪声的强度除了和本地噪声源有密切关系外，也与供电系统紧密相关，这是因为大部分人为噪声的能量是通过商业电力网传送来的。在工业区，人为噪声强度远远超过大气噪声，是短波通信噪声的主要干扰源。

2.3.3 电台干扰

电台干扰是指来自频率相近的其他无线电台的干扰，包括有意的敌方干扰和无意的电台互扰。电台互扰是指与本电台工作频率相近的其他无线电台造成的干扰，主要包括杂散干扰、互调干扰和阻塞干扰。由于短波信号的远距离传播特性，从短波接收机的角度来看，可能会接收到更多远方电台的信号，导致严重的互扰。随着短波频带的狭窄和用户数量的增加，电台干扰已成为影响短波通信的主要干扰源。有意干扰通常发生在军事通信中，敌方故意发起的干扰包括跟踪干扰、部分频带阻塞干扰和欺骗回放干扰等。由于短波信号的传输距离较远，容易被远程侦听并实施干扰。因此抗电台干扰成为设计短波通信系统需要考虑的重要问题。

2.3.4 抗干扰措施

对于上述各种外部干扰，在进行短波通信系统设计时应区别对待。对于大气噪声，在系统设计中需要计算，并以此为基础，根据所要求的信噪比确定接收点最小信号功率。人为噪声的计算比较困难，在系统设计中，通常采用加大最小信号功率的办法。如接收站设在工业城市内，需要把以上计算的最小功率提高 10dB，以克服工业干扰的影响。在可能的条件下，接收站最好设在远离城市的郊区，这是最有效的抗工业干扰措施。

目前，在短波通信系统中抗噪声与抗电台干扰的措施有以下几个方面。

（1）使用实时频率选择系统。在实时频率选择系统中，干扰级别被视为频率选择的关键因素之一。因此，通过该系统提供的优质频率能够有效避开干扰，使得通信系统在传输条件良好且干扰较小或无干扰的频道上运行。近些年出现的高频自适应系统还具备“自动信道切换”功能，这意味着在遭遇严重干扰时，系统能够自动切换到另一个信道。

（2）提高系统的频率稳定性。通过提升频率稳定性，缩小接收机的通频带，从而增强信号接收能力。

（3）采用定向天线和自适应调零天线。定向天线具有较强的方向性，可以有效抑制来自其他方向的干扰。而自适应调零天线则能自动调整其零点，使其对准干扰信号的方向，从而减少干扰影响。

（4）使用强抗干扰能力的调制和键控技术。采取具有较强抗电台干扰能力的调制和键控方法，以提高通信的可靠性。

（5）实施扩频通信。根据系统的不同工作方式，扩频通信可以细分为几种形式：直接序列扩频（使用高速伪随机序列对低速数据进行扩频调制）、跳频系统（利用伪随机序列在更宽的频带上改变载波频率）、跳时系统（数据传输的时间间隔是伪随机分布的）、线性调频（频率变化呈线性扩展）、以及混合扩频（结合多种扩频技术）。

2.4 短波信道模型

无线传播信道是连接发射机和接收机的媒介。其特性决定了信息论容量，即无线通信的最终性能限制，也决定了特定无线系统的表现。建立信道模型主要是用于通信系统设计、测试、仿真和网络规划。

2.4.1 信道基本模型

在短波通信系统中，为了评估系统的有效性，通常采用两种方法：信道模拟法和电离层链路实际测试。信道模拟法通过对电离层的观察或实测信号进行数学建模，并利用软件编程或数字信号处理（DSP）实现信道的仿真。而电离层链路的实际测试需要建立实际的短波电台站点（包括调制解调器、大功率发射机、天线调整设备等），并且这些站点必须选择在背景噪声较低且视野开阔的地方（如城市郊区或海边），这将消耗大量的人力和物力，并且测试周期相对较长。因此，短波通信系统的功能和性能测试通常在实验室环境中使用信道模拟法进行，一旦性能达到所需的指标，就可以进行电离层链路的实际测试以最终验证系统的有效性。

1. 加性噪声信道

通信信道最简单的数学模型就是加性噪声信道，如图 2-9 所示。

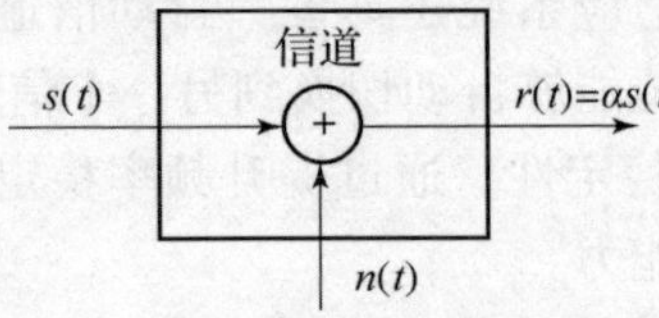

图 2-9 加性噪声信道

在此模型中，发送信号 $s(t)$ 受到加性随机噪声过程 $n(t)$ 的损伤。从物理意义上看，加性噪声过程可能来自通信系统接收端的电子元件和放大器等，也可能来自无线信号传送过程中遇到的干扰。如果噪声主要是由接收机的电子元件和放大器引起的，则它具有热噪声的性质，这类热噪声都具有高斯噪声过程的统计特性，因而信道的数学模型通常称为加性高斯噪声信道。该信道模型适用于很多通信信道，是在通信系统分析与设计中使用最多的信道模型。信道衰减加入到其中后，接收信号为

$$r(t) = \alpha s(t) + n(t) \tag{2-10}$$

式中：$s(t)$为传输信号；$n(t)$为高斯白噪声，其均值为 0，功率谱密度为 $N_0/2$；$r(t)$为接收端波形，α 是衰减因子。

2. 线性时变信道模型

短波信道是典型的时变色散信道，存在多径时延、衰落、多普勒频移和展宽、噪声以及邻台干扰等现象。电离层中的多普勒效应导致信道频率色散，从而产生时间选择性衰落；高频电离层传播的多径效应引起的时间色散，造成高频信道的频率选择性衰落；而不同入射角传播所引起的信道角度色散，则导致高频信道的空间选择性衰落。因此，短波信道表现为一个衰落色散信道，从衰落的角度看，它具有时间、频率和空间的选择性衰落特性；而从色散的角度看，则是频率、时间和角度的色散信道。理论上，要全面描述高频信道，应采用三维衰落色散信道模型 $c(f,t,d)$，但在实际工程中实现起来过于复杂。因此，从数字通信的实际应用出发，可以忽略空间效应，仅对时间 - 频率的二维信道模型 $c(f,t)$进行研究。

电离层反射信道会导致发送信号的时变多径传播，物理信道在数学上可以表征为线性时变滤波器，该线性滤波器可以表征为时变信道冲击响应 $c(\tau,t)$，即信道在 $t-\tau$ 时刻加入冲击而在 t 时刻的响应。带有加性噪声的线性时变滤波器信道模型如图 2 - 10 所示。

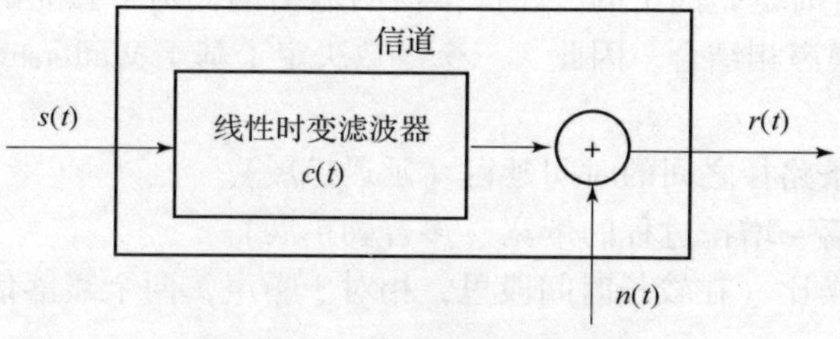

图 2 - 10　线性时变信道模型

从系统传输的角度，对于输入信号 $s(t)$，接收信号可以等效描述为

$$\begin{aligned} r(t) &= s(t) * c(\tau,t) + n(t) \\ &= \int_{-\infty}^{\infty} s(t-\tau)c(\tau,t)\,\mathrm{d}\tau \end{aligned} \tag{2-11}$$

式中：符号 * 表示卷积积分；τ 表示时延；$c(\tau,t)$表示信道脉冲响应是一个关于时延 τ 与时间 t 的函数，$n(t)$表示噪声与干扰。

在电离层信道中，时变冲击响应的形式为

$$c(\tau,t) = \sum_{k=1}^{L} a_k(t)\delta(t-\tau_k) \tag{2-12}$$

式中：$\{a_k\}$表示 L 条传播路径上可能的时变衰减因子；$\{\tau_k\}$是相应的延时。将式（2-12）代入式（2-11），则接收信号为

$$r(t) = \sum_{k=1}^{L} a_k(t)s(t-\tau_k) + n(t) \tag{2-13}$$

因此，接收信号由 L 个路径分量组成，其中每一分量的衰减为$\{a_k\}$，延时为$\{\tau_k\}$。

2.4.2 Watterson 模型

对于通过短波天波路径进行通信的人来说，可以明显感受到信号经常性的衰落，有时衰落较大。通常用于表示天波信号幅度和相位随机变化的模型是瑞利衰落。在 20 世纪 60 年代后期，沃特森（Watterson）设计了一个相对简单的数学模型，说明了天波衰落的大部分特征，该模型发表后被称为 Watterson 模型。该模型是一个静态模型，非常接近在有限带宽上的真实信道，广泛用于测试短波调制解调器。

在用于测试短波调制解调器时，将 Watterson 模型简化为所处理的信号恰好通过两条路径传输，并且具有相同的平均路径损耗。每条路径的信号幅度根据共同高斯功率谱密度的衰落-增益过程而各自发生变化。两条路径之间的差分时延是固定的。在模拟器的输出端，两个独立的衰落信号与加性高斯白噪声相结合。因此，三个参数决定了基于 Watterson 模型的信道模拟器表现：

（1）两条路径之间的时间延迟（延迟扩展）。

（2）衰落-增益过程的带宽（多普勒扩展）。

（3）信噪比（在较长时间段里，相对于噪声，两个衰落信号的平均总功率）。

Watterson 提出的高斯散射增益抽头延迟线模型如图 2-11 所示。

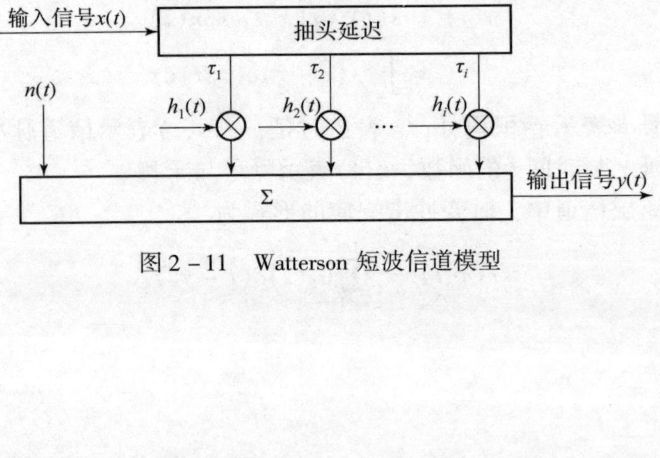

图 2-11　Watterson 短波信道模型

图 2－11 中，输入信号经过多次延迟产生多个延迟分量，用以模拟短波天波信道中的多径效应且各径分量互相独立，并对每一路多径延迟分量乘上不同的路径增益，以模拟短波信道中的衰落与多普勒频移，最终接收信号由各路径信号与噪声叠加而成。该模型下的收发信号关系为

$$y(t,\tau) = \sum_{i}^{n} h_i(t)x(t-\tau_i) + n(t) \tag{2-14}$$

式中：$x(t)$为发送信号；$y(t)$为接收信号；n 为多径数，$\tau_i(i=1,2,\cdots,n)$为各分径相对时延；$n(t)$为信道加性噪声；路径增益为

$$h_i(t) = a_i(t)\exp(\mathrm{j}2\pi f_d t) \tag{2-15}$$

式中：$a_i(t)$为各路径上的衰落；f_d 为多普勒频移量。

Watterson 模型下短波信道的时域冲激响应可表示为

$$h(t) = \sum_{i=1}^{n} h_i(t)\exp(\mathrm{j}2\pi f(t-\tau_i)) \tag{2-16}$$

衰落参数的代表值可以在 ITU－R 建议书中找到。该建议书推荐使用基于 Watterson 模型的信道模拟器来测试短波调制解调器。这些测试参数假设两条具有相同功率的路径，具有固定的延迟，路径之间有时延扩展。每条路径都表现出瑞利衰落，其衰落带宽由多普勒扩展决定。

高频行业协会小组委员会的一项研究表明，如果在短波信道模拟器中不能准确应用 Watterson 模型，在测试中使用不同的模拟器将导致结果不一致。该小组委员会建议对模拟器的测试使用进一步规范，使其符合军用短波调制解调器的要求。

2.4.3　ITS 短波宽带信道模型

Watterson 模型被广泛认可为短波窄带信道模型，该模型已经得到 ITU－R 的推荐，但这一模型是在平静电离层条件下得到的，忽略各个传播路径中的时延扩展，在一些真实环境中，比如低纬度或极地地区，这种前提条件往往不能得到满足。20 世纪末，美国电信科学协会（ITS）提出了宽带短波（WBHF）信道模型（称为 ITS 模型），该模型适用于窄带和宽带信道，但结构相对复杂。

ITS 模型是在宽带信号传输条件下，在包含多条可分离路径传播的 Watterson 模型基础上，进一步描述了每条路径内部的时延扩展，是实际短波信道更为精确的描述。ITS 模型将电离层的四个参数（穿透频率、电离层高度、电离层厚度以及接收信号的幅度衰减）作为输入，这四个参数通

过电离层实测或一些可靠的电离层预报模型而获得，其中电离层预报模型需要构建电离层数据库来预测，数据库包括地理位置、太阳黑子数量、月份以及每天的时间信息，通常情况下，电离层预报模型被用来提供月中和90%有效的参数值，用于确定传播特性。结合预测模型的噪声环境以及发射与接收天线的特征，这些参数可以用来计算地球表面任何一点的信噪比情况，以用于评估短波链路的传输性能。ITS 信道模型是目前较为完善的统计性 WBHF 信道模型，从延迟功率谱、多普勒频移和多普勒展宽三个方面完成对信道的统计性建模，其信道传输模型可以描述为

$$\begin{aligned} c_l(\tau,t) &= \sum_{n=0}^{N_p-1} c_n(\tau,t) \\ &= \sum_{n=0}^{N_p-1} \sqrt{P_n(\tau)}D_n(\tau,t)\psi_n(\tau,t) \end{aligned} \tag{2-17}$$

式中：t 为时间变量；τ 为时延变量，由收发双方的距离及电离层的色散特性决定；n 表示不同的传输模式，对应可分离多径。时变的信道脉冲响应由 N_p 个脉冲响应函数组成，第 n 条路径的冲击响应函数 $c_n(\tau,t)$ 对应单一传播路径。$c_n(\tau,t)$ 由延时功率谱剖面（DPP）$P_n(\tau)$、确定性相位函数 $D_n(\tau,t)$、随机调制函数 $\psi(\tau,t)$ 三部分组成，其中 $\sqrt{P_n(\tau)}$ 用来描述延时功率谱的形状，$D_n(\tau,t)$ 用来描述单个路径的多普勒频移以及多普勒频移随时延的变化，而 $\psi_n(\tau,t)$ 用来描述单个路径的衰落和多普勒频谱展宽。

结合短波信道传输过程中的多径因素考虑，我们可以建立基于 ITS 模型的时域仿真模型框图，如图 2－12 所示。

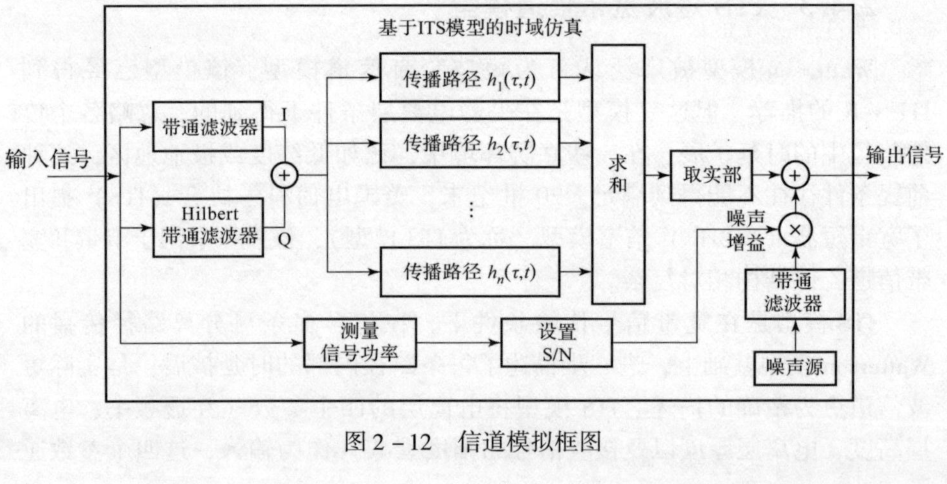

图 2－12　信道模拟框图

该信道仿真模型能够完成对输入的基带信号进行信道模拟（包括多径、时延、多普勒频偏、多普勒展宽、噪声等参数），之后对仿真后的信号进行输出。同时可以对几种典型信道参数直接配置，信道种类主要包括高斯白噪声信道、瑞利信道、ITU－好信道、ITU－中等信道、ITU－差信道，其参数如表2－4所示。

表2－4 信道参数

信道种类	路径0				路径1			
	幅度	时延/ms	频偏/Hz	展宽/Hz	幅度	时延/ms	频偏/Hz	展宽/Hz
高斯信道	1	0	0	0	—	—	—	—
瑞利信道	1	0	0	1	—	—	—	—
ITU－好信道	1	0	0	0.1	1	0.5	0	0.1
ITU－中信道	1	0	0	0.5	1	1	0	0.5
ITU－差信道	1	0	0	1	1	2	0	1

2.5 短波信道的传输损耗

在短波无线电传输中，能量的损耗主要来自三个方面：自由空间传播损耗、电离层吸收损耗和多跳地面反射损耗。除了这三种损耗以外，通常把其他的损耗（如极化损耗、电离层偏移吸收损耗等）统称为额外系统损耗。所以电离层传播损耗可以表示为

$$L_s = L_{b0} + L_a + L_g + Y_p \tag{2-18}$$

式中：L_{b0}为自由空间传播损耗（dB）；L_a为电离层吸收损耗（dB）；L_g为多跳地面反射损耗（dB）；Y_p为额外系统损耗（dB）。

2.5.1 自由空间传播损耗

自由空间传播的损耗是由于电波逐渐远离发射点，能量在越来越大的空间内扩散，以致接收点电场强度随着距离的增加而减弱所引起的。

假设电离层波是以最简单的模式传播，而且地球和电离层均呈平面状态，反射属于镜像反射，即把射线距离看作电波扩散的半径，称为斜距，

那么，能量密度将与射线距离的平方成反比。比如，设天线为各向同性的天线，其辐射功率为 P，斜距用 r 表示，λ 为波长，则在斜距 r 处的功率通量密度为 $P/4\pi r^2$。若已知自由空间各向同性天线接收总面积为 $\lambda^2/4\pi$，那么在 r 处，接收天线收到的总功率为 $P\lambda^2/(4\pi r)^2$。根据自由空间传播损耗是辐射功率和无损耗接收天线接收的功率之比的分贝数，可写出自由空间传播损耗的计算式为

$$L_{b0}=10\lg\left[\frac{P}{P\left(\frac{\lambda}{4\pi r}\right)^2}\right]=\frac{20\lg 4\pi r}{\lambda}=32.44+20\lg f+20\lg r \quad (\mathrm{dB}) \tag{2-19}$$

式中：f 为频率（MHz）；r 为斜距（km）。

2.5.2 电离层吸收损耗

在短波电波通过电离层反射到达接收点的过程中，电离层会吸收一部分能量，这种能量损失称为电离层吸收损耗。电离层的吸收损耗与电子密度和气体密度密切相关：当电子密度较高时，电子与气体分子发生碰撞的频率增加，从而导致更多的能量被吸收；而气体密度越高，每个电子在单位时间内的碰撞次数也会增加，进而加大损耗。此外，吸收损耗还与电波频率有关：频率越高，吸收损耗越小；频率越低，吸收损耗则相对较大。

电离层吸收损耗通常可分为两类：第一类是位于电波反射区远离处（如低电离层的 D 层和 E 层）的吸收损耗，称为非偏移吸收损耗；第二类是发生在电波反射区附近的吸收损耗，称为偏移吸收损耗。一般情况下，偏移吸收损耗不超过 1dB（但对于高仰角射线可能有所不同），因此可以忽略。非偏移吸收损耗则是指电波穿透 D 层和 E 层时，电子与分子碰撞引起的电能量吸收。由于夜间 D 层和 E 层的电子密度较低，因此在计算夜间传播损耗时，这部分损耗通常可以忽略。

2.5.3 多跳地面反射损耗

在天波多跳传播（即二次以上的反射）模式中，传播损耗不仅要考虑电波二次进入电离层的损耗，还要考虑地面反射的损耗。

大量实验数据表明，这种由于地面反射引起的信号功率损耗与电波的极化、工作频率、射线仰角以及地质情况有关。在工程计算中，可假定入射波为杂乱极化，电波能量在水平极化和垂直极化上均匀分布，由此可导

出多跳地面反射损耗。

2.5.4　其他系统损耗

电离层是一种具有随机时空变化特性的色散媒质，许多随机因素会影响电场强度。在天波传输过程中，除了自由空间传播损耗、电离层吸收损耗和多跳地面反射损耗外，还存在其他一些损耗。例如电离层的球面聚焦效应、偏移吸收、极化损耗、多径干涉，以及中纬度地区冬季异常增加的“冬季异常吸收”，还有一些其他尚未明确的吸收损耗。然而，目前这些损耗的具体计算仍然存在困难。为了提高工程计算的准确性和实用性，引入了额外损耗的概念。

额外系统损耗并不是一个固定的参数，它的数值受到地磁纬度、季节、本地时间和路径长度等多种因素的影响，因此准确计算其损耗值非常困难。在工程计算中，通常采用经过多次验证的统计数据进行估算，并适当添加一些裕量以确保结果的可靠性。

2.6　中长期频率预测

为了提高短波通信的质量和稳定性，通过频率预测技术在不同时间选择合适的工作频率相当重要。目前，在工程应用中通常采用中长期频率预测和短期频率预测相结合的技术。如美国之音覆盖分析程序（VOACAP）模型和电离层通信增强分析程序（ICEPAC）模型，这些可通过计算机仿真进行评估。

中长期频率预测是通过建立电离层模型来实现的。该过程首先依据电波传播理论和最佳信道匹配理论构建电离层的物理模型，然后结合历史观测数据形成电离层的经验模型。通过将电离层的月中值参数（如天波场强中值和信噪比中值）与对应的太阳活动指数（如太阳黑子数等）之间的关系进行建模，可以实现提前一个月、一个季度甚至更长时间预测接收端的信噪比、信号场强和最高可用频率等参数，因此这被称为长期频率预测方法。基于这种方法的电离层通信增强剖面分析与链路预测程序 VOACAP 被广泛使用。VOACAP 频率预测与 REC533 频率预测是 ITS HF Propagation 软件的两个独立模块，而该软件是由美国商务部、国家无线电通信、信息部及电信科学研究院（NTIA/ITS）联合开发的高频规划软件，主要用于预测 2～30MHz 短波频段的通信性能。REC533 通过遵循国际电信联盟的建议书

ITU－R P1239 和 ITU－R P533 的方法预测电离层特性参数。这一模块在点对点传输模型的基础上，针对特定的发射特性、传输路径和传输时间进行高效计算，并基于计算得到的基本最高可用频率、信号场强、链路基本可靠度以及信噪比等预测值，结合全球地理信息进行传输预测分析。VOACAP 对原有的 ITS IONCAP 模块（高频传输系统应用预测软件之一）进行了改进，特别考虑了高纬度和远距离传输的情况，针对北半球的亚极区、极区和极冠等不同区域，采用了不同的计算规则。该方法借助全球电离层参数来模拟电离层路径，并利用指定路径的统计数据来评估系统的性能参数。在已知系统能力的前提下，可以计算短波通信台在不同频率下的 DBU、SNR、REL 和 SPRB 值。

国内方面，中国电波传播研究所在国际参考电离层（IRI）的基础上，根据亚洲、大洋洲地区 39 个电离层探测站的观测数据，提出了适合我国的亚太地区 F2 电离层频率预测方法。

以 VOACAP 为例，用户将以下数据输入程序：

（1）发射端位置（经度和纬度）、功率和天线模型。

（2）接收端位置（经度和纬度）、天线模型和本地噪声。

（3）月份和时间段。

（4）太阳黑子数平滑值。

（5）适用的频率段。

然后程序为每一个适用频率计算：

（1）信号经发射端发出，通过电离层到达接收端的可行路径。

（2）在这些路径上可能产生的损耗。

（3）接收端收到的信号强度。

（4）接收端在某一频率上相对于估算噪声的信噪比。

这些结果以图表形式绘制。2023 年 12 月北京到海口的短波通信频率预测与信噪比相关数据如图 2－13 所示，我们可以看到信噪比随时间和频率而变化的情况。该短波链路的控制点（即单跳路径的中点，无线电波在此与电离层相互作用）位于本初子午线以东的第八个时区。

图 2－13 中，我们可以清楚地看到昼夜循环的影响：

（1）在中午（UTC 时间 4～6 时，北京时间 12～14 时），电离层的电离度最高，支持使用 26～28MHz 的频率。此外，D 层在中午最强，由于其衰减作用，使得低于约 5MHz 的频率不可用。

（2）在日落时（UTC 时间 10～12 时，北京时间 18～20 时），电离层

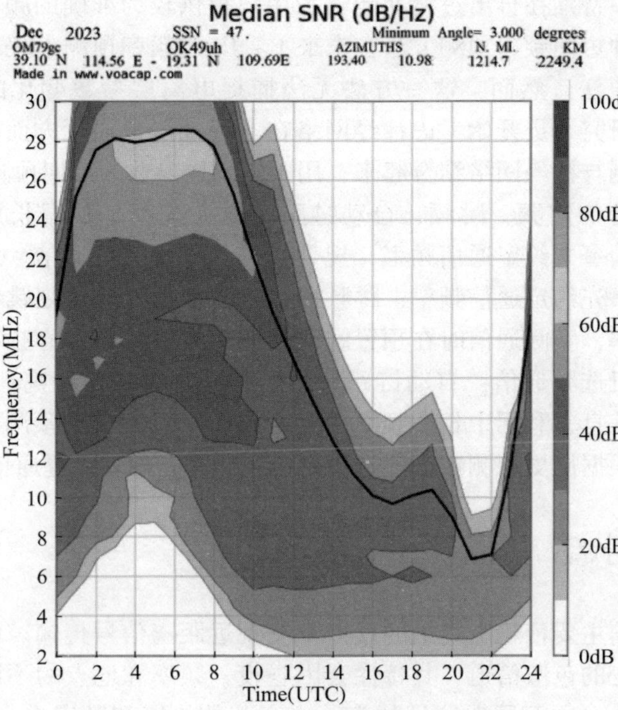

图 2－13 VOACAP SNR 示例图

不再产生自由电子，由于粒子重组降低了 E 层和 F 层的电子密度，临界频率开始迅速降低，但好在此时 D 层也会消散，可以使用较低的频率进行通信。

(3) 整个夜晚，F 层中残留的自由电子支持通信，但频率低于白天可用的频率。

(4) 在日出时，电离层离子再次产生，可用频率在北京时间 8 时后回升至白天范围。

在这种情况下，VOACAP 预测全天时间内，3kHz 的 SNR 在最佳频率上至少为 25dB，因此该链路应适用于传输语音或高速数据。VOACAP 等类似程序，除了提供每月 SNR 的中位数以外，还预估当月 SNR 值的统计分布。

长期频率预测通常只能提供电离层参数的月中值，而无法反映其日常变化。相较之下，短期频率预测方法能够在提前一天或几小时内发布最高可用频率。一种常见的短期频率预测方法是线性拟合法，这种方法使用七天加权平均来预测次日的电离层参数，并通过自相关分析来确定线性拟合的公式系数，特别在日出过渡期能够为用户提供较为准确的频率预报。实验表明，这种短期频率预测方法在未来 1 ~ 4h 的频率预测上表现优于传统的流动月中值法。然而，这一方法无法捕捉电离层参数变化的非线性特征。因此，研究人员开始考虑神经网络在非线性函数逼近方面的优势，尝试将混沌预测与神经网络结合起来，用于电离层参数的短期预测。

短波电台的定频、跳频、自动链路建立方式都是根据长期、短期预测、人为经验事先约定通信频率，规划扫描频率集进行通信。定频通信双方根据经验事先约定通信频率；跳频通信事先根据经验规划跳频频率集或跳频中心频率，实际通信时在预置的跳频频率集或跳频中心频率展开的频率集中伪随机选频通信；自动链路建立通信是根据通信距离、通信时间、天线参数等信息，利用中长期频率预报 VOACAP 预测模型预测各时段通信可用频段，根据历史探测数据优选当时可用频率，规划设置通信频率集。

2.7 小结

短波通信主要依赖电离层的反射来实现远距离信号传输。由于电离层作为一个时变的色散信道，其特性会因昼夜、频率和地点的不同而不断变化。这种变化一方面导致信号的衰落，衰落的幅度和频率也会经常波动；另一方面，天波信道在传输过程中会出现显著的多路径效应，从而造成频率选择性衰落和多路径延迟。为了对短波信道进行有效建模，研究者采用了一些数学统计理论，这些理论包括加性噪声信道和线性时变信道模型，主要用于数字通信系统的信道模拟。此外，在窄带和宽带短波信道模拟方面，有代表性的模型包括 Watterson 模型和 ITS 宽带短波信道模型。在一定的实验条件下，综合利用上述模型，可以有效地模拟实际短波信道，为测试短波数据调制解调器提供模拟仿真环境。

第 3 章 短波数据传输技术

信道编码技术可有效提升短波通信适应时变信道的传输质量。当前，诸如相移键控（PSK）、正交幅度调制和正交频分复用等先进技术的使用，使短波通信得以迅猛发展。伴随着下一代短波通信系统的发展和短波通信业务的需求激增，选择合适的信道编码技术至关重要。本章首先介绍了数字调制和调制解调波形，其次阐述了差错控制技术，最后分析了典型波形和标准协议。

3.1 概述

通信系统在接收端把信源消息精确地还原或近似地重现出来。模拟通信早期被用于信息传输，但其通信质量和保密性能较差，随着数字化的兴起，数字通信逐渐取代模拟通信，成为当下主流通信方式。图 3－1 给出了典型的数字通信系统模型。

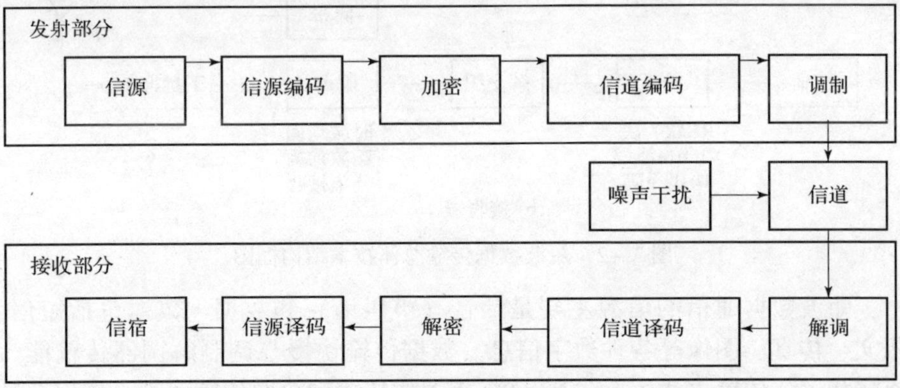

图 3－1 数字通信系统模型

在发射端，信源编码器对信源消息进行数字化编码，再经过加密算法进行加密得到待发送的序列。由于传输信道中必然存在噪声干扰或者信道衰减，为了使接收端能够准确地还原出需要的消息，需要采取纠错、检错技术，以提高发送序列的抗干扰和抗衰减能力，该技术就是信道编码。信道编码增加了冗余数据，使得译码的过程中可以对接收数据中的错误进行纠正或检查。经过信道编码后，数据还需要采用各种调制技术将其加载到无线电波上，最终通过无线信道到达接收端，接收端的处理过程恰好与发送端相反，经过解调、信道译码、解密、信源译码最终得到信源发出的消息，完成整个通信过程。

在整个通信过程中，信道编码与调制技术至关重要。我们把短波通信系统中具备数据传输功能的设备称为短波调制解调器。通常，短波调制解调器的任务就是将用户数据比特流转换为模拟基带信号（模拟符号流），然后在接收端转换回相应的比特流。短波调制解调器包括发送端与接收端两部分，其中发送端根据信源业务种类选择合适的编码、交织等参数进行调制，而后经信号放大发射；接收端经过同步、解调、解交织、译码等过程接收数据。短波数据传输总体技术结构如图 3－2 所示。

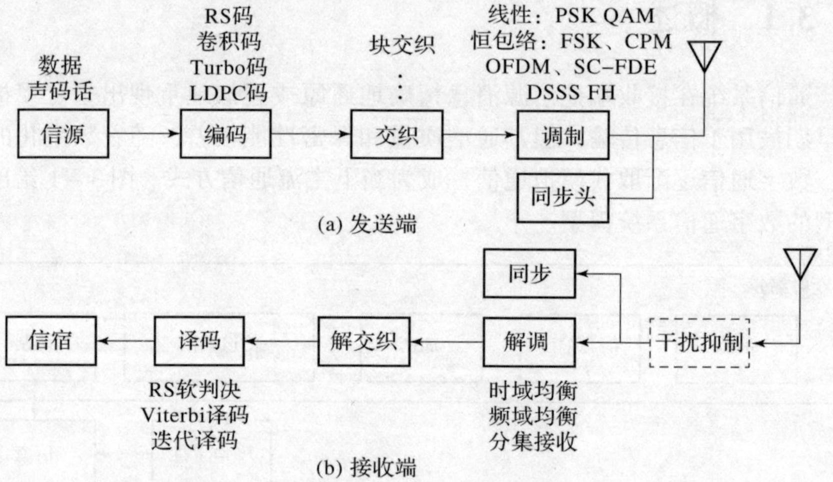

图 3－2　短波数据传输总体技术结构框图

短波数据通信的信源主要是话音（声码话）和数据，数据包括短信、报文、传真、图像等各种数字信息。数据传输快慢与调制解调器传输能力直接相关，传输方式主要包括 ARQ 无差错传输和单向传输两种。声码话是指数字话音，由于实际短波信道传输条件的限制，话音编解码速率主要有 600bps、1200bps、2400bps 等，这远低于移动通信系统中的话音速率，其中，2400bps 对信道质量要求较高。除速率外，编解码时延和可懂度也是衡量声码话性能的重要指标。

为应对短波信道衰落和噪声引起的信噪比变化影响，通常采用前向纠错（FEC）编码和交织相结合的方式。FEC 机制是故意引入冗余比特流（或符号流），帮助接收机纠正信道传输过程中产生的错误。短波信道常用的 FEC 编码有里德－所罗门（RS）码、BCH 码、TCM 码和卷积码等。近年来，Turbo 码也应用于短波信道，可获得比 RS 码和卷积码更好的编译码性能。通常，FEC 编码可有效纠正较短脉冲串中发生的错误。然而，电离层信道因衰落和噪声会产生一长串错误，这会导致大多数 FEC 编码失效。并且，某些情况下纠错处理实际上也会引入其他错误。

使用交织编码可以在一定程度上解决此类问题，其基本思想是：采用交织编码把较长的突发差错离散成随机差错，再用 FEC 消除随机差错。一般而言，交织深度越大，离散度越大，抗突发差错能力也就越强；然而，交织深度越大，编码处理时间就越长，造成传输时延增大。也就是说，交织编码是以时间为代价换取传输可靠性的。

短波数据传输的调制方式多种多样，以载波数划分，可分为单载波和多载波两类。根据基带信息调制的不同载波信息，大致可分为幅度调制、相位调制、频率调制和幅度－相位的联合调制等。振幅键控是通过载波的幅值变化来达到传递信息的目的，载波的幅值受基带信息序列控制。相移键控是用基带信息序列去控制每个符号持续时间内载波的相位，载波振幅和频率不受基带信息序列的影响，用每个符号的初始相位值来携带基带信息。频移键控是利用基带序列的不同符号来控制输出不同的载波频率达到传输基带序列的目的。

3.2　数字调制技术

数字调制是将数据比特映射为能够在（模拟）信道中传输的信号波形。与模拟调制相比，数字调制的优点包括：更好的抗信道损耗、更好的抗噪性、更好的多业务融合性、更好的安全性等。除此之外，数字通信系统支持差错控制编码，并支持复杂的信号条件和处理技术，像信源编码、加密技术和为提高整个通信链路性能的均衡技术等。

3.2.1 脉冲成形技术

在数字通信系统中，基带信号进入调制器前，波形是矩形脉冲，突变的上升沿和下降沿包含了丰富的高频成分，信号的频谱一般比较宽。当矩形符号脉冲通过带限信道时，单个符号的脉冲将延伸到相邻符号的符号内，这会造成符号间干扰（ISI），并导致接收机在检测一个符号时发生错误的概率增大。减少 ISI 的一种简单方法是增加信道带宽。但是，短波通信系统的信道带宽是十分有限的，难以满足这一需求。因此在信道带宽有限的条件下，要降低误码率，需在信号传递之前，通过发送滤波器（脉冲成形滤波器）对其进行脉冲成形处理，改善其频谱特性，使其适合信道传输。

著名的奈奎斯特（Nyquist）准则说明，只要把通信系统传递函数设计成在每个抽样时刻只响应当前的符号，而对其他符号的响应全等于零，那么 ISI 的影响就完全被抵消，满足奈奎斯特准则的滤波器称作奈奎斯特滤波器。脉冲成形技术可以用来同时减少 ISI 和已调数字信号的带宽。数字通信系统中常用的波形成形滤波器有升余弦滤波器和高斯滤波器等。

1. 升余弦滤波器

余弦脉冲滤波器的系统函数具有余弦波的变化特点，如图 3-3 所示。

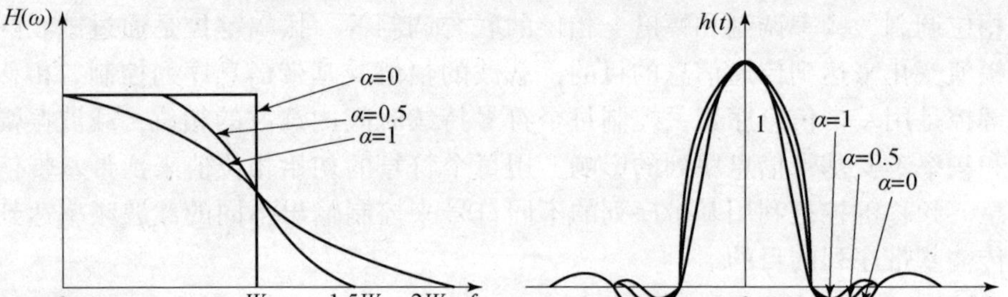

图 3-3　余弦滚降系统特性

图 3-3 中，滚降特性所形成的波形 $h(t)$ 除采样点 $t=0$ 处不为零外，其余采样点上均为零，并且“拖尾”现象随着 α 的增大而震荡幅度减小，衰落速度加快。

升余弦滚降滤波器的传递函数为

$$H(w)=\begin{cases}1, & 0\leqslant|\omega|\leqslant\dfrac{(1-\alpha)\pi}{T_s}\\ 1+\cos\dfrac{T_s}{2\alpha}\left(\omega-\dfrac{(1-\alpha)\pi}{T_s}\right), & \dfrac{(1-\alpha)\pi}{T_s}\leqslant|\omega|\leqslant\dfrac{(1+\alpha)\pi}{T_s}\\ 0, & |\omega|\geqslant\dfrac{(1+\alpha)\pi}{T_s}\end{cases}\tag{3-1}$$

式中：T_s 为符号间隔；α 是滚降因子，取值范围为 0～1，α 的增加可以减小对定时抖动的敏感度，但会增加占用的带宽。

升余弦滚降系统的频域和时域仿真波形如图 3－4 所示。

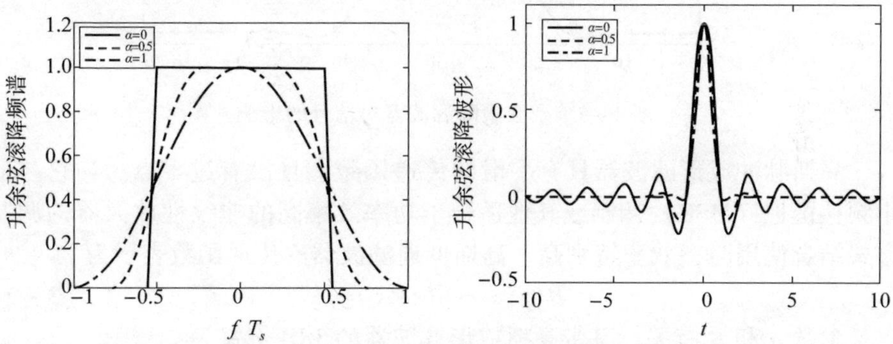

图 3－4　升余弦滚降系统频域和时域波形

余弦滚降传递函数可以通过在发射机端和接收机端使用同样的滤波器来实现，同时在平坦衰落信道中提供匹配滤波实现最佳性能。为实现滤波器的响应，脉冲成形滤波器既可以用在基带数据上，也可以使用在发射机的输出端。一般来说，基带脉冲成形滤波器用 DSP 来实现。

原始信号通过升余弦滚降滤波器可以使波形平滑，有效地改变突变的上升沿和下降沿，从而消除波形中的高频成分，达到降低码间串扰的可能性，提高频带利用率的效果，如图 3－5 所示。

2. 高斯滤波器

某些通信场合严格限制信号带外辐射功率，有的要求衰减达到 70dB 以上，从而减小对邻道的干扰，这时可以采用高斯低通滤波器。高斯滤波器具有绝对带宽窄、尖锐截止、过冲低及输出脉冲面积保持不变的特点，非常适合使用非线性 RF 放大器并且不能精确地保持传输脉冲波形不变的调制技术。

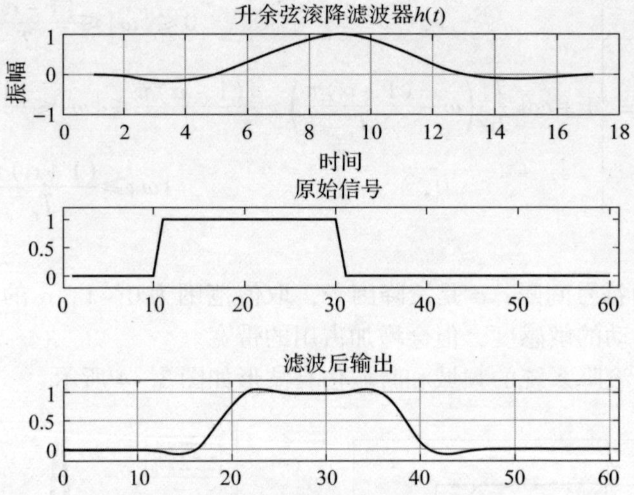

图 3－5　余弦滚降滤波器对信号的影响

高斯脉冲成形滤波器具有平滑的传递函数，且没有过零点。当它与最小频移键控（MSK）调制或其他适合于功率效率高的非线性放大器的调制方式结合使用时，效率特别高。高斯低通滤波器的传递函数表示为

$$H(f) = \exp(-\alpha^2 f^2) \tag{3-2}$$

参数 α 和 B 有关，基带高斯成形滤波器的 3dB 带宽为

$$\alpha = \frac{\sqrt{\ln 2}}{\sqrt{2}} = \frac{0.5887}{B} \tag{3-3}$$

随着 α 的增加，高斯滤波器占用的频谱减少，实际信号在时间上更分散。高斯滤波器的冲激响应为

$$H(t) = \frac{\sqrt{\pi}}{\alpha}\exp\left(-\frac{\pi^2}{\alpha^2}t^2\right) \tag{3-4}$$

假设 $b(t)$ 是高度为 1、宽度为 T_b 的矩形脉冲，则 $b(t)$ 通过高斯脉冲成形滤波器的输出波形为

$$g(t) = h(t) \times b(t) = \int_{t-\frac{T_b}{2}}^{t+\frac{T_b}{2}} \frac{\sqrt{\pi}}{\alpha}\exp\left(-\frac{\pi^2}{\alpha^2}\tau^2\right)\mathrm{d}\tau \tag{3-5}$$

高斯脉冲成形滤波器对矩形脉冲输入信号的影响仿真如图 3－6 所示。

需要注意的是，使用高斯脉冲成形滤波器时，在射频带宽和由于 ISI 造成的不可减少的误码之间存在着折中。由于高斯脉冲成形滤波器不能满足消除 ISI 的奈奎斯特准则，所以减小占用频谱造成 ISI 增加，导致性能下降。

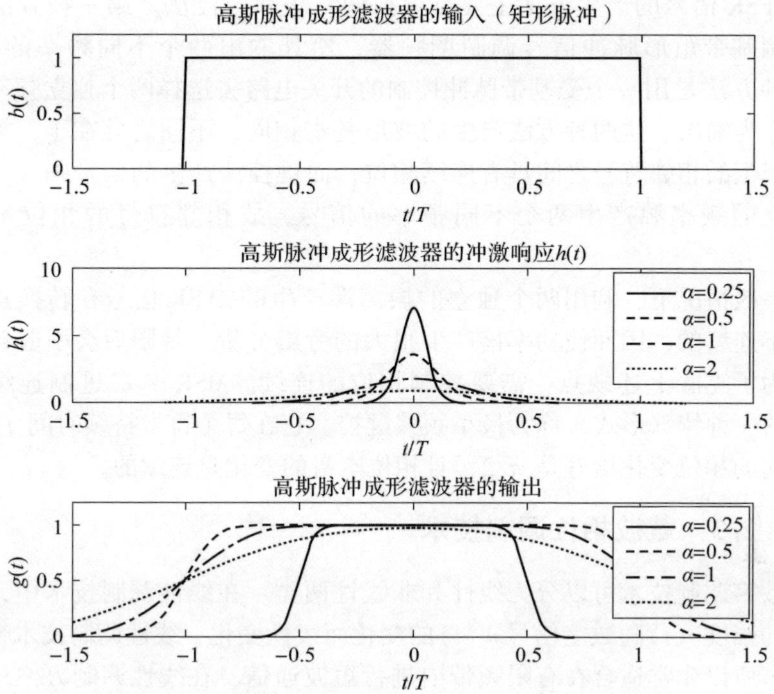

图 3-6　高斯脉冲成形滤波器对矩形脉冲输入信号的影响

3.2.2　载波频率调制技术

在现代通信系统中大部分传送数字信号，但是数字信号具有丰富的低频分量，不适合在大多数信息传输系统中传送，所以必须用数字信号控制载波的某些参量，使这个载波的一个或几个参量（振幅、频率和相位）上载有信息。在无线电信道中，模拟调制更是必不可少的。若要使信号能够通过天线辐射出去，信号所占用的频带位置要足够高。所以，数字信号的频谱必须用一个频率很高的载波调制，才能够从天线发射出去。

频移键控（FSK）利用载波的频率变化来传递数字信息。常见的 FSK 包括 2FSK、4FSK、8FSK 等。国际上规定：在 200 ~ 1200bps 的速率内，用 2FSK 在一个话路频带内传送数据。在二进制情况下，“0” 对应载波频率 w_1，“1” 对应载波频率 w_2，而且 w_1 和 w_2 之间的改变是瞬间完成的。

2FSK 信号可表示为

$$S(t)=A_n\cos(2\pi(f_c\pm\Delta f)t) \tag{3-6}$$

2FSK 信号的产生方法主要有模拟调频法和键控法。第一种方法是用二进制基带矩形脉冲信号调制调频器，使其输出两个不同频率的符号。第二种方法是用一个受基带脉冲控制的开关电路去选择两个独立频率源的振荡作为输出。这两种方法产生的波形基本相同，不同之处在于，模拟调频法产生的相邻符号之间具有连续相位；而键控法产生的信号则分别由两个独立的频率源产生两个不同频率的信号，故相邻符号的相位不一定连续。

一般情况下，利用两个独立的振荡源产生的 2FSK 信号在转换点上相位是不连续的，因而使功率谱产生很大的旁瓣分量，带限后会引起包络起伏。为了克服上述缺点，需要控制相位的连续。MSK 是二进制连续相位 FSK 的一种特殊形式，称为最小频移键控。它在每个符号持续时间 T_b 内频移引起的相位变化恰好是 $\pi/2$，且相位本身的变化是连续的。

3.2.3 载波相位调制技术

数字调制技术可以分为线性和非线性两类。在线性调制技术中，传输信号的幅度 $s(t)$ 随数字信号 $m(t)$ 的变化而线性变化，线性调制技术带宽效率高，所以非常适合在有限频带内进行短波通信。在线性调制方案中，传输信号可表示为

$$\begin{aligned} S(t) &= \mathrm{Re}[Am(t)\exp(\mathrm{j}2\pi f_c t)] \\ &= A[m_R(t)\cos(2\pi f_c t) - m_I(t)\sin(2\pi f_c t)] \end{aligned} \tag{3-7}$$

式中：A 为幅度；f_c 为载波频率。$m(t) = m_R(t) + \mathrm{j}m_I(t)$ 是通常为复数形式的已调信号的复包络。载波幅度随调制信号呈线性变化，线性调制方案一般来说都不是恒包络。有些非线性调制的载波，既可能是线性包络也可能是恒包络，这取决于基带波形是否经过脉冲成形处理。

线性调制方案有很好的频谱效率，但传输中必须使用功率效率低的 RF 放大器。用功率效率高的非线性放大器将导致已滤除的边瓣再生，造成严重的相邻信道干扰，使线性调制得到的频谱效率全部丢失。然而，已经有好的方法可以克服这些困难。最普遍的线性调制技术包括二进制相移键控（BPSK）、正交相移键控（QPSK）、偏移正交相移键控（OQPSK）和差分正交相移键控（DQPSK）。

数字相位调制又称作相移键控（PSK），是利用正弦载波的相位变化来传递数字信息，而其频率和幅度保持不变。对于二进制数字相位调制（2PSK），当发送符号“0”时，取正弦载波的相位为 0；当发送符号“1”时，

取相位为 π，根据载波的相位不同，来区分符号信息。2PSK 信号可表示为：

$$S(t) = A_n\cos(2\pi f_c t + \varphi_n)m(t) \tag{3-8}$$

BPSK 信号等效于抑制载波双边带调幅波形，其中 $\cos(2\pi f_c t)$ 相当于载波，数据信号 $m(t)$ 相当于调制波形。

差分相移键控信号可降低接收机的复杂度，但它的能量效率比相干 PSK 低 3dB。

由于在一个调制符号中传输两个比特，四相相移键控 QPSK 比 BPSK 的带宽效率高两倍。载波的相位为四个间隔相等的值，比如 0、π/2、π、3π/2，每一个相位值对应唯一的一对信息比特。

3.2.4　正交振幅度调制技术

正交幅度调制（Quadrature Amplitude Modulation，QAM）又称正交振幅调制，使用载波的幅度及相位组合来表示多进制数字信息，是一种同时调制幅度、相位的数字调制。QAM 信号使用两个正交载波，其中每个都被一个独立的信息比特序列调制，因此 QAM 信号可以看作两路正交的 ASK 信号的叠加。它的简易表达式为

$$S(t) = A_{mc}\cos(2\pi f_c t) - A_{ms}\sin(2\pi f_c t) \tag{3-9}$$

可以看出，QAM 是指两个正交的载波 $\cos(2\pi f_c t)$ 和 $\sin(2\pi f_c t)$ 被一组离散的幅度 $\{A_{mc}\}$ 和 $\{A_{ms}\}$ 所调制。QAM 在调制的过程中同时改变载波的幅度和相位，它使用振幅和相位同时携带信息。与其他的简单数字调制方式 ASK（幅度调制）、FSK（频率调制）和 QPSK（相位调制）相比，它能充分利用整个信号平面，因此具有更高的频带使用率，并且可以在有限的带宽内以较高的速率传送信号。总之，QAM 是一种效率较高的调制方式，在高阶调制中，它被使用得最多，被广泛应用于数字无线通信系统、卫星通信、广电等领域。

若正交幅度调制的发射信号集包含 M 个符号，这样的正交幅度调制就称为 MQAM，MQAM 信号波形的一般表达式为

$$S_{\mathrm{MQAM}}(t) = \sum_{i=1}^{n} A_n g(t - nT_s)\cos(2\pi f_c t) \tag{3-10}$$

式中：A_n 为基带信号的幅度；$g(t-nT_s)$ 为时间长度为 T_s 的单位幅度的基带信号的波形函数。将式（3-10）还可以变换为正交的表示形式：

$$S_{\mathrm{MQAM}}(t) = \left[\sum_{i=1}^{M} A_n g(t - nT_s)\cos\varphi_n\right]\cos 2\pi f_c t -$$

$$\left[\sum_{i=1}^{M} A_n g(t-nT_s)\sin\varphi_n\right]\sin 2\pi f_c t \qquad (3-11)$$

令 $I_n = A_n\cos\varphi_n$，$Q_n = A_n\sin\varphi_n$，则有

$$\begin{aligned} S_{\mathrm{MQAM}}(t) &= \left[\sum_n I_n g(t-nT_s)\right]\cos 2\pi f_c t - \left[\sum_n Q_n g(t-nT_s)\right]\sin 2\pi f_c t \\ &= I(t)\cos 2\pi f_c t - Q(t)\sin 2\pi f_c t \\ &= A(t)\cos(2\pi f_c t + \varphi) \end{aligned} \qquad (3-12)$$

印证了 QAM 的数据信号是由相互正交的两个载波 $\cos(2\pi f_c t)$、$\sin(2\pi f_c t)$ 的幅度 $I(t)$、$Q(t)$ 的变化来表示的。

3.2.5 正交频分复用技术

在频域上，多径信道呈现出频率选择性衰落特性。为了克服这种衰落，将信道在频域上划分成多个子信道，使每一个子信道的频谱特性都近似平坦，从而减弱或消除多径时延扩展引起的码间串扰的影响，这是多载波传输的基本思想。正交频分复用（OFDM）技术，是多载波调制的一种，是特别适合在延迟色散环境下进行高数据速率传输的一种调制方案。在 20 世纪中期 R. R. Mosier 和 R. G. Clabaugh 最早提出了正交频分复用技术的基本思想，但是由于当时技术不成熟，系统实现复杂，因此该项技术在当时没有得到普及。随着快速傅里叶变换的发现，Weineteni 和 Ebert 在 1971 年将其与 OFDM 信号的调制解调相结合，使得 OFDM 的调制解调技术得到了极大的简化。OFDM 作为一种重要的多载波波形技术，在移动通信 4G LTE 系统、无线广播系统中得到了广泛应用。

1. OFDM 调制原理

OFDM 主要思想是：将高速数据信号转换成多个并行的低速子数据流，这些数据流调制到 N 个不同的子载波（单音）上，然后发射出去。为让接收端能够有效分离不同子载波携带的信号，子载波必须是正交的。传统的频分多址通过在载波间设置较大的频率间隔，来实现信号分离，但这会浪费宝贵的频谱资源。OFDM 子载波间隔可以设得更窄。

正交子载波信号可以通过在接收端采用相关技术来分开，这样可以减少子信道之间的载波间干扰（ICI）。每个子信道上的信号带宽小于信道的相关带宽，因此每个子信道上的可以看成平坦性衰落，从而可以消除 ICI。而且由于每个子信道的带宽仅仅是原信道带宽的一小部分，信道均衡变得相对容易。也就是说，通过 OFDM 将有用数据放在一组相互正交的子载波

上进行并行传输，降低单个子信道上的速率，使短波多径衰落信道对 OFDM 系统造成的影响大大减小。OFDM 信号的调制解调原理如图 3－7 所示。

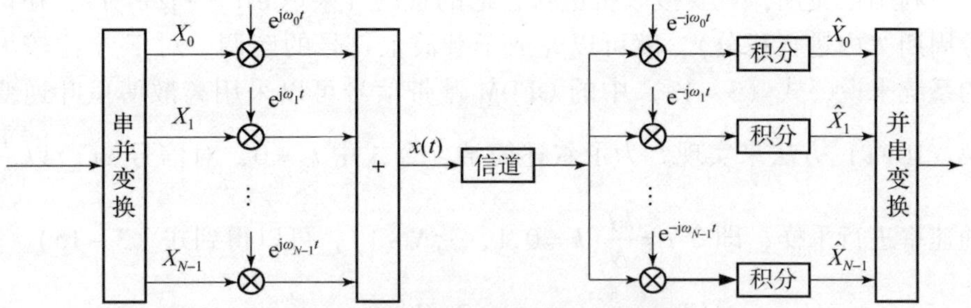

图 3－7　OFDM 调制解调原理框图

在发送端，串行的数据流在经过编码、调制以及串/并转换之后，再后送入运算单元，即进行快速傅里叶逆变换（IFFT），然后加入保护间隔（GI），再经 D/A 转化为模拟信号送入信道传输；在接收端，由信道接收到的模拟的 OFDM 信号在经 A/D 变换转换为串行的数字信号，接着去除掉保护间隔，再将其送入运算单元，进行快速傅里叶变换（FFT）运算，最后经过并串转换和解码译码后即可还原出原始的信源信号。

一个 OFDM 符号之内包括多个子载波，其中每个子载波可以采用 BPSK 或 QAM 符号调制，例如，在数字无线广播（DRM）通信中采用的调制的方式包括 4QAM、16QAM 和 64QAM。

短波电离层信道多径延时大，码间串扰问题突出。OFDM 技术利用各子载波之间的正交性，将多载波并行传输以降低符号速率，减少码间串扰的影响。这里考虑一个具有 N 个子载波的 OFDM 系统，所发送的 OFDM 信号可以用复等效基带信号来表示：

$$x(t) = \sum_{i=0}^{N-1} X_i \exp\left(j2\pi \frac{i}{T}(t-t_s)\right), t_s \leqslant t \leqslant t_s + T \qquad (3-13)$$

其中，实部和虚部分别对应于 OFDM 符号的同相和正交分量。N 表示子信道的个数，T 表示 OFDM 符号的宽度，X_i 是分配给每个子信道的数据符号，f_0 是第 0 个子载波的载波频率，f_i 是第 i 个子载波的载波频率，$f_i = f_0 + i/T$，这里 $i = 0,1,\cdots,N-1$。

每个子载波在一个 OFDM 符号周期内都包含整数倍个周期，而且各个相邻子载波之间相差 $1/T$。这一特性可以用式（3－14）来解释子载波之间

的正交性，即

$$\frac{1}{T}\int_0^T \exp(\mathrm{j}2\pi f_n t)\exp(-\mathrm{j}2\pi f_m t)\,\mathrm{d}t = \begin{cases}1, & m = n\\ 0, & m \neq n\end{cases} \tag{3-14}$$

利用正交性，只要接收机进行合适的解调（乘以 $\exp(-\mathrm{j}2\pi f_m t)$，在符号周期 T 内进行积分），就可以完成子载波上符号的解调。对于 N 比较大的系统来说，式（3-13）中的 OFDM 基带信号可以采用离散傅里叶逆变换（IDFT）方法来实现。为了叙述简洁，令式中 $t_s=0$，对信号 $x(t)$ 以 $\frac{T}{N}$ 的速率进行采样，即令 $t=\frac{kT}{N}(k=0,1,\cdots,N-1)$，可以得到式（3-15）。

$$x_k = x\left(\frac{kT}{N}\right) = \sum_{i=0}^{N-1} X_i \exp\left(\mathrm{j}\frac{2\pi ik}{N}\right),\ 0 \leqslant k \leqslant N-1 \tag{3-15}$$

可以看到，计算 x_k 等效为对 X_i 进行 IDFT 运算。同样接收端，为了恢复出原始的数据符号 X_i，可以对 x_k 进行逆变换，即 DFT 运算，得到式（3-16）。

$$X_i = \sum_{k=0}^{N-1} x_k \exp\left(-\mathrm{j}\frac{2\pi ik}{N}\right) \quad (0 \leqslant i \leqslant N-1) \tag{3-16}$$

根据上述分析可以看到，OFDM 系统的调制和解调可以分别用 IDFT/DFT 来代替。通过 N 点 IDFT 运算，把频域数据符号 X_i 变换为时域数据符号 x_k，经过射频载波调制之后，发送到信道中。

在实际应用中，多音调制时加入快速傅里叶变换算法后使得实现过程由繁至简，减少运算量，降低硬件实现的难度。这使得多音调制技术成为 4G/5G 蜂窝移动通信、短波通信、数字广播业务等通信系统的核心技术，同时也是无线网络通信标准中的关键技术之一。

由于利用 IDFT 进行调制时，如果 IDFT 点数 N 与有用数据数目相同时，根据奈奎斯特采样定理可知，此时数据样本数太少，处于欠采样的状态，时域波形不能反映出 OFDM 符号的真实特性，从而出现伪信号的现象。为避免出现这样的情况，构造 OFDM 符号的频域数据时需进行至少两倍的过采样，即在高频处构造虚拟子载波进行补零操作，此时虚拟子载波数目 $(q-1)N$，qN 为总的载波数目。为利用 FFT/IFFT 进行快速调制解调，一般情况下 qN 为 2 的幂次方。即，N 点 IDFT 运算需要实施 N^2 次的复数乘法。

2. 循环前缀与保护间隔

OFDM 系统可以有效地消除多径干扰。为了最大限度地消除 ISI，在每个 OFDM 符号之间插入保护间隔，而且该保护间隔长度要大于无线信道的最大时延扩展。这样一个符号的多径分量就不会对下一个符号造成干扰。在这段保护间隔内，可以不插入任何信号，即是一段空闲的传输时段。然而在这种情况下，多径传播的影响会破坏子载波之间的正交性，不同的子载波之间产生干扰，即产生载波间干扰。为了避免这种情况，在每个 OFDM 符号间插入保护间隔，将 M 个 0 添加至 N 点数据块前，同时保证无线信道中的最大时延扩展小于该保护间隔的持续时长即可实现这一目的，如图 3－8 所示。

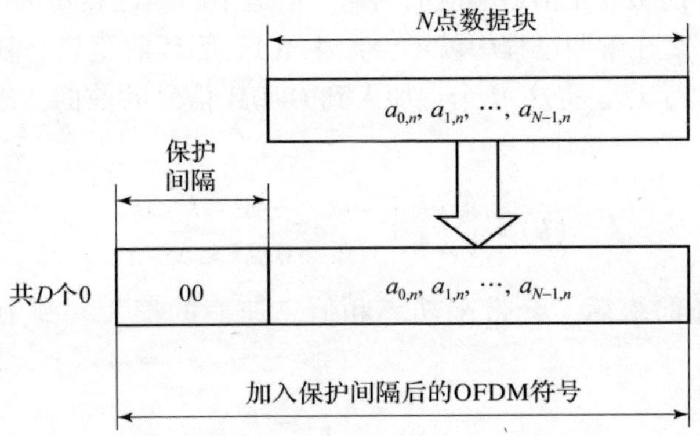

图 3－8　插入保护间隔示意图

对于添 0 作为保护间隔的 OFDM 信号，在短波衰落（时间选择性）信道的影响下，一个子载波的多普勒频移会在很多相邻子载波中产生载波间干扰，从而破坏子载波之间的正交性，影响最终的解调性能。时间选择性的影响主要取决于最大多普勒频移和正交频分复用符号周期的乘积，子载波间隔与符号周期成反比，因此如果符号周期很大，那么即使很小的多普勒频移也会造成相当大的载波间干扰。

1980 年，Peled 和 Ruid 为了能够有效解决时延带来的载波间干扰，提出了以循环前缀（CP）作为保护间隔的方案，其主要思想为将每个 OFDM 时域符号尾部的 M 个数据值作为保护间隔填充值，从而保护符号内部的相位连续性，使得接收到的 OFDM 符号在 FFT 积分区间内的正弦波形周期为整数，当多径时延或者同步误差小于保护间隔长度时，能够有效避免载波间的干扰，保证解调性能，最终 OFDM 循环前缀的添加方式如图 3－9 所示。

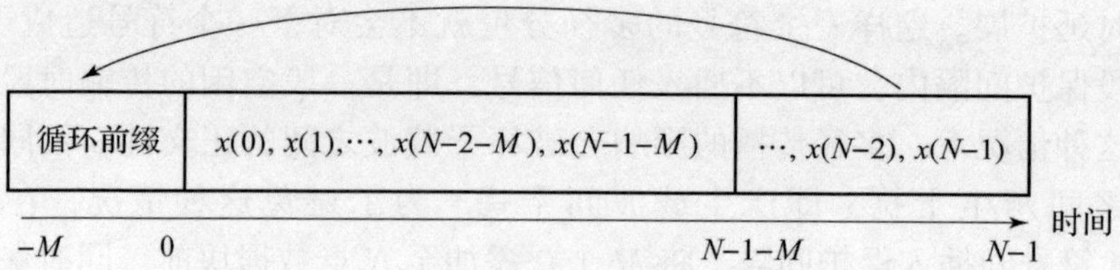

图 3-9　OFDM 符号的循环前缀

如果循环前缀大于信道响应的周期，信道中的线性卷积可以当作圆周卷积来处理，那么在解调过程中就不会产生 ICI。循环前缀只是复制 N 点时域信号的最后 M 个点，将这 M 个点加入到 OFDM 信号的前面，用式（3-17）来表示。

$$s(k)=\begin{cases}x(k+N), & -M\leqslant k<0\\ x(k), & 0\leqslant k\leqslant N-1\end{cases} \tag{3-17}$$

加入循环前缀后，会带来功率和信息速率的损失，其中功率损失定义为

$$v_g=10\log_{10}\left(\frac{T+T_g}{T}\right) \tag{3-18}$$

当循环前缀占 20% 时，功率损失不到 1dB，而信息速率损失为 20%。但是插入保护间隔可以消除 ISI 和 ICI，并且 CP 可以用作符号定时同步和载波同步。DRM 系统在不同信道条件的通信模式中，保护间隔和循环前缀的长度不同。有的系统为了提高频带利用率，可能会有意地缩短或省略循环前缀。对于很多系统来说，循环前缀的长度既要能够消除载波间干扰，又要兼顾频带利用率，也就是说，循环前缀不是用来处理最差信道情况的。

那么，OFDM 是否比串行音波形具有更高的带宽效率和功率效率呢？从理论上讲，OFDM 可以通过调整在每个子载波上发送的数据速率，有效降低短波信道上的频率选择性衰落或非均匀噪声和干扰。例如，如果一个子载波刚好落入频谱的零点，那么最好不发送该子载波，并且增加在具有最高 SNR 的子载波上发送的数据量。但是，该方法尚未在短波通信上使用，因为它实施起来非常复杂，需要从接收站到发送站反馈信息，导致不能足够快地适应非平稳短波信道。

3.3 调制解调波形设计

早期短波调制解调器设计多采用频移键控（FSK）技术，而后来多采用 *M* 进制相移键控（MPSK）或 *M* 进制正交幅度调制（MQAM）设计，通过串行音（单音）和并行音（多音）载波传输。下面分别以美军标 MIL－STD－188－110 附录 B 中 39 音并行波形和附录 C 串行音波形为例进行介绍。

3.3.1 并行音波形

短波多载波并行传输技术是一种高速数据传输体制，基本思想是将高速率的串行数据转换为若干低速率数据流，每个低速数据流对应一个子载波进行调制，就可以组成一个多载波同时调制的并行传输系统。一方面，每个子载波上传输低速数据，意味着延长了符号周期，降低了多径对信号接收的影响；另一方面，通过增加循环前缀，避免了码间串扰，保留了子载波的正交性。因此，多载波并行波形实际上属于正交频分复用技术，也称作多音并行。

1984 年，美国哈里斯公司将多载波并行传输技术用于实际短波通信，推出了第一款短波并行高速调制解调器 RF－3466，被世界上广泛使用。该 MODEM 采用里德－所罗门（RS）编码、交织和差分相位调制，在 3kHz 带宽内设置 39 个正交子载波，并引入快速傅里叶变换及其逆变换，实现子载波信号的合路与分路，降低了算法实现复杂度，数据速率为 75～2400bps。

1988 年，美军颁布了短波调制解调器标准 MIL－STD－188－110A，附录 A 为 16 单音并行波形，附录 B 以 RF－3466 MODEM 为基础，定义了 39 单音并行波形，是多音并行波形的一个典型例子。

短波多载波并行波形的调制解调流程，如图 3－10 所示。

图 3－10 中，发送端串行二进制数据 RS 编码后，进行块交织，通过串并转换，利用前后帧的同一子载波的差分相位携带数据信息，经傅里叶逆变换运算后加入循环前缀，对抗码间串扰，最后再进行数模变换；接收端信号处理流程与发送端相反。

39 音并行波形实际占用带宽为 300～3000Hz，频率配置如图 3－11 所示。

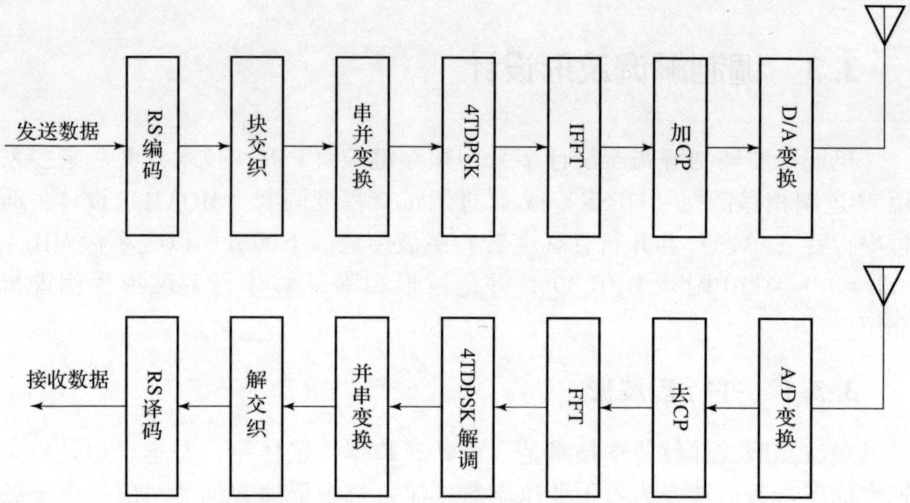

图 3-10　短波多载波并行波形处理流程

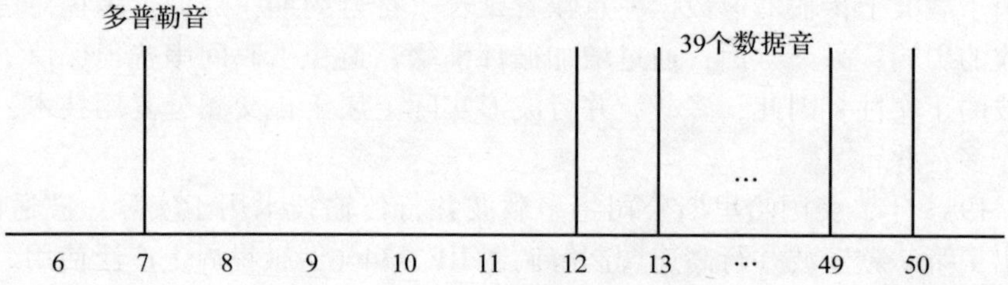

图 3-11　并行波形频率配置图

39 音波形中，子载波频率间隔为 56.25Hz，第 7 个子载波为多普勒音，用于频偏同步跟踪与校正，频率 $f_7=393.75\text{Hz}$；第 12～50 个子载波为数据音，频率为 $f_{12}=675\text{Hz}$，$f_{50}=2812.5\text{Hz}$，共 39 个数据音。

并行波形由同步头和数据帧构成，以帧为单位进行传输，每帧时间长度为 22.5ms，其中循环前缀占用 4.72ms，数据信号占用 17.78ms，帧速率为 44.44 帧/s。39 音并行波形数据传输格式如图 3-12 所示。

标准同步头包括三部分，第一部分是 14 帧 4 个等幅未调制单音信号，用于信号检测和载波同步，频率为 $f_{14}=787.5\text{Hz}$、$f_{26}=1462.5\text{Hz}$、$f_{38}=2137.5\text{Hz}$、$f_{50}=2812.5\text{Hz}$，前后帧间相位保持连续，共计 315ms；第二部分是 8 帧 3 个等幅调制数据音信号，用于建立帧同步，频率为 $f_{20}=1125.0\text{Hz}$、$f_{32}=1800.0\text{Hz}$、$f_{44}=2475.0\text{Hz}$，前后帧相位 180°反转，共计 180ms；第三部分是 1 帧参考帧，用于获取起始相位基准，由 39 个数据音

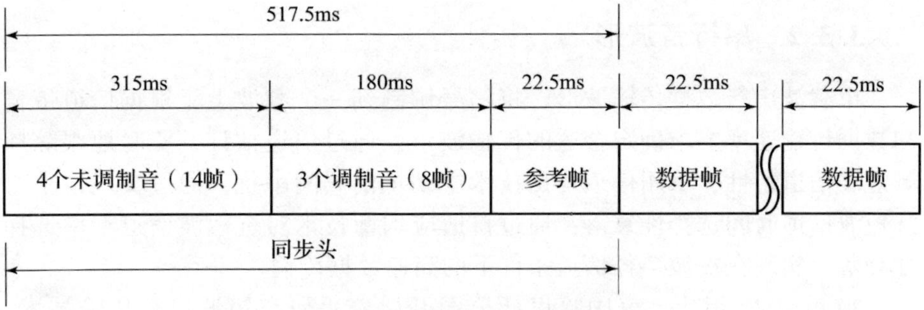

图 3 – 12　并行波形数据传输格式

和多普勒校正音组成。同步头复合信号的传输电平的均方根值应不超过后续数据传输期间调制器输出电平均方根值上下 1dB。

需要注意的是，为提高在低信噪比情况下信号同步和信号检测的概率，可选择扩展同步头。扩展同步头的第一部分将持续 58 帧，第二部分将持续 27 帧，第三部分将持续 12 帧。在第一部分和第二部分中，数据音频与非扩展同步头相同；在第三部分中，每个数据音频的相位应在每帧开始时设置为该部分中第一帧开始时的相位。

数据帧用于传输数据信息，每帧 39 个数据音，可携带 78bit 数据。调制器收到数据源的最终数据字符后，应在编码前将一系列报尾字符插入源数据比特流；解调器收到报尾字符后终止数据输出。系统具备数据率自适应调整，提供方法以适配数据输入源和调制解调器数据速率之间的差异，既不会丢失数据也不会在解调输出中引入无关的数据。

39 音波形中，2400/1200bps 采用 4TDPSK 调制；其他采用 2TDPSK 调制。2400bps 时前向纠错使用 GF（2^4）（14，10）RS 编码，其他速率采用（7，3）RS 编码。

39 音波形使用了分集技术提升系统鲁棒性，在 1200bps 时，频率 f_{12} ~ f_{18} 与 f_{44} ~ f_{55} 采用 2 重频率分集；300bps 时，2 重时间分集；150bps 时，4 重时间分集；75bps 时，2 重时间分集。

由于使用了差分调制，因此不需要信道估计即可解调该波形。由于短波信道的时变特性，为改善信号传输有效性和可靠性，在短波 OFDM 系统中一般采用相干解调方式。在相干解调系统中，需准确知道的信道状态信息（CSI）来完成符号检测，如信道的多径数、相位和幅度等参量。可以采用信道估计方法获取 CSI，同时信道估计值可被用于接收端的均衡滤波器中来消除 ISI。

3.3.2 串行音波形

单载波串行数据传输波形，将信号调制到一个载波上，根据信道带宽和数据传输速率要求确定合适的传输波形，通过信道估计，实时地跟踪探测短波信道特性，采用信道均衡技术主动抵消码间串扰；通过交织技术对抗短波信道时间选择性衰落；通过自适应均衡技术对抗短波信道频率选择性衰落，实现在短波多径信道条件下的高速数据传输。

20 世纪 80 年代，美国哈里斯公司开始着手研究短波串行传输技术，率先开发出了性能更好的单载波串行波形，在 3kHz 带宽内实现了 75 ~ 2400bps 数据传输。该波形从时域上进行设计，采用卷积编码、交织和 PSK 调制，交替发送训练和未知数据，接收端通过信道估计和均衡技术来克服多径衰落影响。此外，通过时间分集技术，实现低速率匹配，提高接收性能。单载波串行波形可视为一种“主动”适应短波信道的技术体制，是目前最具代表性的短波数据传输体制。

在美军标 110A 标准附录 A 中规定了单载波串行波形，也是北约标准 STANAG 4285 的重要组成部分。串行音波形是在 3kHz 带宽内实现数据的串行传输，该波形从时域上进行设计，采用卷积编码、交织和 PSK/QAM 调制方式，交替发送训练数据和未知数据，接收端通过信道估计和均衡技术克服多径衰落影响进行接收。短波单载波串行波形调制解调基本流程如图 3 - 13 所示。

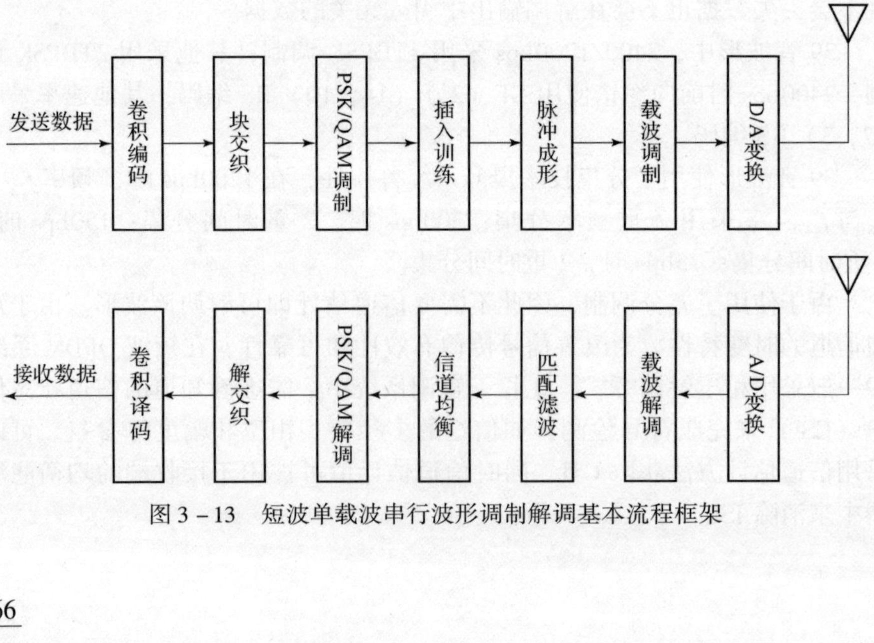

图 3 - 13 短波单载波串行波形调制解调基本流程框架

与多载波并行波形相比，在单载波串行波形中，数据调制符号以串行方式，通过单个载波调制进行传输。受信道带宽限制，单个载波以高符号速率调制。通常在3kHz带宽波形中，采用中心频率为1800Hz的载波，以每秒2400个符号进行调制。这种高符号速率要求对波形进行严格滤波，以适应3kHz带宽。在此符号速率下，符号长度仅为0.416ms（1/2400），大多数天波路径都会引入严重的码间串扰。一定意义上讲，单载波调制方法易发生码间串扰而增大误码率，在多径传播环境中易受瑞利衰落影响而造成突发误码。针对串行音波形的码间串扰，通常采用最大似然序列估计（Maximum Likelihood Sequence Estimation，MLSE）、自适应均衡等技术来克服多径干扰。

美军标MIL－STD－188－110B和110A中关于串行音波形的设计思路基本相同，只是在带宽、编码、交织和调制等参数细节方面略有差异。1999年，美军标110B附录C中新定义了几种高于2400bps数据速率的波形，通过使用QPSK、8PSK、16QAM、32QAM和64QAM调制，可分别提供3200bps、4800bps、6400bps、8000bps、9600bps和12800bps数据速率波形，这些波形称为窄带中等数据速率波形，如表3－1所示。

表3－1　MIL－STD－188－110B附录C波形总结

数据速率/bps	调制方式	FEC码率
3200	QPSK	3/4
4800	8PSK	3/4
6400	16QAM	3/4
8000	32QAM	3/4
9600	64QAM	3/4

在3kHz带宽下，对于3200bps和4800bps的数据速率，采用QPSK和8PSK调制处理；对于6400bps以及更高数据速率，使用QAM调制来处理。我们知道，QAM特别适用于频带资源有限的场合，通常超出8PSK的PSK星座信号空间距离特性趋于恶化。相对于经典方形QAM星座，110B标准中对星座进行了改进，即采用在恒定半径圆区域内的点填充方式，使信号空间距离最大，且峰均功率比最小。16QAM和64QAM星座图如图3－14所示。

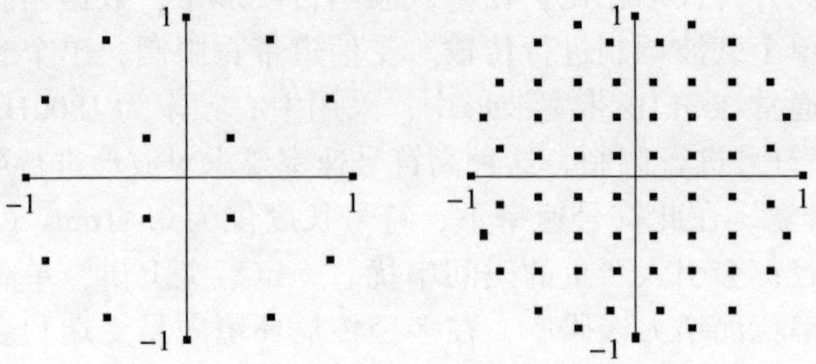

图 3-14　短波 16QAM 和 64QAM 星座

经过精心设计，这些星座保留了方形星座的理想格雷编码特征。16QAM 星座图由两个相移键控环组成：内 4 进制相移键控和外 12 进制相移键控。64QAM 星座图是标准 8×8 方形星座图的变体，其实现了更好的峰均功率比，但却没有降低方形星座图的极佳伪格雷码特性。

8PSK 符号星座图（3200bps，4800bps）的数据符号采用与加扰序列模 8 加法运算进行加扰。16QAM、32QAM 和 64QAM 星座图的数据符号使用异或运算（XOR）进行加扰。加扰序列生成器多项式应为 x^9+x^4+1，并且生成器应在每个数据帧开始时初始化为 1。在每个数据符号被加扰后，生成器将被迭代（移位），以产生用于加扰下一个符号的所有新比特位（即，8PSK 需进行 3 次迭代、16QAM 进行 4 次迭代、32QAM 进行 5 次迭代，64QAM 进行 6 次迭代）。

串行音窄带中等数据速率波形由同步头和数据块构成。其中，初始同步头由 287 个符号组成，后面跟随 72 组交替的数据块和微型同步头。每个数据块由 256 个数据符号组成，后面的微型同步头由 31 个已知数据符号组成。在 72 组数据块之后，重新插入定期插入同步头 72 个符号，此时，该连续块中已知符号有 103 个，即由初始同步头最后 72 个同步符号加上它前面的紧跟数据块之后的 31 个微型同步符号组成，主要用于信号捕获、多普勒频移去除和同步调整。110B 附录 C 波形帧结构如图 3-15 所示。

同步头用于快速完成初始同步。重新插入的同步头用于推进正在进行的发射数据采集。初始同步头的前 184 个符号专门用于同步和多普勒偏移的消除，而最后 103 个符号（与重新插入的前导码共用）携带有关数据速率和交织器设置等属性信息。通过有规律地重新插入初始前导的后 103 个符号，即使接收机错过了初始前导，也可获取信号同步，并可简化长传输的时间校准。微型同步头插入到每 256 个符号数据块之后，使用 8PSK 符

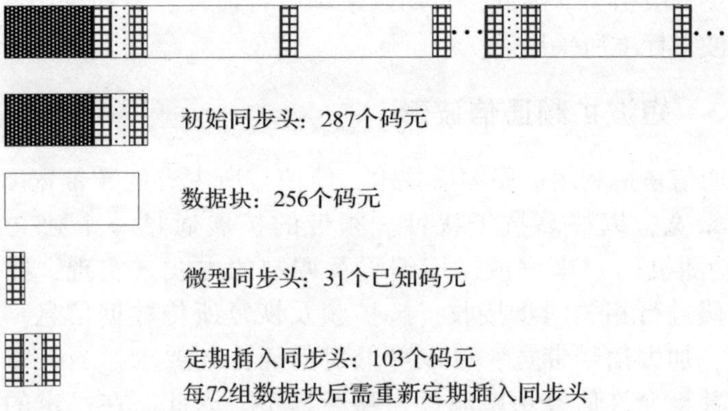

图 3-15 110B 附录 C 波形帧结构

号映射，每个微型同步头基于重复的弗兰克 - 海米勒序列生成。为了实现不同速率的匹配，数据和训练长度及比例一般会有所不同，具体参数需要根据波特率、编码及调制方式进行匹配设计。表 3-2 给出了 110B 和 110C 主要速率的设计参数，其中 75bps 采用 Walsh 正交扩频调制，无训练。

表 3-2 110B 和 110C 串行波形设计参数

数据速率/bps	110B				110C			
	编码效率	训练长度	数据长度	调制方式	编码效率	训练长度	数据长度	调制方式
2400	1/2	16	32	8PSK	9/16	32	256	QPSK
1200	1/2	20	20	QPSK	2/3	32	96	BPSK
600	1/2	20	20	BPSK	1/3	32	96	BPSK
300	1/4	20	20	BPSK	1/4	48	48	BPSK
150	1/8	20	20	BPSK	1/8	48	48	BPSK
75	1/2	无	全部	Walsh	1/2	无	全部	Walsh

串行音波形需要周期性地插入已知数据（训练数据）来训练均衡器，这将损失功率和带宽效率。

串行音解调过程需要自适应均衡器，计算复杂度远高于 OFDM 波形，这是串行音波形的明显缺点。但是相对于串行音波形的计算复杂度，它的优点还是更具吸引力。因此，长期以来串行音波形一直被美国政府机构和北约短波波形标准所采用。

3.3.3 短波扩频通信波形

扩频通信是指利用扩展频谱技术，使信号所占有的频带宽度远大于必需的最小带宽，以提高抗干扰性。频带的扩展通过一个独立的码序列（一般是伪随机码）来完成，用编码及调制的方式来实现，在接收端则用同样的码进行相关同步接收、解扩频及恢复所传数据信息。当传输速率一定时，加大信号带宽，可以降低对信噪比的要求。当带宽加大到一定程度，甚至允许信号功率淹没在噪声之下。因此，在一定的发射功率下，扩频信息分布在很宽的频带内，有用的信号功率密度很低，在强噪声背景或信号被噪声淹没时，也能够可靠通信，在军事应用中具有抗干扰能力强、隐蔽性好、码分多址组网的优点，是短波通信系统的重要支撑技术之一。

具有代表性的扩频方式主要有两种：跳频扩频与直接序列扩频。

1. 跳频扩频

跳频扩频（FHSS），也作为常用的扩频形式。跳频通信是在收发双方约定的情况下不断改变载波频率而进行的通信，其工作频率在一定带宽内对外界来说随机跳变（实际受伪随机码组成的跳频图案控制），性能主要由跳频带宽和跳频速率决定。频率跳变系统主要由码产生器和频率合成器组成，一般选取的频率数为十几个至几百个，信号在许多随机选取的频率上迅速跳频，跳频通信对抗固定频率干扰和瞄准式干扰十分有效。

差分跳频通过函数变换，使相邻或多跳频率之间具有了相关性，其相关性携带了待发送的数据信息，收端根据其相关性还原数据信息，具有差分、异步的特征。跟踪式干扰是跳频通信的天敌，但短波差分跳频形成了抗跟踪干扰的绝对优势，主要由于：一是短波差分跳频的高跳速远远大于短波干扰机的跟踪跳速；二是跳频图案受控于完全随机的数据流，使得干扰方难以预测跳频路径。

自适应技术与跳频技术相结合，实现自适应跳频，能在质量良好的信道上进行跳频，跳频信道驻留时间可随意变动。短波跳频的自适应方式主要有：

（1）频率自适应跳频。基于对信道参数的探测，并适应信道质量的变化、自动在最佳频率集上进行的跳频。

（2）干扰自适应跳频。在跳频通信过程中自动探测和删除干扰频点，进行干扰自适应抑制和自动躲避干扰的跳频，可以有效地对付阻塞式干扰和定频干扰，改善通信质量，是短波电台通信抗干扰的优选体制。

（3）速率自适应跳频。根据战场电磁干扰的性质和强度，自动连续或随机改变跳频速率。一部电台设置有限的几种跳频速率，通过控制程序或按某种预置的协议实现变速和跳速自动牵引，不断扰乱干扰方的跟踪部署，进一步提高抗快速跟踪干扰的性能。

2. 直接序列扩频

直接序列扩频（DSSS）由于实现形式简单，是当前最流行的扩频形式之一，它采用高码率的扩频码序列在发端直接去扩展信号的频谱，在收端直接使用相同的扩频码序列进行解调。直接序列扩频信号由于将信号扩展成很宽的频带，它的功率谱密度比噪声还要低，使它能够隐蔽在噪声之中不容易被检测出来。对于干扰信号，收信机的码序列将对它进行非相关处理，使干扰电平显著下降而被抑制。

（1）变码直接序列扩频

近几年来，外军在对直扩信号的检测、识别和干扰方面取得了新进展，特别是采用了谱平均检测法，不仅能检测出直扩信号，而且能估测出信号的载频和符号宽度等参数，因此对固定码型的直扩已有了行之有效的对抗手段。变码直接序列扩频根据通信需求采用多种扩频码传输信息，是抗检测的有效手段，关键技术在于实现变码同步。

（2）多进制编码直接序列扩频

为解决系统占用频带过宽，外部干扰增多和信息传输速率受限等矛盾，采用多进制编码扩频技术是一种行之有效的办法。多进制扩频（MDS）和二进制相比，MDS是以码组（n比特）为基础的，可节约频带以提高系统抗干扰性能，但增加了设备的复杂程度。

（3）混沌直接序列扩频

为进一步提高扩频信号的抗截获能力，采用混沌序列作为直接序列扩频系统中的扩频序列有许多优点：混沌序列不是二进制，但其相关特性非常类似于随机二进制序列的相关特性；与最大长度（m序列）和Gold序列相比，有大量给定长度的不同序列可用；生成和再生成混沌序列比较简单。混沌直扩系统能抵抗用于检测二进制直扩信号的一般解扩过程，大大提高了低截获特性。

3.4 差错控制技术

数字信号在信道中传输时，会受到噪声和干扰等的影响，从而使接收到的信号出现错码。如何有效地控制由于信道噪声及干扰导致的传输错误，保证信源数据准确无误地传送到信宿，是任何一种通信方式都必须面临的一个关键问题。为解决这一问题，差错控制技术作为解决这一问题的有效手段，应用于链路层和物理层以提高数据速率和系统吞吐量。数字通信系统中，利用检错码或纠错码进行差错控制的方式主要分两类：自动重传请求（ARQ）和前向纠错方式（FEC）。ARQ 技术利用检错码对出错信息请求重传，以吞吐率为代价换取高可靠性；FEC 技术则采用纠错码纠正出错码字中的部分错误，为了获取较低的误码率，往往必须以最坏的信道条件来设计纠错码，导致需要大量的冗余信息，编码效率较低。

3.4.1 前向纠错编码技术

在信息论、编码理论中，前向纠错码是在不可靠或强噪声干扰的信道中传输数据时用来控制错误的一项技术。FEC 编码的冗余部分允许接收方检测可能出现在信息任何地方的有限个差错，并且通常不需要反向请求数据重传，实时性高。FEC 启动后，能够容忍线路上有限的噪声，但是有额外的带宽开销。降低在高信噪比情况下的频谱效率，但它却可以大大降低在低信噪比情况下的误码率。因此 FEC 被应用在重传开销巨大或者不可能重传的情况下，比如单向通信、以多路广播的形式传送数据给多个接收方时。FEC 信息通常被添加到大量存储设备中，以保障受损数据的恢复，也可用于要求时延较小的业务（因为此时如果采用重传，则时延会增大）。

检错码和纠错码有两种基本类型：分组码和卷积码。

1. 分组码

将信源的信息序列分成独立的块进行处理和编码，称为分组码。它是一种不需要重复发送就可以检出并纠正有限个错误的编码。分组码一般用符号（n,k）表示，k 个信息位被编为 n 个比特，即 n 是码组的总位数，称作码组的长度（码长），k 是码组中信息符号的数目，$n-k=r$ 为码组中的监督符号数目。其编码效率被定义为 $R_c=\dfrac{k}{n}$，这也是原始信息速率与信道信息速率的比值。在分组码中，把码组中“1”的个数称为码组的重量，简称码重。把两个码组中对应位上数字不同的位数称为码组的距离，简称码距。码距又称汉明距离。

编码中各个码字间距离的最小值称为最小码距 d，最小码距是衡量码组检错和纠错能力的依据。不同的编码方案提供了不同的差错控制能力。

（1）为检测 e 个错码，要求最小码距 $d_0 \geqslant e+1$；

（2）为纠正 t 个错码，要求最小码距 $d_0 \geqslant 2t+1$；

（3）为纠正 t 个错码，同时检测 e 个错码，则要求最小码距 $d_0 \geqslant e+t+1(e>t)$。

2. 卷积码

卷积编码（Convolutional Encoding）是1955年由P. Elias提出的一种非分组编码方式。卷积编码的思想是在将 k 元组输入符号编成 n 元组输出符号，码组中 $n-k$ 个监督符号不仅与当前时刻 k 比特输入信息段有关，还与之前 $m-1$ 个时刻 k 比特输入信息段有关。通常将上述卷积编码方式记为 (n,k,m)，m 为编码存储度，是卷积编码器的 k 元组的级数，称为编码约束度，$r=k/n$ 则称为编码效率。卷积编码充分利用了各时刻输入信息段之间的相关性，而正是由于这种编码的“记忆性”，理论与实际应用均已证明其性能不亚于分组编码，通常更适用于前向纠错编码，并且运算较为简单。

卷积码用于任意长度的比特流或符号流。尽管有时也用其他算法，但是最常用的软判决算法是Viterbi算法。随着卷积码约束长度的增加，Viterbi解码可以达到近似最佳的译码效率，但是这是以成倍增加的编码复杂度为代价的。卷积码和分组码的根本区别在于，它不是把信息序列分组后再进行单独编码，而是由连续输入的信息序列得到连续输出的已编码序列。进行分组编码时，其本组中的 $n-k$ 个校验元仅与本组的 k 个信息元有关，而与其他各组信息无关；但在卷积码中，其编码器将 k 个信息符号编为 n 个符号时，这 n 个符号不仅与当前段的 k 个信息有关，而且与前面的 $(m-1)$ 段信息有关。

3. Turbo码

从香农信道编码定理可知，实现无差错传输需要同时满足3个基本条件：一是采用随机性编译码算法，二是编码长度大至无穷，三是采用最佳的最大似然译码方案。但是，采用随机编码，使码长趋于无穷大并且采用最大似然译码将会使系统的复杂度和延时变得太大，无法在实际中使用。因此，必须研究新的编码方案。

Turbo 码又称并行级联卷积码，最早由法国学者 Berrou 等于 1993 年提出，它的基本思想是利用递归系统卷积码和交织技术结合在一起，设计了一种卷积码与交织器级联的编码方法，因此 Turbo 码又常被称作级联卷积码。其编码结构主要由交织器、分量码编码器、删余器以及复接器组成，如图 3－16 所示。

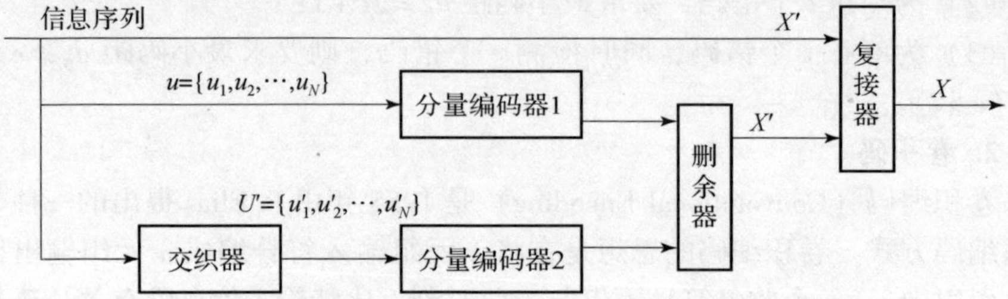

图 3－16　Turbo 码编码结构

Turbo 码编码器是由两个反馈的系统卷积编码器通过一个交织器并行连接而成，编码后的校验位经过删余阵，从而产生不同的码率的码字。信息序列 $u=\{u_1,u_2,\cdots,u_N\}$ 经过交织器形成一个新序列 $u'=\{u'_1,u'_2,\cdots,u'_N\}$（长度与内容没变，但比特位经过重新排列），$u$ 和 u' 分别传送到两个分量编码器（RSC1 与 RSC2），一般情况下，这两个分量编码器结构相同，生成序列 $XP1$ 和 $XP2$，为了提高码率，序列 $XP1$ 和 $XP2$ 需要经过删余器，采用删余（puncturing）技术从这两个校验序列中周期地删除一些校验位，形成校验序列 XP，XP 与未编码序列 X' 经过复用调制后，生成了 Turbo 码序列 X。

分量码可采用递归级联卷积码、分组码、非递归卷积码以及非系统码，不同分量码有不同的纠错性能，一般 Turbo 码编码采用卷积码作为其分量码。原始信息序列分两路进入到分量编码器中，一路未进行任何处理，另一路则需先进入到交织器中形成新的序列。

交织器的作用是将原始信息序列的比特顺序重置，使交织前后的序列相关性减小，提高 Turbo 码的随机特性，同时增加码的自由距离，降低译码错误概率。

删余器的作用在于提高编码码率，一般的删余处理为奇偶删余，即删除一组分量码的奇数位，删除另一组分量码的偶数位，达到较平衡的删余处理。经过分量编码器进行编码后生成校验码（纠错码），两组分量编码器输出进入到删余器中有规则地删除检验比特，提高编码速率。

复接器显而易见的作用就是将原始信息比特与校验比特组合在一起，经删余器删余处理后分量码与原始信息序列一同进入复接器中，使每一位原始信息比特后均跟随检验比特，完成编码。

香农信息论告诉我们，最优的译码算法是概率译码算法，也就是最大后验概率（MAP）算法。但在 Turbo 码出现之前，信道编码使用的概率译码算法是最大似然（ML）算法。ML 算法是 MAP 算法的简化，即假设信源符号等概率出现，因此是次优的译码算法。Turbo 码译码结构如图 3－17 所示，Turbo 码的译码算法采用了 MAP 算法，在译码的结构上又做了改进，再次引入反馈，取得了性能和复杂度的折中。同时，Turbo 码的译码采用的是迭代译码，这与经典的代数译码是完全不同的。

Turbo 码的译码算法是最早在 BCJR 算法的基础上改进的，称为 MAP 算法，后来又形成 Log－MAP 算法、Max－Log－MAP 以及软输入软输出（SOVA）算法。

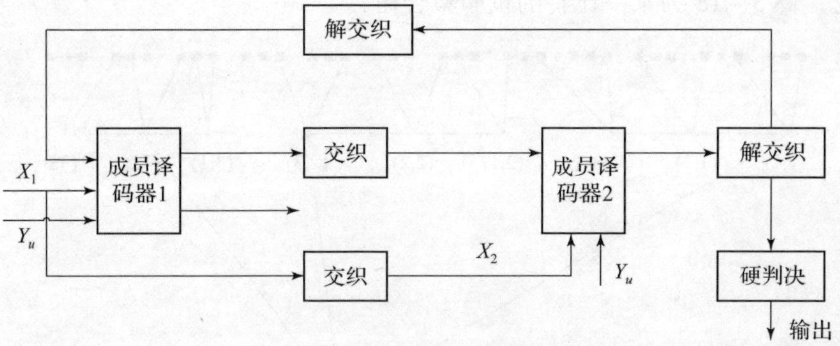

图 3－17　Turbo 码译码结构

译码时，两个成员译码器之间外部信息的传递形成了一个循环迭代的结构。由于外部信息的作用，一定信噪比下的误比特率将随着循环次数的增加而降低。但同时外部信息与接收序列间的相关性也随着译码次数增加而逐渐增加，外部信息所提供的纠错能力也随之减弱，在一定的循环次数之后，译码性能将不再提高。

Turbo 码得到了广泛的关注和发展，并对当今的编码理论和研究方法产生了深远的影响，信道编码学也随之进入了一个新的阶段。目前 Turbo 码尚缺少理论基础支持，但是在各种恶劣条件下（即低 SNR 情况下），通过模拟证明其可提供接近香农极限的通信能力。

4. LDPC 码

低密度奇偶校验码（LDPC）最早是由 Gallager 于 1962 年提出的，是一种线性分组码。它是一种能够逼近香农容量极限的编码方式，由许多奇偶校验码组成的一种级联码，可通过稀疏二部图来构造。由于 LDPC 码具有非常高的编译码复杂度，而当时的计算机性能不足以支持复杂计算，因此在当时并没有得到足够的关注。随着计算机计算能力的提高，人们最近又开始关注它的高性能。它使用一种迭代的软判决译码手段，能提供接近于理论最大值的信道容量，时间复杂度与组的长度呈线性关系。它的实际实现严重依赖于组成它的奇偶校验码的并行译码。

假设一个二进制序列是一个 LDPC 码字，那么这 n 个比特就要满足由该码字的校验矩阵所确定的一系列的校验方程。并且包含某一比特 C_i 的校验方程可能不止一个，这些校验方程中的其他比特又可能包含在其他更多的校验方程中。为了直观地表示这种关系，Gallager 引入了校验集合树的概念。图 3－18 为某一比特的校验集合树。

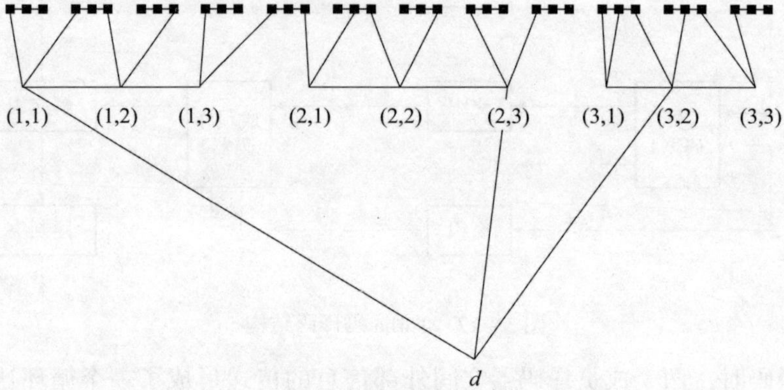

图 3－18　校验集合树

根节点表示比特 d，和 d 相连的每一条边表示包含 d 的一个校验方程，在图 3－18 中，d 包含在 3 个校验方程中；第一层中的每一线段上的节点表示这一校验方程中除 d 以外的其他比特，因此包含 d 的 3 个校验方程分别是

$$
\begin{aligned}
&C_d + C_{1,1} + C_{1,2} + C_{1,3} = 0 \\
&C_d + C_{2,1} + C_{2,2} + C_{2,3} = 0 \\
&C_d + C_{3,1} + C_{3,2} + C_{3,3} = 0
\end{aligned}
\tag{3－19}
$$

校验方程中的加法是模 2 加。C_d 即为比特 d 的数值，$C_{1,1}$ 即为比特（1，1）的数值。

与第一层各节点相连接的每条边同样表示包含该比特的一个校验方程，第二层中的每一线段上的节点同样表示该校验方程中除第一层比特以外的其他比特。以比特（2，2）为例，和比特（2，2）相连接的边有 3 条，其中一条与本层节点（2，1）、（2，3）及根节点 d 相连，另外两条与第二层中节点 u，v，w 和 x，y，z 相连。因此包含比特（2，2）的 3 个校验方程分别为

$$\begin{aligned} C_{2,2}+C_{2,1}+C_{2,3}+C_d&=0 \\ C_{2,2}+C_u+C_v+C_w&=0 \\ C_{2,2}+C_x+C_y+C_z&=0 \end{aligned} \tag{3-20}$$

第三层及以后的各层依此类推，每个比特都有相应的以该比特为根节点的校验集合树。

LDPC 最近被用于许多高速通信标准中，比如数字电视广播 DVB - S2 标准、IEEE 802.16e 微波通信标准 WiMAX、IEEE 802.11n 高速无线局域网标准。

3.4.2 自动请求重传技术

为应对短波信道长期变化，短波通信链路层传输协议需建立自动帧检错与重传机制，提升短波数据传输的可靠性。在数据链路层，待发射数据被分割成帧，每帧数百字节。每一帧都附带有校验和或者循环冗余校验（CRC）码进行错误检测。接收方接收后重新计算校验数据，如果校验结果与数据附带的校验值不符，则接收方请求重传。

自动请求重传，也称作检错反馈重传，通过接收方请求发送方重传出错的数据报文来进行恢复，是通信中用于处理信道差错的方法之一，有时也被称为后向纠错（Backward Error Correction，BEC）。大多数短波数据链路在同一时间只能实现单向传输，因此短波 ARQ 协议是不断循环的。例如，站点 A 向站点 B 发送一帧或多帧用户数据（正向传输），随后链路方向反转（A 站点成为接收站，B 站点成为发射站），B 站点发送 ACK 确认消息，然后链路方向再次反转，不断循环，直到全部用户消息或文件成功传送。

通常，传统 ARQ 协议主要有三种：停等式（Stop - and - Wait）ARQ、回退 N 帧（Go - back - N）ARQ 以及选择性重传（Selective Repeat）ARQ。

后两种协议是滑动窗口技术与请求重发技术的结合，由于窗口尺寸开到足够大时，帧在链路上可以连续地发送，因此又称其为连续 ARQ 协议。三者的区别在于对出错数据报文的处理机制。以上三种 ARQ 协议，复杂性递增，效率也逐渐递增。除了传统的 ARQ 协议外，还有混合 ARQ（Hybrid - ARQ）等。

1. 停等式 ARQ

停等式 ARQ（SW - ARQ）最简单，工作原理是：发送方每次发送一帧数据后，主动停下来等待接收方的响应帧。接收方收到数据帧后立即进行译码检错及其他处理，若确认该帧正确无误，即发送 ACK 响应帧，否则发送 NAK 响应帧。

发送方在规定时间内等待接收响应帧。发送方收到 ACK 后，开始发送下一个数据帧；若收到 NAK 帧，或者等待时间超过规定，则从存储器中取出原帧的副本再发送一次，然后又开始等待响应帧，如此反复进行。接收方将正确的帧传递至上层协议，对于错误帧，接收方可采用多帧联合译码的形式提高其鲁棒性。

停等式 ARQ 纠错技术工作原理很简单，但在实际使用中还要考虑丢帧之后的系统恢复和重帧与帧序号周期的问题。对于丢帧可以利用定时器进行时间限制：每发完一帧后即启动定时器，若在规定的时限内收到响应帧，将定时器复位；若定时器超过时限仍未收到响应帧，则认为已发数据帧丢失，主动重发一次副本。至于重帧和帧序号周期的问题可以对数据帧进行编号来解决。

该协议优点是信息传输的可靠性高，缺点是效率不高，多用于短波低速数据传输。

2. 回退 *N* 帧 ARQ

回退 *N* 帧 ARQ（GBN - ARQ）工作原理是：发送方不用等待接收方的应答，而是在一次传输中按照滑动窗口大小持续发送包含顺序序号的多个帧，并启动定时器；接收方也按照它的窗口大小接收数据，并逐个地回送响应帧。一旦发现某一帧出错，即回送一个 NAK 响应帧，并从该帧开始连续删除后续的 *N* 帧数据，然后又继续接收。在发送方连续发送的过程中，不断地判断响应信息，当定时器超时仍未收到某帧 ACK，或超时前收到 NAK，立即将发送窗口下限（NS 值）倒回 *N* 个序号，从存储器中取出副本重发前面 *N* 个数据帧，然后接发新的数据帧。双方只要坚持发送方始终保存 NS 前面的 *N* 个数据帧，出错时返回 *N* 帧重发，接收方发现错误后删

除 N 帧，然后衔接新到数据帧的原则，就一定能保证接收数据的正确性和有序性。此时，N 值应是出错的那一帧再加上由于链路往返一次延迟所造成的漏发帧数。

与停等式 ARQ 相比，因为数据帧可以连续传输，不再需要频繁的链路转换和接收 ACK 消息，因此回退 N 帧协议效率更高。而且回退 N 帧协议复杂度低，接收方不需要存储无序接收的帧。但是不必要的帧可能会重发，尤其在长延迟链路上应用时效率可能不高。

3. 选择性重传 ARQ

选择性重传 ARQ（SR－ARQ）协议较复杂，是在回退 N 帧 ARQ 基础上的改进。它要求接收方在响应帧中携带出错数据帧的序号，发送方据此序号从存储器中选出它的副本，插入到发送帧队列前面重发。这种有选择的重发，避免了对后续正确数据帧的多余重发，所以它的传输效率明显地提高了，是用于短波信道最有效的 ARQ 协议。

值得注意的是，接收方必须存储无序接收的帧以及相应数据帧的排序信息，并确保在所有帧都正确接收的情况下将这些帧重新组装成完整信息，该方法多用于短波高速数据传输。

图 3－19 所示为在衰落短波信道上运行的三种 ARQ 协议。在每个示例中，信道在相同的时间点都有两次衰落导致发送帧出错。

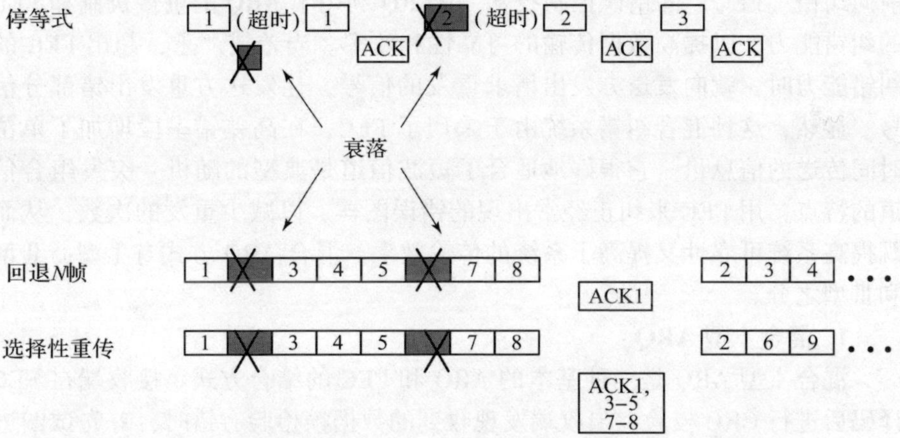

图 3－19　短波 ARQ 协议示例图

在停等式协议示例中，第一个信道衰落点使得第一个 ACK 帧丢失，发送方等待超时，因此重新发送帧 1。接收到 ACK 后，发送方发送帧 2，但数据帧已损坏，接收方未发送 ACK。超时后，发送方重新发送帧 2，自此后，链路再无衰落。

在回退 N 帧协议示例中，接收方帧 2 和帧 6 损坏，发送方收到 ACK1，表明只有帧 1 被确认。因此，发送方需要从帧 2 开始将后续的帧重新进行第二次传输。

在选择性重传协议示例中，同样的帧 2 和帧 6 已损坏，接收方确认帧 1、3、4、5、7、8 无错误。因此发送方只需重新发送两个丢失的帧（2 和 6），随后从第 9 帧开始发送新的帧。

需要注意的是，以上均假定收发转换时间比数据帧时间短。如果转换时间长于帧时间，则停等式 ARQ 将比重传 N 帧协议耗时更长。

总之，停等式 ARQ 的实现比较简单，操作可靠，但利用率太低；选择性重传 ARQ 的效率大大提高，在系统处于全双工通信方式时，甚至可以通过选择窗口值使其达到 100%，且可实现数据的无差错传输，即使在半双工方式下，其效率也远高于停等式 ARQ。需要注意的是，当系统工作在半双工方式下时，提高窗口值只能使链路利用率接近 100% 而不可能达到 100%。但采用半双工方式系统的设备更为简单经济。

3.4.3 混合 ARQ 技术

混合自动重传请求（HARQ）是一种结合了自动重传请求（ARQ）和前向纠错（FEC）的错误控制技术。HARQ 利用了 ARQ 的重传机制和 FEC 的纠错能力，以提高数据传输的可靠性和效率。当差错严重，超出 FEC 的纠错能力时，就向发送方发出请求重发的信号，让发送方重发出错部分信号。显然，这种混合纠错系统由于采用了 FEC，在高差错率段增加了单位时间传送的信息量。它很好地适合了短波信道是典型的随机－突发组合信道的特点，用 FEC 来纠正经常出现的错误图样，以减少重发的次数，从而既提高系统可靠性又提高了系统的传输效率。混合 ARQ 方式有Ⅰ型、Ⅱ型和Ⅲ型之分。

1. 混合Ⅰ型 ARQ

混合Ⅰ型 ARQ 是一种基本的 ARQ 和 FEC 的结合方式。接收端在 FEC 译码后进行 CRC 校验，当收端发现收到的数据帧检验有错时，首先试图进行纠错。当错误数目在纠错范围内时，错误将被纠正，并将解码信息直接传送给用户或将其保存在缓存器中等待用户需要；如果发现错误无法被纠正，则通知发送端重传。重传的数据使用与初次传输相同的编码，错误的分组会被丢弃。这种方式的控制信令开销小，但由于固定冗余信息，系统吞吐量不如其他类型的HARQ。

在混合Ⅰ型ARQ中，编码必须同时具备纠错和检错的能力，和单纯的ARQ系统相比，有更多的校验比特。当信道错误率低的时候，混合Ⅰ型ARQ系统比单纯的ARQ通过率低；而当信道错误率高的时候，混合Ⅰ型ARQ系统比单纯的ARQ通过率高，因为它的纠错能力降低了重传的频率。

通常，混合Ⅰ型ARQ适用于噪声基本恒定不变和干扰可预计的信道中。在这类信道条件下，足够的错码纠正能够大大降低重发次数，从而较好地提高了系统性能。然而，对于一个误码率不断变化的时变信道，混合Ⅰ型ARQ也不适用。对于误码率较低的信道（例如好天气下的卫星信道），传输非常稳定，几乎不需要或需要很少纠错，大量的纠错符号反而造成了浪费。而当信道噪声非常大时，纠错能力又会觉得不够，常常需要重发，从而降低系统的传输效率。在混合Ⅰ型ARQ中，由于不用保留传错的数据帧，所以无论收端、发端均不需要很多的存储器，这样实现起来相对比较简单。混合Ⅰ型ARQ可以与不同的编码方式相结合使用，例如，分组码、卷积码、Turbo码等。

2. 混合Ⅱ型ARQ

混合Ⅱ型ARQ也称为完全增量冗余FIR（HARQ），属于增量冗余的HARQ方案。其设计初衷是为了克服混合Ⅰ型ARQ的缺点，系统不以恒定的码速率传输，而是根据信道当前的具体情况自适应调整码率。从而让它在信道好时多传点信息，信道差时少传点信息。混合Ⅱ型ARQ重发请求的产生与混合Ⅰ型相同；但错帧不被丢弃而是存储在接收端，并与重发帧合并起来形成一个更可靠的数据帧，合并的方法有码字合并和分集合并。在混合Ⅱ型ARQ系统中，由于已发数据帧与重发帧的结合，获得了一个纠错能力更强大的数据帧，这样既提高译码准确性，又可获得高吞吐量和低时延。

混合Ⅱ型ARQ从设计思路出发也可分为下面几种：

1）纠错位重传

最初的混合Ⅱ型ARQ都采用了纠错位重传的设计方法。它是将要发送的码字分两次来传，第一次传只带检错位的码字，如果信道很好的话，传输的过程基本不会造成错误，这就是基本的ARQ；但是如果信道变得恶劣了，第一次传输不成功，再把剩下的纠错位发过去，这就变成了混合Ⅱ型ARQ。我们可以看到，纠错位重传其实就是把基本ARQ和混合Ⅰ型ARQ结合了一下，使它能更好地适应信道的变化，提高传输的效率。

2）合并（Combing）

在可任意使用反馈信道来发重发请求的通信系统中，通过率和可靠性均可通过使用分组合并（Packet Combining）的方法来改善性能。

混合Ⅱ型ARQ中，接收端通常用来合并数据帧的方法有两种：一是分集合并（Diversity Combining），二是码字合并（Code Combining）。在分集合并中，接收机将接收到的多个重复分组以某种方式合并成一个更加可靠的分组，合并后的分组码率不变，信噪比提高，从而改善译码数据的可靠性，并降低了重发的概率。通过将任意数目的分组组合，分组合并的差错控制系统也可提供针对信道变化较好的自适应性。码字合并最早是由David Chase在1985年提出的，它的主要思想是将L个rate $=R$的码按照可靠性合并成一个rate $=R/L$的码进行译码。

一般而言，分集合并虽然性能不如码字合并的出色，但实现起来比较简单，没有太复杂的算法，所以仍是一种不错的合并方法，如今仍经常使用它。

3）递增冗余（IR）

随着编码理论的发展，递增冗余技术逐渐被引入到混合ARQ系统中来。根据重传数据的构成，IR可分为部分IR和全IR两种方法。部分IR方法中，重传数据由信息比特和新增加的冗余构成，接收端将其与先前的接收数据合并成低码率码字，从而提高系统的纠错能力。全IR方法的重传数据则完全由递增冗余构成，因而每次接收到的数据结合后可构成更低码率的码字，最大程度地提高系统的性能。递增冗余的混合Ⅱ型ARQ系统常用码率匹配打孔Turbo码（RCPT码）或码率匹配打孔卷积码（RCPC码）来实现。

3. 混合Ⅲ型ARQ

该方法同样属于增量冗余方案，接收端会保留错误的数据包，并与后续的重传数据合并后进行解码。递增冗余混合ARQ系统的一个主要缺点是，重传的递增的冗余码字自己是不能单独进行译码的，必须和以前传送的码字一起译码，才有可能正确译码。因此，若是在信道条件很差的情况下，第一次发送过来的数据帧丢失了或是严重损坏了，后面重传过来的冗余码字即便没错也不能正确译码了。自然这种情况会给系统的性能带来负面的影响。为此，人们提出了基于CPC码（互补的打孔卷积码）的ARQ，即混合Ⅲ型ARQ。

采用CPC码（互补打孔卷积码）后，每个已发分组与重发分组都能进行自解码（Self－decode）。混合Ⅲ型ARQ的重发请求与混合Ⅱ型ARQ相同：错误的分组同样需要存储在收端，以便与重发分组组合。Ⅲ型ARQ综合了二者的优点，既能在信道恶化时保证数据的可靠传输，又能在信道状况改善时保持合理的数据吞吐率，适合于存在深衰落的信道。

3.5　典型数据传输协议

在基于短波网络的数据通信中，需要利用本地计算机、调制解调器和电台设备，通过短波信道在短波网络用户之间，传递各种呼叫建链请求、控制参数以及用户业务数据。北约STANAG 5066“高频无线电数据通信配置文件”标准是北约针对战术数据交换网络（TDXN）在短波数据通信的应用而制定的一项标准规范，定义了短波数据通信分层协议簇，用于在短波调制解调器和应用层之间提供工作对等协议，使北约成员国之间应用系统能够通过短波信道进行安全、可靠、有效的数据通信。

STANAG 5066标准起源于北约开展的海上短波数据通信项目，后来发展成为被广泛采用的短波子网服务规范。2010年颁布的STANAG 5066为第3版，增加了无线令牌环协议（WTRP）的机制，该协议提供无线电传输控制。当前该标准版本是2021年颁布的第4版，增加了配合新一代短波宽带数据调制解调器（美军标MIL－STD－188－110C和110D的附录D）和4G－ALE协议（美军标MIL－STD－188－141D附录G）一起使用的协议栈。

STANAG 5066是支持短波数据业务应用程序的层协议，是通过无线电台部署应用程序的关键遵循，其分层协议栈如图3－20所示。

STANAG 5066标准采用分层架构，每层通过对等协议定义有一组PDU服务接口，为应用程序提供和短波信道通信之间的接口服务。

子网接口子层（SIS），通过SIS协议向应用程序提供服务接口，SIS子层通过S_PDU传输交换数据块（UNIDATA）。

路由子层（RS），是一个新增的可选子层，传输交换R_PDU数据，支持具有部分连接性的无线令牌协议（WTRP）配置，通过中间节点能够在两个独立子网之间传输业务。

信道接入子层（CAS），传输交换C_PDU数据，通过管理“物理链接”，控制对等方之间的ARQ通信。

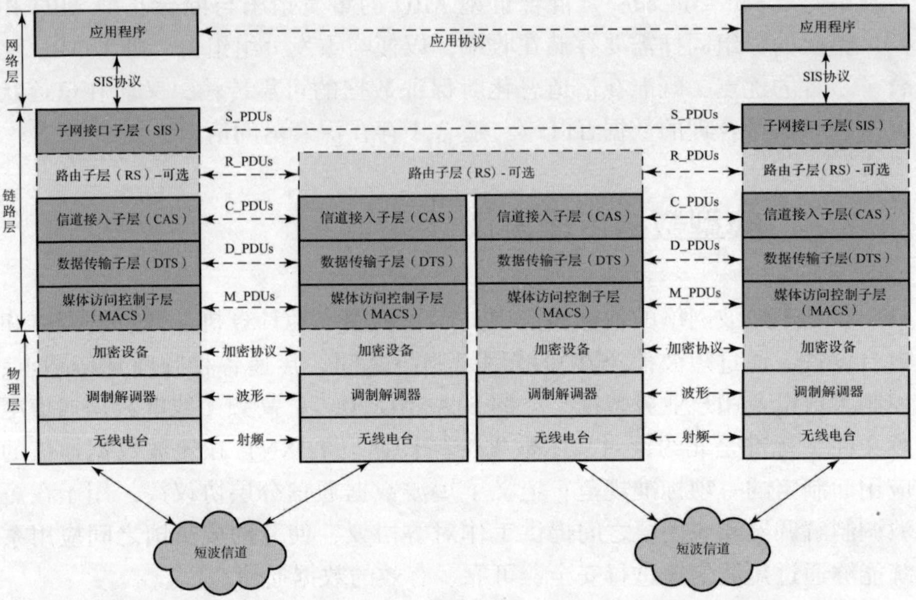

图 3-20　北约 STANAG 5066 分层协议栈

数据传输子层（DTS），传输交换 D_PDU 数据，提供与一个或多个对等点的数据传输；媒体访问控制子层（MACS），传输交换 M_PDU 数据，为多节点网络中的短波数据通信提供增强媒体访问控制能力的机制。

加密、数据调制解调和无线电台为上述各层提供链路支持。本节将简要讨论这些子层以及一系列标准化客户端。

3.5.1　媒体访问控制子层

媒体访问控制子层（MACS）为多节点网络中的短波数据通信提供增强媒体访问控制能力的机制，定义了四种媒体访问控制模式：点对点模式（P2P）、载波侦听多路（CSMA）访问、无线令牌环协议（WTRP）、自适应时分多址访问（ATDMA），这些模式总结如下。

1. 点对点模式

点对点媒体访问模式使两个节点能够保留通道以供它们在点对点通信中使用。默认的点对点信道访问控制应按照 STANAG 5066 附件 B 实施。自动链路建立（ALE）可以选择最佳频率。对于 STANAG 5069，采用 4G-ALE 模式允许选择传输和接收带宽。ALE 机制在 MIL-STD-188-141D

中指定，提供短波 2G（异步）、3G（同步）和 4G（宽带）机制。STANAG 4538 定义了 3G 短波链路访问协议机制，负责在物理层之上提供数据链路层的服务，确保在复杂条件下实现数据可靠传输。ALE 与协议架构中的调制解调器处于同一级别。ALE 和调制解调器共享无线电的使用权，任何时候只有其中一个可以访问。

2. 载波侦听多路访问模式

载波侦听多路访问协议，是一种媒体访问控制（MAC）协议，如图 3－21 所示。它基于节点侦听信道（即射频载波）的能力，每个节点在发送数据之前，先监听信道是否为空闲状态，再根据监听结果决定如何动作。

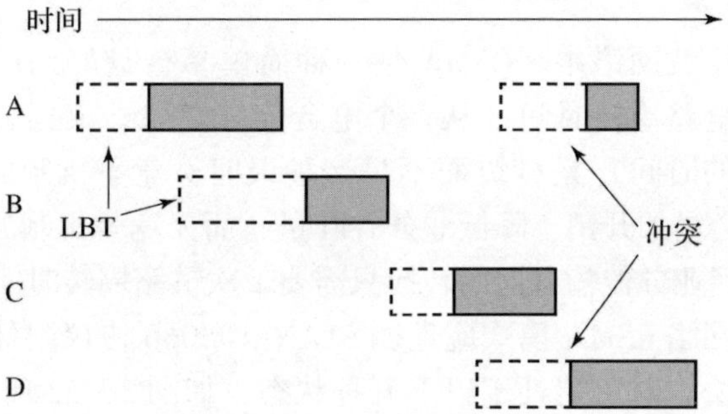

图 3－21　CSMA 协议

CSMA 模式使一组节点能够在网络中共享信道，但可能会出现多个站点同时访问同一信道，这将产生冲突而浪费时间和带宽。重传和延迟会降低信道吞吐量，当重传不受控制时，会进一步降低吞吐量，不受控制的信道上的重复冲突会严重降低网络性能。

有多种不同方法来实现载波侦听多址：①非持续 CSMA。发送端检测信道，若信道正忙，则发射机等待一个随机时间以后再次准备发送；②p 持续 CSMA。此方法适用于时隙信道。当发送端检测到信道可用后，它将以概率 p 在随后的时隙里发送数据分组，否则将在一个时隙后进行发送。③1 持续 CSMA。发送端持续检测信道，直到认为信道空闲为止；然后会立即发送分组。④带有冲突检测的 CSMA，即 CSMA/CD，该机制与以太网采用的机制类似，网络节点在发送数据时，边发送边监听，一旦发现有冲突，立即停止发送，并产生一个争用时隙，等待一段时间再监听信道，发现信道空闲则发送数据。然而，由于无线电台发射功率和接收功率电平的差异，通常难以检测到这种碰撞，所以短波通信很难采用 CSMA/CD 模式。

⑤数据侦听多址。此方法中，下行链路包含一条控制信道，此信道以周期性间隔发送“忙/闲”信号指示信道状态。如果用户发现信道空闲，则可以立即发送数据分组。需要注意的是，对于端到端网络，控制信道的实现比具有中心站节点的场合困难得多。

短波通信网络通常采用两种形式避免冲突：一是采用时间抖动，即带有冲突避免的载波多路侦听访问协议（CSMA/CA），要求每个发送站点在发送数据帧之前，先监听信道，空闲则发送，但是发送完一帧后，必须等待一个短时间间隔（帧间间隔），检查接收站点是否发回帧确认，若没有得到确认，则认为发送失败，重发该帧；二是采用时隙分配，每个节点分配一个时隙，节点在时隙到达时才发送，适用于少量节点的令牌环网络和时分多址网络。

在轻负载短波网络中，CSMA 是一种简单易行且好用的选择。在重负载情况下，当链路周转时间（从一个电台信号发射结束到另一个电台信号发射开始经历的时间）是秒级而不是毫秒级时，竞争机制的 CSMA 协议带来的时间延迟会增加开销，降低业务吞吐量，而无竞争机制的 TDMA 和令牌传递协议节点间业务传输方向的转换只需要 1 次链路周转时间，更具优势。

短波通信网络 CSMA 模式应遵循 STANAG 5066 协议附件 K 实施。节点在执行 CSMA 协议时可能处于以下五种状态，如图 3－22 所示。

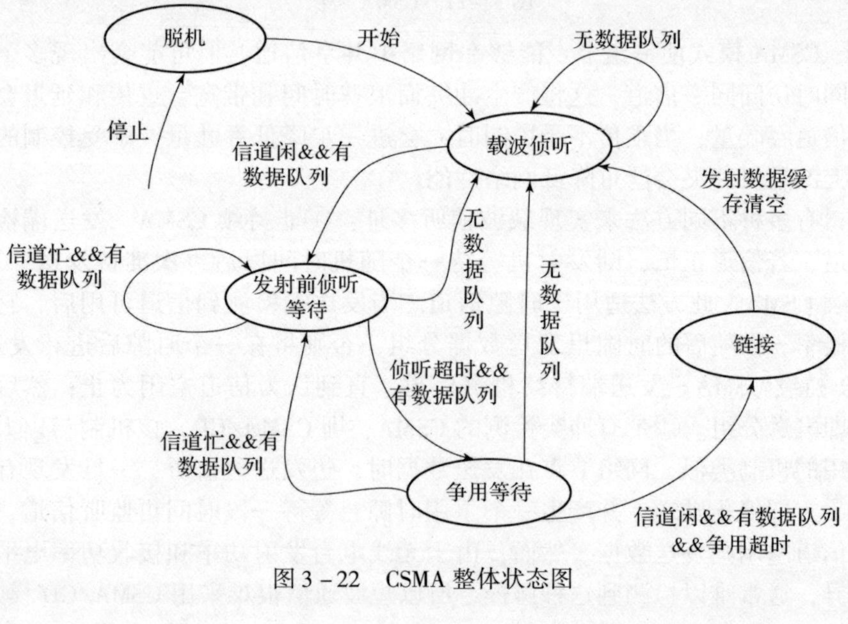

图 3－22　CSMA 整体状态图

（1）脱机状态。此状态下，站点在物理上处于离线状态，既不能发送也不能接收数据。当站点接收到子网管理发出的启动信号时，应转换到载波侦听状态。

（2）载波侦听状态。此状态下，站点使用数据载波检测（DCD）信号监控信道活动的状态，只要有DCD信号，就会声明该信道空闲。无论信道是否空闲，没有数据队列等待传输的站点应保持在载波侦听状态。有数据队列要发送的站点应在载波侦听状态等待，直到检测到信道变为空闲，然后转换到发射前侦听等待状态。

（3）发射前侦听等待状态。有数据队列要发送且检测到信道空闲时站点进入发射前侦听等待状态。此状态下，站点需继续等待并确定是否有其他站点已在空闲信道上传输，开始设置计时器（值为站点在空闲信道上等待的最长时间），控制其退出该状态。当检测到载波时，计时器会重新启动，站点仍保持在该状态，在忙信道上这会导致站点等待较长时间。如果计时器超时且站点仍有数据队列，则站点进入争用等待状态，如果没有数据队列（有可能会根据需要被清空），则返回到载波侦听状态。

（4）争用等待状态。此状态下，站点在传输之前等待一个随机时间（时隙），同时继续感知信道活动状态以避免冲突，如果检测到信道忙（意味着站点输掉了竞争），则应重启LBT定时器，并转换到发射前侦听等待状态。指定的时隙宽度应确保网络中的所有站点都可以在下一个时隙开始之前检测到是否有站点数据传输。通过选择量化合适的时隙宽度，可以降低多个站点使用同一争用时隙的冲突概率，并减少平均等待时间。另外，STANAG 5066协议附件K对于小型网络提供了时隙分配机制，为网络上每个节点分配时隙，每个节点在指定给自己的时隙中传输，不存在多个站点选择同一时隙的风险。对于较大的网络，时隙分配机制效率低下。

（5）链接状态。此状态下，站点可以传输数据直到发送缓冲区为空或者发送时间计时器超期。

另外，收发双方数据传输会存在空中传播时延，接收机译码器解交织等会带来处理时延，可能存在的加解密设备也会引入额外的时延，这些时延都会影响发射前侦听时间长度，因此，CSMA只能使站点尽量避免冲突但不能完全防止信道冲突。

3. 无线令牌环协议模式

WTRP媒体访问模式是为短波低速无线通信网络量身定制的MAC协议（图3-23），使一组节点能够在网络中共享信道，是一种基于“令牌”传输权（RTT）的媒体访问控制形式，该“令牌”授权用户在通道上业务传输，多用于基于海面波的海上舰船编队通信（不太适合于短波天波通信），根据规定延迟和预留带宽提供服务质量（QoS）。令牌持有者进行传输，直到不再有数据要发送，或者直到其传输权计时器（最大允许使用时间）到期，然后将RTT令牌传递给它的后继者。在WTRP模式下，每个节点分配的信道容量自动适应提供的业务负载。

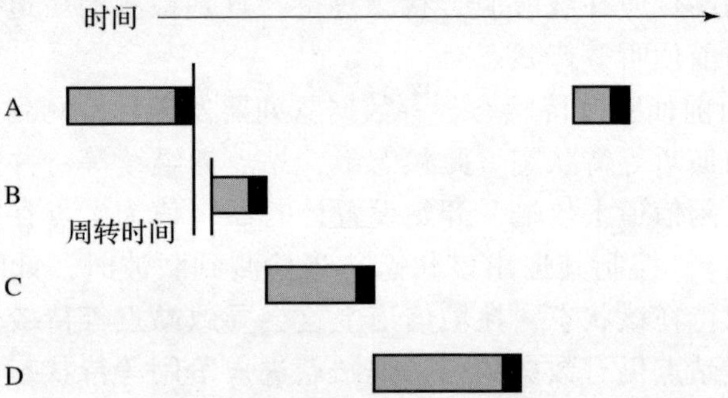

图3-23 令牌传递MAC协议

网络中各个成员组成一个令牌传递环，但对于广播信道而言，是直接将数据包传送到相应目的地，数据不需要在环路上中继。无线令牌环协议分为两部分：一是用于由节点交换的管理令牌的消息设计无线电网络；二是用于创建、维护和修复网络中节点的无线电传输序列（即虚拟环）的算法。WTRP确保每个节点在每个环遍历中至少传输一次，从而防止CSMA可能发生的锁定，有效减少了由于冲突引起的信息重传次数。无线令牌环媒体访问模式应根据STANAG 5066协议附件L实施。

短波令牌网是一种特殊的网络通信协议，能够高效地避免数据冲突，提供较好的网络吞吐量和接入时延，从而发挥短波通信距离远、抗毁能力强的优势。

1）令牌规范

WTRP是一种用于无线局域网（WLAN）的介质访问控制协议。令牌赋予节点数据传输的权利，只有拿到令牌的节点才有权利使用当前无线信道，这样就避免了碰撞。共享相同令牌传输权的一组节点构成一个环或者虚拟环，参与环的站点称作环成员。当一个站点在最初启动时，它不是任何环的成员，应尝试加入或形成自环。如果站点发现没有环存在，它将尝试建立以自己为唯一成员的一个新环，这样的环称为自环。如果自环站点找到了另一个愿意加入环的站点，则自环成为环。一个节点不能属于多个环。传输权在环成员之间轮流传递，该环的完整过渡称为环循环，短波令牌环协议使用了5种令牌。

(1) 传输权令牌（RTT）：只有拥有RTT令牌的节点才能够发送数据，并且在每个环内只有一个RTT令牌，从而防止无线信道上的碰撞。当节点将所有数据发送完毕后，RTT令牌应该被传递给后继者。如果一个节点有大量数据需要发送，在发送数据的过程中，其他节点则不能使用信道。为了防止一个节点持有令牌时间过长，导致其他节点延时较长，就需要预先定义持有RTT令牌的最大时间。通常，当节点拥有令牌时，最长传输时间为127.5s，长时间传输可以优化吞吐量，改善频繁的令牌传递频次，但也会带来高延迟代价，尤其是对于多节点大环而言。限定最长传输时间，每个节点在超过这个时间后必须把令牌传递出去，这可以保证环的QoS。这个预先定义的时间乘上当前环内的节点数，可以得到节点发送数据需要等待的最大时间。另外，RTT令牌在虚拟环中传递的顺序称为传输顺序，它定义了环成员之间的后继和前驱关系。例如，如果RTT令牌从站SA传递到站SB，从站SB到站SC，然后返回到站SA，则传输顺序为{SA>SB>SC>SA}，环中，站SB是站SA的后继站，站SC是站SB的后继站，站SA是站SC的后继站。

(2) 应答令牌（ACK）：ACK令牌用于确认RTT令牌的成功传递。

(3) 邀请消息令牌（INVITE）：该令牌用来邀请新节点。令牌环创建开始时是由某一随机节点最先发出，当令牌环已经创建时，则由持有RTT令牌的节点发出该消息到广播地址或特定地址，用来邀请未入环成员加入令牌环，该邀请会频繁进行，以便新成员能够及时加入，但发送过多的邀请会增加不必要的代价，这需要一个算法和一组指定的参数来控制节点发出邀请的频次。

(4) 加入消息令牌（JOIN）：令牌由非成员节点用来响应INVITE请求使用，表明该节点希望加入环网。

(5) 接收表消息令牌（TABLE）：令牌用于传递接收表以及维持稳定的令牌环网。

2) 状态机

状态机是短波令牌环协议的核心。节点收到信息和等待或传输计时器超时都会引起状态迁移。由于短波信道的不稳定性以及无线信道本身的易受干扰因素，短波令牌环必须使用具备多种策略，以确保协议在各种情况下都能正常运转。需要谨慎处理处于通信边缘的环，因为通信链路不良可能导致环网不稳定。因此，短波令牌环协议的状态机十分复杂，WTRP 整体状态（虚线箭头表示环成员状态流转）如图 3-24 所示。

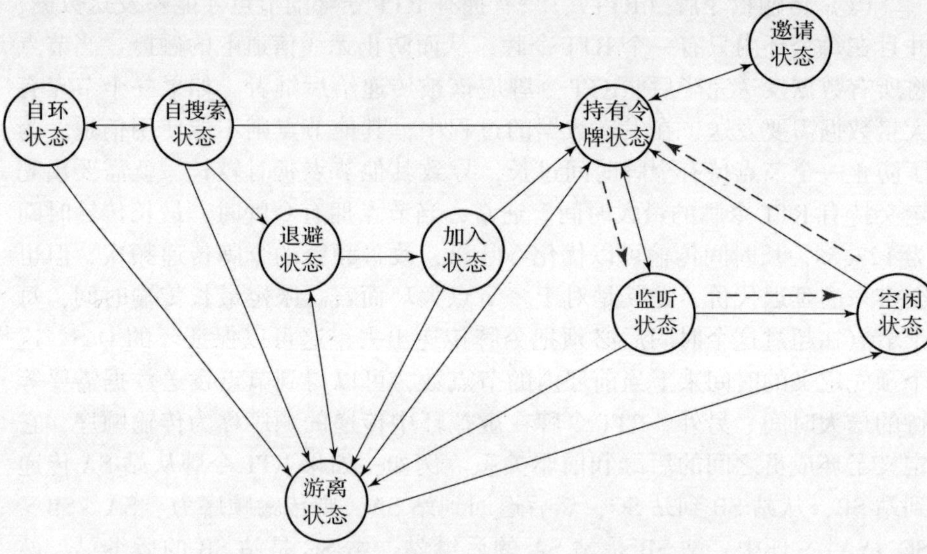

图 3-24　整体状态机：环成员状态流转示意图

FLT（floating）：游离状态，节点起始状态通常是游离状态，大多其他状态的节点在计时器到期等条件下会直接恢复到该状态，处于游离状态的节点，对无线信道上的信息进行监听。一旦监听到有令牌环网络存在，则继续等待，直到节点监听到其他节点的邀请 INVITE 消息（SLS 令牌），此时将进入 SRP 状态寻求加入机会。如果在该状态下没有监听到任何信息，则会进入 SFR 状态，主动创建令牌环网络。

SFR（self-ring）：自环状态，令牌环开始创建时的状态。如果站点没有监听到可以加入的环，则声明自己为环主，创建一个只有自己的环，称为自环，同时向外广播 INVITE 消息（SLS 令牌），邀请其他节点加入自己创建的环，随后节点进入 SEK 状态，等待其他节点的响应信息。

SEK（seek）：自搜索状态，令牌环开始创建时的状态。自搜索状态是自环节点刚发出 INVITE 广播信号等待其他节点加入响应的状态。如果在该状态没有收到其他成员的加入响应，则回到 SFR 状态，监听一段时间，再发邀请。当处于该状态的节点收到其他节点的响应后，将新加入的节点作为自己的后继节点，并将 RTT 令牌传递给它。随后节点进入 PAR 状态，等待新加入节点的确认信息。

SRP（solicit – reply）：响应加入请求的退避状态，当节点想要加入令牌环网络时需要进入的状态。节点进入该状态，是为了避免同时有多个节点对某一个邀请 INVITE 消息（SLS 令牌）进行响应，从而产生无线信道上的碰撞。该状态等待的时间是随机的，当该节点监听到有其他节点发出加入请求或者邀请节点已经将令牌传给其他节点时，即退回 FLT 状态等待下一次加入机会。否则即发送 ACK 令牌，请求加入网络，进入 JON 状态。

JON（joining）：加入状态，节点请求加入网络时经历的状态。当节点经过退避发送了 SET 令牌后，进入该状态。如果在这个状态，节点收到了邀请节点发送给自己的 RTT 令牌，则表示加入成功。否则本次加入失败，回到 FLT 状态，等待下一次加入机会。

HVT（have token）：持有令牌状态，节点是环的一部分，只有在该状态下，节点才可以发送数据。从这个状态一个节点可以选择转换到 SLT 以邀请其他节点，之后它将返回到该状态。数据发送完毕或者持有令牌时间到了以后，将令牌传递给后继节点，进入 MON 状态。

MON（monitoring）：监听状态，节点是环的一部分，节点将 RTT 令牌传递给后继站后进入该状态等待确认信息（不确定后继站是否已经获得了令牌权），这是对令牌传输的隐式确认。一旦收到确认信息，则进入 IDL 态。如果没有收到则进行重传。如果重传失败，则进入中继流程。

IDL（idle）：空闲状态，节点是环的一部分，令牌环稳定流程下的一个状态，节点知道已经成功将令牌传递给继任者。处于空闲状态下的节点是在等待下一次令牌的到来。在该状态下可能收到不同类型的令牌，当收到 RTT 令牌时则进入持有令牌状态；如果收到 REL 令牌，则进入中继流程；如果收到 SET 令牌即进行闭环操作。如果定时器内没有收到 RTT 令牌，则认为令牌丢失，即声明自己为新的环主并产生一个新令牌传递给后继节点，进入 PNT 状态。

SLT（soliciting）：邀请状态，节点收到 RTT 令牌后，没有数据要发送，可通过广播 INVITE 消息邀请新站点加入环，并收听回复。该状态是扩大网络规模、使非成员节点加入的重要状态。当节点收到非成员节点的响应信息时，就把新加入的节点作为自己的后继，将令牌传递给它，本次邀请成功，进入 MON 状态等待确认信息。如果没有收到响应信息，就把令牌传递给原来的后继节点，进入 MON 状态等待确认信息。

综上所述，短波令牌环协议是自组织的，当节点激活后，首先进入游离（FLT）状态进行监听，监听时不发送任何信息。如果节点在 FLT 状态下没有监听到任何信息，则该节点进入自环（SFR）状态，继续监听，如果节点仍旧没有监听到任何信息，则节点声明自己为令牌环环主，向外广播邀请入环的 INVITE 消息，并进入自搜索（SEK）状态，等待其他节点的响应。如果节点在 FLT 或者 SFR 状态收到其他节点发出的 INVITE 消息，则进入响应加入请求退避（SRP）状态进行随机退避，若退避时间内没有监听到其他节点的响应，则自己回复 SET 令牌进行响应。如果在 FLT、SFR、SRP 状态内收到其他令牌环存在的信息，则重新回到 FLT 状态继续监听，等待下一次的加入机会。成功加入令牌环内的每个节点都有权利邀请其他节点加入环网，随着令牌的周期性传递，邀请的信息也随之周期性地向外广播，从而使得所有规划内的节点都能有序加入。当令牌环将所有节点都邀请入环后，即进入令牌环的稳定状态。

3）令牌环邀请机制和退出机制

令牌环最初只有一个主节点，正是通过令牌环邀请机制才慢慢形成最终的稳定令牌环状态。可以说令牌环邀请机制的好坏在一定程度上决定了令牌环组网的效率以及令牌环状态的稳定性。令牌环协议采取的邀请机制如下：

（1）环主节点通过自环状态形成一个节点的网络时，即向外广播 INVITE 消息。

（2）刚刚加入的新节点，也即环主邀请的网内第二个节点，不能发送 INVITE 消息来邀请其他非成员节点入环。这样就避免了当节点呈直线型时，首尾节点因距离太远无法闭环的问题。

（3）节点有数据发送时，不能发送 INVITE 消息邀请其他非成员节点入环。这样就避免了持有令牌时间过长的问题。

（4）环主每次收到令牌后会根据令牌中的 Seq 序列号更新本环当前节点数，当节点数达到网络最大规模时，不再向外广播 INVITE 消息。

（5）随着令牌环内节点数量越来越多，发送 INVITE 消息邀请的次数也会越来越多。当已经没有非成员节点在环附近，而环内节点数也没有达到最大规模时，每一次邀请都需要浪费一段等待时间，使得令牌传递的效率降低了很多。因此在令牌环邀请机制中，发送 INVITE 消息的频率会随着环内节点数和环年龄的增加而降低。最终状态可能是所有节点均入环，则结果与上一步骤相同。如果没有达到最大规模也没有节点响应的话，最终状态就是每隔一段固定时间进行邀请，从而保证非成员节点有机会加入网络，也不至于使令牌传递的效率太低。

令牌环支持节点主动离环。由于某些原因，比如设备故障需停止设备工作，节点可能会收到退出令牌环的命令。令牌环支持节点被动离环。如果节点因为移动而离开环的覆盖范围或者是由于故障等原因无法与环内其他节点通信，这种失效的情况一般由节点的前驱节点和后继节点来完成被动离环。需要说明的是，从环上掉线的电台必须重新加入环才能再次成为环的一部分并获得传输权。

4. 自适应时分多址模式

TDMA 模式使一组节点能够在多节点网络中共享信道。TDMA 将信道访问划分为分配给网络中节点的时隙。当时隙所有者（分配时隙的节点或服务）提供的业务与时隙提供的信道容量不匹配时，固定 TDMA 协议在信道利用率和服务时间方面效率低下，当节点或服务没有足够的提供流量来填充它已分配的时隙时尤其如此。ATDMA 允许时隙分配或长度的变化，使网络能够适应节点提供的流量及其服务要求的变化。要将 ATDMA 的自适应性与 STANAG 5066 协议一起使用，需要新的 D_PDU 管理消息类型，节点与这些消息类型协调时隙使用和长度信息。目前没有指定 TDMA 或 ATDMA 的 STANAG 5066 协议附件。

3.5.2　数据传输子层

STANAG 5066 协议中附件 C 的数据传输子层（DTS），定义了选择性重传 ARQ 协议，提供可靠的数据链路服务，以及用于广播、多播和与加密连接中的对等方非 ARQ 通信服务。ARQ 数据链路协议通过数据速率适配连接通用调制解调器实现短波数据通信。尽管还有其他协议可以实现更高性能，但 STANAG 5066 协议的多功能性、高效性和实用性，使其在多种系统中得到广泛使用。STANAG 5066 协议的典型应用场景如图 3－25 所示。

（1）用户为客户端计算机上运行的应用程序，如电子邮件客户端。

（2）客户端通过局域网（LAN）连接到 STANAG 5066 主机。通过运行客户端应用程序，创建到 5066 主机的套接字连接，以发送和接收数据包并控制子网服务。

（3）在军事应用中，客户端可能需要交换加密数据，因此在主机和物理层（调制解调器和无线电台）之间会附加加密设备，但对于不涉密应用并不需要。

（4）图左侧所示的短波管理单元提供自动链路服务，用于建立和维护供 STANAG 5066 子网服务使用的短波通信链路。

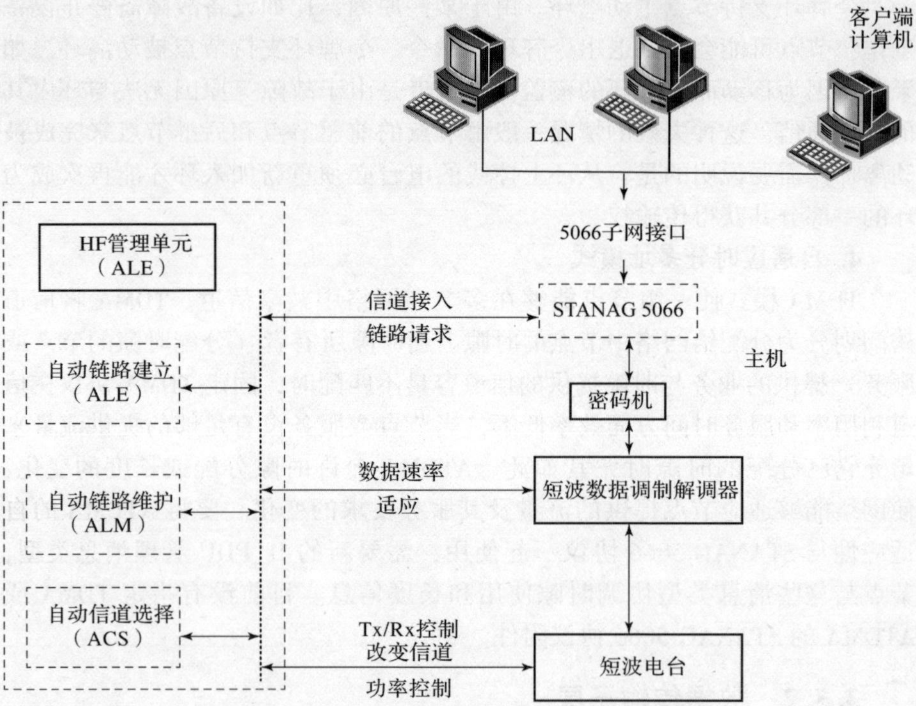

图 3-25　北约 STANAG 5066 协议中的短波通信应用

ARQ 数据链路协议具有许多优点：

一是每帧的头部包括一个发射结束字段。该 8bit 字段指定了当前传输剩余时间，单位为 0.5s，巧妙地消除了信道衰落时延扩展产生的传输结束歧义问题（在美联邦 FED-STD-1052 协议中已指出）。即使接收方只成功收到单个报头，也知道何时可以安全地发送 ACK 确认消息，而在 STANAG 5066 中此字段定义的发射时间限制约为 2min。

二是规定了数据和确认帧类型（Data-and-ACK）。ACK 确认信息位于帧头，客户端数据信息位于帧的主体。在前面描述的停等 ARQ 协议中，一个站以正向传输方式发送数据，而另一个仅被允许发送 ACK。STANAG 5066 链路中通过使用 Data-and-ACK 帧，每个站点可以在发送前向数据的同时，附加最新接收数据的 ACK 消息。如果该协议仅允许单向数据流，则可以消除管理数据流方向所需的开销。

三是有效结合了滑动窗口流量控制与选择性重传确认机制，减少了必须发送的选择性 ACK 帧号的数量。各帧使用从 0～255 的 8bit 字进行编号

(以模 256 递增)。帧头包含接收窗口下边界（RX LWE)，表示尚未接收到的编号最小的帧，即较低编号的帧已经被确认接收。并且还设置了 128 帧的接收方流量控制窗口下边界，这些帧可能仍在传输过程中。当新接收的报头中的 Rx LWE 比先前接收的 Rx LWE 大 1 个帧以上时，说明所有的中间帧都得到确认，而无需单独列出。

1. 帧长度

有效载荷帧的数据部分可以长达 1023 字节，其完整性由附加的 32 位 CRC 校验码确定，该校验码与帧头的 16 位 CRC 校验码不同，每个数据帧帧头部分明确了实际携带的数据量。我们应该如何确定数据帧中携带的有效载荷的大小？从效率角度看，较长的片段能够补偿帧头和 CRC 的开销。然而，在强衰落短波信道下较短的帧可能更健壮。STANAG 5066 标准建议设置帧长度为 200 字节，这对于许多应用来说是一个很好的折中方案。

2. 数据速率适配

短波数据链路协议（包括 FED - STD - 1052 协议和 STANAG 5066 协议）具备强大的自适应功能，使其能够在短波信道上调整调制解调器的数据速率。通过采用与当前 SNR 相适应的波形，并根据 ARQ 协议周期时间内 SNR 的时变尺度来调整波形，可以在 30dB 或更高 SNR 范围内实现信号稳定传输。

实现数据速率适配需要满足两个前提条件：一是适用于数据链路协议的信道质量度量参数；二是使用该度量参数选择调制解调器波形的算法。我们知道，SNR 应当是最合适的信道质量度量参数，也被多种短波调制解调器所采用。然而，在军事应用中，5066 主机与调制解调器之间存在加密设备，这就要求主机与调制解调器之间的通信需要一个旁路机制，并需要相关安全保密机构的批准。因此，在应用时可直接采用现成的信道度量参数——误帧率（FER)，当调制解调器无法提供 SNR 信息时很有用。

FED - STD - 1052 标准中用于数据速率调整的算法很简单：

(1）如果传输中少于一半的帧正确接收，则降低数据速率；

(2）如果所有帧都没有错误，则提高数据速率；

(3）否则，不做改变。

最近研究发现，根据当前数据速率确定的 FER 阈值，能够有效优化总吞吐量，如表 3 - 3 所示。

表 3-3　数据速率变化算法

数据速率/bps	FER 基准(减少速率)	FER 基准（增加速率）
75	—	20%
150	50%	20%
300	50%	20%
600	50%	20%
1200	50%	20%
3200	50%	10%
4800	35%	5%
6400	20%	5%
8000	15%	2%
9600	5%	—

在发布 FED-STD-1052 协议时使用的较低数据速率下，以 50% 的 FER 为基准降低数据速率是最佳选择。但在更高的 MIL-STD-188-110B 数据速率下，并不是以 50% 的 FER 为基准降低数据速率，而是在较低 FER 阈值时就开始控制速率下降。Trinder 发现将 FER 阈值设置在大于 0% 附近，可以更进一步提高数据速率。

3.5.3　信道接入子层

信道接入子层（CAS）通过管理物理链路，控制对等方之间的 ARQ 通信。CAS 提供了一种机制，用于建立和断开到其他台站的物理链路，提供成对的逻辑链路控制机制来建立数据通信的点对点链路（或多条独立的点对点链路）。信道接入子层支持子网接口子层（SIS）提交的物理链路管理请求，即与指定节点建立或断开连接；信道接入子层负责通知子网接口子层当前物理链路状态变化情况；信道接入子层依赖数据传输子层（DTS）提供数据传输服务，为 SIS 和 DTS 之间发送和接收数据提供协议封装信道，即发送端接收来自 SIS 的 S_PDU 数据，将其封装到 C_PDU，并将其传递给 DTS，接收端从 DTS 中接收到 C_PDU 后，剥离报头后将封装的 S_PDU 传递给 SIS。CAS 不支持业务流量排队，由 DTS 和 SIS 对业务流量进行排队。CAS 详细说明可参考 STANAG 5066 协议附录 B。

3.5.4　路由子层

路由子层（RS）是一个可选子层，用于提供跨多个子网路由提供 STANAG 5066 SIS 服务，不同子网上 SIS 客户端能够进行对等通信，支持具有部分连接拓扑结构的无线令牌环协议，通过重复传输提供所有节点之间的数据通信。如果一个系统有多个 STANAG 5066 子网，而没有路由子层，则每个子网都需要有自己的 STANAG 5066 服务器。使用路由子层操作可使 SIS 客户端能够通过单个 SIS 接口寻址到任何连接在子网上的 STANAG 5066 节点。RS 在 STANAG 5066 协议附件 R 中规定。

路由子层使用 5 类 R_PDU，主要包括直接路由协议数据单元（Direct R_PDU）、间接路由协议数据单元（Indirect R_PDU）、通用广播协议数据单元（General Broadcast R_PDU）、选择性广播协议数据单元（Selective Broadcast R_PDU）、路由更新协议数据单元（Routing Update R_PDU）。它们均使用单个前导字节来标识 R_PDU 的类型。

（1）直接 R_PDU。当下一跳是数据的最终目的地时，使用 Direct R_PDU，此时单字节头类型 Type = 0，剩下的数据是封装好的 S_PDU。

（2）间接 R_PDU。当下一跳不是最终目的地时，使用间接 R_PDU，此时单字节头类型 Type = 1，后接 1 字节最终目的地址、1 字节原始来源地址，最后是封装好的 S_PDU。最终目的地址将使 CAS 和下面的子层能够将 S_PDU 发送到下一跳；原始源地址可以使最终 SIS 服务将此地址报告给收件端。

（3）通用广播 R_PDU。用于向单个子网上的所有节点广播（或多播）数据，此时单字节头类型 Type = 2，剩下的数据是封装好的 S_PDU。

（4）选择性广播 R_PDU。用于广播/多播消息被中继或连接多个子网时的初始广播/多播，此时单字节头类型 Type = 3，后接 1 字节目的地址计数、多个字节目的地址列表，最后是封装好的 S_PDU。

（5）路由更新 R_PDU。用于在不同子网上的节点之间共享路由信息。此时单字节头类型 Type = 4，后接 5 字节块构成的路由更新信息。连接到多个子网的节点应使用路由更新 R_PDU 将路由信息传递给每个直接连接的对等节点。需要共享的路由信息只在某节点连接到多个子网时出现。每隔一段时间周期或每当路由信息发生变化时，都会产生路由更新信息以供多子网节点共享。当然，对于单个 WTRP 网络则不需要路由更新。

路由子层需要知道完整的可寻址节点集，并且必须为每个节点确定下一跳。这些信息可以通过系统配置、无线令牌环协议、路由更新程序等机制获得。

3.5.5 子网接口子层

STANAG 5066 协议附件 A 中的子网接口子层（SIS）为短波子网服务的客户端应用提供外部接口，为数据保护协议和各种通信服务定义了标准接口。客户端通过子网接入点（SAP）与子网接口子层关联，请求短波子网服务器提供服务，允许有多个客户端同时使用子网接口子层。SAP 类似于 TCP 协议中的端口，最多可支持 16 种业务应用共享一个信道，每类应用（如子网管理、ACP142 军事消息、ACP142 电子邮件、压缩文件传输等）具有不同的 SAP ID（0 ~ 15），附件 F 规定了应用程序的 SAP ID 分配。短波子网服务器与客户端通过交换 SIS 接口指令交互。这些指令将客户端请求传送给 SIS，并将 SIS 的响应和指示传送给客户端，比如对 SAP 进行绑定和解绑的请求、建立和终止链接的请求以及发送数据报的请求和传入数据报的提示等。原始 SIS 服务器套接字（Socket）默认 SIS 端口号为十进制数字“5066”（也可自定义），SIS 访问协议服务器应在默认 SIS 端口号上侦听来自客户端的连接请求。服务器应同时接受 16 个连接，以便为每个 SAP 提供服务。

1. 会话类型

STANAG 5066 协议中子网接口子层负责与远程节点对等方发起会话的建立和终止，主要提供两种类型的数据会话：

（1）软链接数据交换会话。软链接对客户端不可见，由 SIS 服务器根据需要建立，以传送在其队列中的数据。SIS 主要通过 ARQ 机制实现可靠的有序接收。当存在多个对等点的业务时，SIS 应公平处置对等点请求，以合理的时间间隔依次打开到每个对等点的软链接。当某一链接的所有数据传送完毕，或者需要在其他链路中均衡服务、软链接超时时，SIS 将终止该软链接。另外，当信道访问子层（CAS）请求时，也可以为非 ARQ 业务启动软链接。子网节点频繁建立和终止会话而没有实际的数据传输，会导致子网效率下降，需要根据子网大小和配置灵活处置。

（2）广播数据会话。SIS 服务器可以应非 ARQ U_PDU 服务要求的客户端请求而建立广播会话，将非 ARQ 数据传送到一个或多个目的地，提供不可靠的数据传输，不需要建立物理链路。广播会话可以由管理进程发起和终止，例如本地网络管理客户端。

硬链接由客户端明确建立、管理和终止。硬链接可以使用 ARQ 机制，但并非强制。CAS 根据 SIS 的要求进行建链和拆链。

2. 编址

STANAG 5066 标准中，子网各节点使用大小可变的二进制地址进行编址（尽管网络中的所有节点地址大小相同）。DTS 报头包含 3bit 字段来指明地址大小，既包含源节点地址，也包括目的节点地址。为减少传输开销，节点地址的大小（以“半字节”4bit 为单位）由“地址大小”字段（以比特为单位）确定，其中 000 表示 0 字节的地址字段（即隐式寻址），最大地址字段为 7 个半字节，即每个地址 28bit。因此，32bit 的 IPv4 地址不能使用，如果要在短波子网上进行互联网数据传输，必须提供从 IP 地址到 STANAG 5066 标准地址的映射。

STANAG 5066 协议附件 S 定义了 SIS 访问协议，通常在不同节点中的对等子网接口子层交换 SIS 协议数据单元（S_PDU），目前存在数据、数据传输确认、数据传输失败三种类型的 S_PDU，编码帧格式如图 3－26 所示。

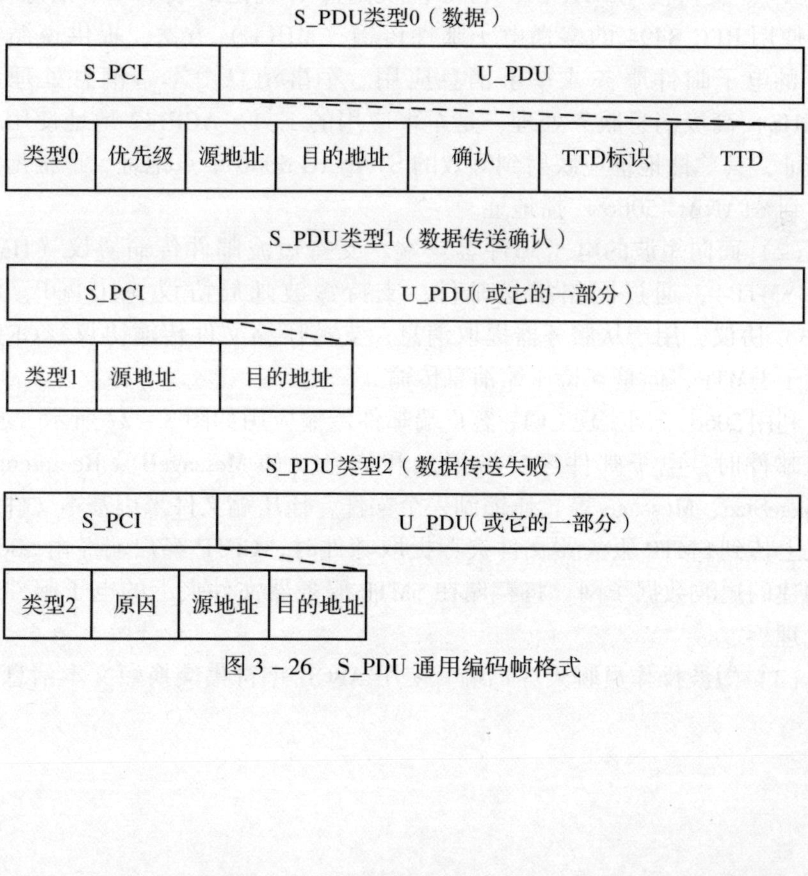

图 3－26　S_PDU 通用编码帧格式

子网接口子层根据排队的客户端 U_PDU 的目的地与远程对等方发起软链接数据交换会话。软链接总是在通过 CAS 传输 ARQ 数据之前建立。建立物理链路后，两个对等子网接口子层应在各自的源节点和目标节点（主呼台和被呼台）之间建立数据交换会话。对于非 ARQ 数据传输，CAS 通过以“需要物理链路”为由拒绝向 SIS 发出信号，SIS 层应建立软链接，然后重新发送非 ARQ 数据。

3.5.6 客户端协议

北约 STANAG 5066 协议附件 F 定义了短波子网服务的客户端接口。对于某些客户端类型，还定义了修改的应用层协议，以便在短波子网上进行有效传输。STANAG 5066 服务必须在 SAP ID 9 上为 IP 客户端提供一个子网接口，并且必须在 TCP 5066 端口上提供一个监听 TCP 套接字服务器接口。其他（可选）客户端协议如下：

（1）联合通信出版物 ACP 142 协议。在附件 Q 中指定，支持多播传输，可选择可靠的面向连接协议（RCOP）和非可靠的面向数据报协议（UDOP）。支持使用 STANAG 4406 协议附件 E 规定的战术军事消息传递；支持使用 RFC 8494 的多播电子邮件传输（MULE）方法，提供遵循 RFC 6477 的电子邮件服务或军事消息应用。军事消息由军事消息处理系统（MMHS）高级消息服务处理，是军事应用的工具。ACP142 地址使用 4 字节编址，其单播地址应映射到等效的 STANAG 5066 节点地址，广播地址应映射到 STANAG 5066 广播地址。

（2）面向短波的电子邮件客户端。支持短波邮件传输协议（HMTP，源自 SMTP），通过网络推送邮件；支持短波邮局协议（HFPOP，源自 POP3）协议，用于从服务器提取消息；支持压缩文件传输协议（CFTP），类似于 HMTP，但是支持压缩消息传输。

利用 5066 子网实现 CFTP 客户端邮件传输应用如图 3－27 所示。通常，发送邮件时，电子邮件客户端消息和信息（如 MessageID、RecipientList、MessageSize、Message 等）压缩到一个文件，该压缩文件采用基本文件传输协议上传到 SMTP 服务器文件夹；提取邮件时，CFTP 客户端经由 5066 协议构建的短波数据子网，将存储在 SMTP 服务器文件夹上的电子邮件提取并处理。

（3）短波操作员聊天客户端。使用 ASCII 字符集交换短文本信息，提

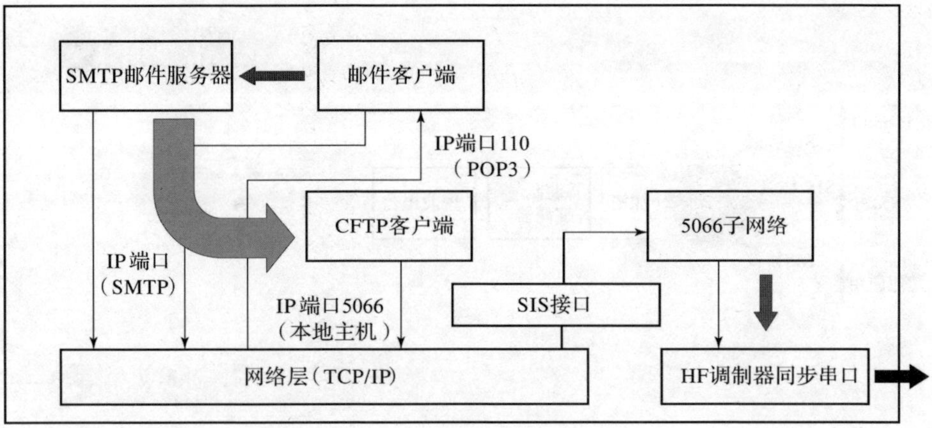

图 3-27　CFTP 客户端和节点

供源地址、目的地址和时间等历史记录，可以使用点对点或点对多点模式来发送短波聊天信息，遵循附件 O 有关约定。

（4）通用数据传输客户端。使用 STANAG 5066 ARQ 服务的可靠的面向连接协议；使用非 ARQ 服务的不可靠面向数据报协议；通过短波子网传送以太网帧有效载荷字段的以太网接口。

（5）SIS 层扩展协议。规范定义了如何使用 SLEP，通过可靠数据报服务进行消息传输，提供了 STANAG 5066 ARQ 的点对点服务操作，提供比 ACP 142 更有效的传输，但不提供多播和无线电静默。在不需要多播和 EMCON 的情况下，SLEP 采用了一种更简单、更有效的协议机制来传输消息。作为 ACP 142 的替代方案，对于某些类型的短波通信部署，其性能优于 ACP 142。基于 STANAG 5066 标准的短波通信系统连接部署如图 3-28 所示。

（6）联合通信出版物 ACP 127 协议。在附件 P 中规定，是一种早期的军事消息通信协议，能够提供面向字符的串行流服务，支持 ITA-2 中的 5bit 字符集和 ITA-5/ASCII 7bit 字符集，以及 8bit 字节数据，至今仍在广泛使用。

通过结合 CFTP、STANAG 5066 ARQ 和短波调制解调器等，可以利用短波链路有效传输电子邮件。一定意义上说，电子邮件推动了短波数据通信快速发展应用。

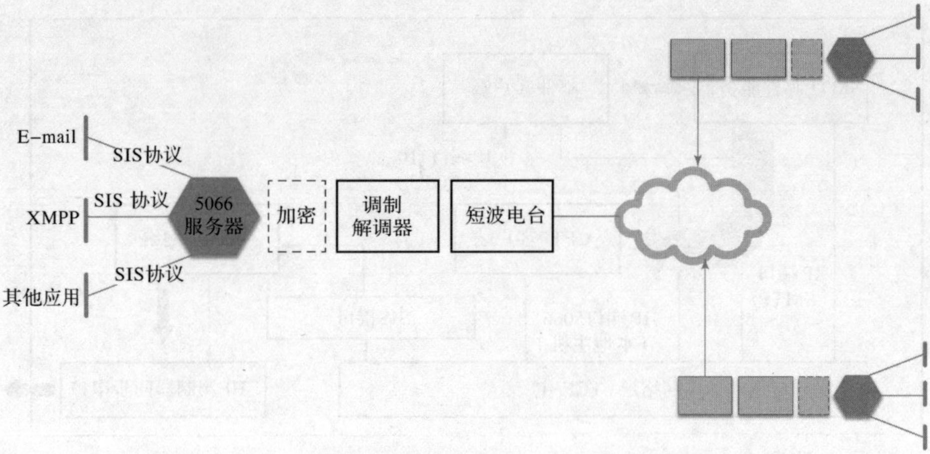

图 3-28 基于 STANAG 5066 标准的短波通信系统连接部署

3.6 小结

为了克服短波信道的不稳定性对通信质量的影响，需要深入研究数字载波调制解调技术、差错控制技术，提升短波通信指令和数据传输速率。随着载波频率调制、载波相位调制、正交幅度调制和正交频分复用技术的应用，以及自动请求重传技术、前向纠错编码技术的应用，大大提升了短波数据速率和可靠性。为有效使用短波调制解调器波形的新功能，STANAG 5066 新版协议成功地将新波形进行了集成，为短波互操作通信提供了便利，使得新数据业务应用成为了可能。

第 4 章 第二代短波通信建链与传输技术

20 世纪 80 年代初到 90 年代末，短波通信系统由人工选频、手动调谐和模拟调制向自动选频、自动调谐和数字调制转变，通信业务实现了由电报、模拟通话业务向数据、声码话等数字业务过渡。以美军标 MIL - STD - 188 - 141A 和 110A 技术标准的颁布为标志，短波通信技术进入 2G 时代。2G 短波采用可靠的自动链路建立（ALE）技术，使建立链路的速率和成功率大大提高。本章重点介绍第二代短波自动链路建立（2G - ALE）字结构及传输、2G - ALE 帧结构与呼叫协议、2G - ALE 链路建立以及第二代短波通信数据传输波形。

4.1 短波 ALE 协议分层结构

根据国际标准化组织（ISO）发布的开放系统互联（OSI）七层参考模型，短波功能 2G - ALE 属于数据链路层，如图 4 - 1 所示。

链路层的作用是保证用户数据和信令数据传输的可靠性。链路层可分为三个子层：最低的一层为前向纠错（FEC）子层，完成差错控制；中间一层为链路防护子层（PALE），对送往 FEC 子层的 ALE 字序列进行加密保护；最上面一层为 ALE 协议子层，用于链路建立和数据传输。

1. 前向纠错子层

前向纠错是指在通信系统中发送端信息在被送入射频信道之前，预先按特定算法加入一定数量的冗余符号，进行编码处理；在接收端按照相应算法对接收到的信号进行解码，找出在传输过程中产生的错码并将其纠正的技术。短波 2G - ALE 系统的发送端数据依次完成格雷编码、交织、冗余

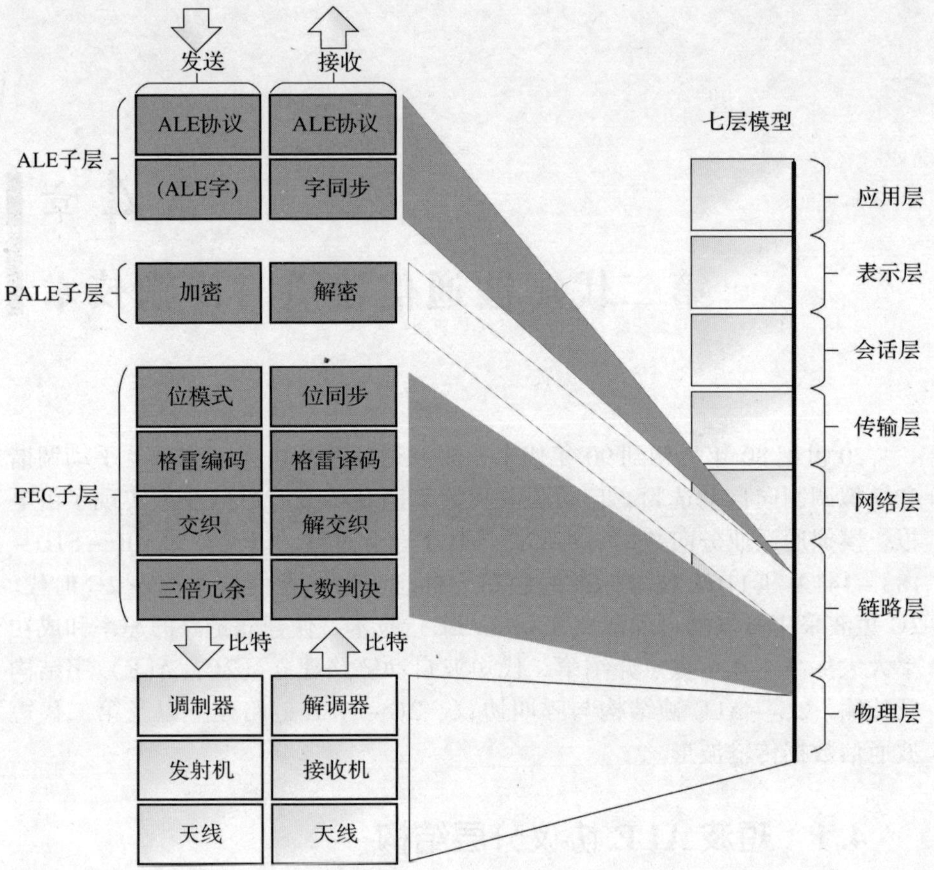

图 4－1　短波 ALE 协议分层结构

填充和三重分集，接收端则相应进行大数判决、去冗余、解交织和格雷译码，实现前向纠错。

2. 链路防护子层

因为短波 2G－ALE 系统标准的开放性，任何遵循标准的短波通信终端都可以监听、截获它台的呼叫，甚至可以伪造它台地址发起恶意呼叫来破坏正常通信，导致非授权链路建立，或合法链路被非法控制。为避免上述情况的发生，2G－ALE 在 FEC 子层和 ALE 协议子层之间加入一层可选的链路防护子层，将送往 FEC 子层的 ALE 字用专用保护字进行重新编解码，从而阻止敌方（未经授权用户）利用公开的建链波形协议来恶意欺骗 ALE 系统尝试建立未授权链路以及干扰建立合法链路。链路防护（LP）技术保护的是 ALE 链路，包括相关的寻址和控制信息等。链路防护并不能取代通信加密功能，不是解决通信干扰的技术。通信保密及抗干扰问题最好由传输加密技术来解决。链路防护设计的目标是既不能额外增加链路建立时间，也不能降低链路建立成功率，应遵循以下原则：

（1）对 ALE 协议透明。链路防护模块不能影响数据链路层其他协议的执行，加密和同步对 ALE 波形和协议来说应该是透明的。首先防护机制对 ALE 协议应该完全透明，这样它可以模块化地添加到实际运行的 ALE 系统中。即链路防护和非链路防护模式下，调制解调、同步、交织、FEC 和 ALE 协议必须相同。防护机制不能通过在信号中增加额外比特来进行同步或相关功能。

（2）自同步。链路防护的主要目的是阻止敌方建立非授权链路，因此在正常建立链路过程中，链路防护机制必须在信号扫描时就发挥作用。LP 机制必须能够自同步，以使得在传输开始后经过信道的信号可以获得加密同步，并能对传输业务进行检查。

（3）对扫描驻留时间影响最小。理论上，未经授权的携带欺骗信令的信号导致扫描接收机驻停的时间，应当不长于在正常信道上扫描驻留的时间。因此，扫描接收机必须能够在正常需要的字同步时间内，评估所接收到的信号的真实性。

（4）信道及时变。在不同时间上，相同的明文产生的密文必须随信道时变而变化，而且必须在同一信道上周期性地变化，以抵御信号复制攻击的影响。

3. 自动链路建立（ALE）协议子层

ALE 协议又可以分为三个子层。

（1）最下面一层用于选择性呼叫（单呼、网呼、群呼等）达成电台间 ALE 帧的交换，电台地址结构遵循 141A 标准，地址码最多可达 15 个 ASCII 字符，为短波通信网构建提供充足的组网空间。

（2）中间一层用于处理承载在 ALE 帧结构中的报文和其他信息。报文信息分为自动报文显示（AMD）、数据文本消息（DTM）和数据块消息（DBM）。AMD 用于在电台间传送简短联络信息或预先编制好的代码。DTM 允许电台间以全部 ASCII 字符或非格式化的二进制符号形式进行通信，其传输的信息比 AMD 要长。DBM 传输能力最强，采用深度交织和前向纠错技术，允许发送更长的报文。DTM 和 DBM 需要外接终端，可以连续发送，也可以采用 ARQ 方式传送。链路质量分析（LQA）、定时以及其他控制消息也在该层处理。

（3）最上面一层主要提供面向用户的信道选择、链路建立、信令传输等功能。

综上所述，标准的短波 2G – ALE 系统在数据发送时，先通过 ALE 协议子层筛选出对方电台的信道，找到最佳信道并建立链路，将数据封装为 ALE 字的形式，再交给链路防护子层进行加密处理，然后发送给 FEC 子层进行信道编码、交织、填充冗余位以及三重分集处理，最后通过 ALE 调制器以比特流的方式发送出去。数据接收时，ALE 解调器以数据流的方式向上提供数据，到达 FEC 子层后，进行大数判决、去冗余、解交织和信道解码，再经过保护子层进行解密，最后送达 ALE 协议子层进行字同步和 ALE 协议处理。

4.2 短波 2G 建链波形

短波 2G – ALE 以帧的形式进行传输，ALE 帧是 ALE 字的连续组合。本节主要介绍 2G – ALE 字结构、ALE 调制解调器、前向纠错编码以及数据接收处理方式。

4.2.1 2G – ALE 字结构

短波 2G – ALE 标准字长度为 24bit。总体上分为两部分：第一部分是 3bit 的报头，第二部分是 21bit 的数据段，载荷为用户地址或控制指令，如图 4 – 2 所示。

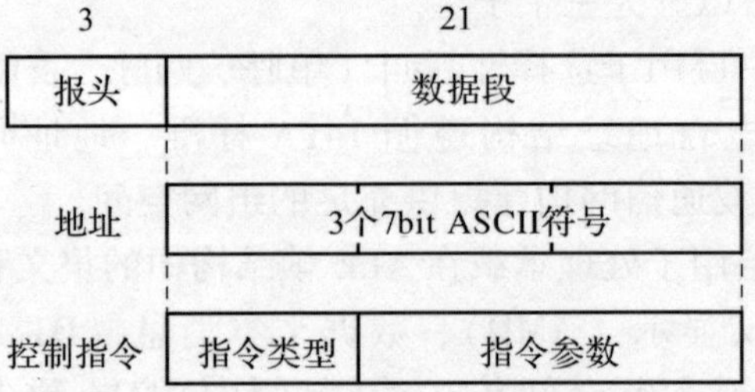

图 4 – 2 2G – ALE 字结构类型

通常，数据段为用户地址时，携带的是 3 个 7bit 的 ASCII 字符，表示电台的地址（呼号）。当数据段用于传送控制指令时，数据段分成两部分，前 7bit 表示指令类型，后面 14bit 表示指令参数。短波 2G – ALE 字共有 8

种类型，可通过ALE字的报头进行识别。报头中的ALE字类型和相应报头编码如表4－1所示。

表4－1　2G－ALE字类型

字符类型	报头	功能
TO	010	目标地址
TIS	101	呼叫源地址
TWAS	011	源地址，终止链接
THRU	001	群呼地址
FROM	100	快速识别地址
CMD	110	指令
DATA	000	延续前面的字段
REP	111	重复前面的报头

（1）TO字符表示接收呼叫的目标地址。在单呼协议中表示被呼电台的地址，在网呼协议中表示包含多个网络成员的网呼地址。每个ALE字最多可以携带3个地址字符，当要表示的地址长度超过3个字符时，超出的部分需放在TO字符之后的DATA字和REP中，顺序为TO、DATA、REP、DATA、REP字符，最大容量为5个地址字（即15个地址字符）。

（2）TIS（THIS IS）字符表示呼叫的源地址。用于协议或握手的继续，确认来自被呼台站的响应，终止ALE帧；也用于被呼台在接收呼叫时的应答。TIS字符本身可携带台地址的前3个字符，当地址长度超过3个字符时，也需使用DATA和REP字符构成完整的地址序列。

（3）TWAS（THIS WAS）字符和TIS一样用来表示呼叫源地址。但它表示ALE协议的终止，即拆链。TWAS和TIS不能共存于同一个ALE帧中，它们的应用是互斥的。

（4）THRU字符仅用于群呼协议中呼叫周期的扫描呼叫。它作为路由指示标志与REP交替使用以指明被呼台的首地址。每个地址的长度不大于3个字符，一次群呼中最多允许5个不同的地址首字，其序列由THRU和REP交替表示。

（5）FROM字符表示可选地址。使用FROM字时，应包含呼叫源的全部地址，用于标识不使用 ALE 帧终止标志（如 TIS 或 TWAS）的源地址。在每个 ALE 帧中，FROM 字只能使用一次，而且在信息段中紧靠 CMD 字前面使用。在正常结束标志要推迟时（如 ALE 帧使用长信息段时），FROM 用以向被呼叫台提供一个快速识别。

（6）CMD 字符表示可选消息段发送指令字，定义了控制指令和消息传递功能，用于系统链路的协调、控制、状态、互操作等。一帧中的第一个 CMD 字用于结束呼叫周期，并表示消息段的开始。两个重要的功能：一是链路质量分析指令，由单个指令字携带，用于电台之间相互通报在彼此业务信道上测得的误码率、信噪比和多径等参数。二是自动报文显示功能，通过 ALE 帧提供一种低开销的、用户到用户的文本消息传输功能，系统接收 AMD 消息后处理显示给用户，该类消息限制为 90 个字符，由大写字母、数字和标点符号构成。

（7）DATA 字符表示数据字，用于扩展除 DATA 外的数据，或用于传递消息。当与 TO、FROM、TIS、TWAS 等字符一起使用时，DATA 与 REP 交替使用，可使地址由基本地址的 3 个字符扩展至 6、9、12 或 15 个字符。当与 CMD 字符一起使用时，DATA 是扩展的消息字。

（8）REP 字符是一种特殊的指示标志，用来改变数据段的内容，达到重复前一报头的目的。即使字的数据相同，为了表示字变化，也要改变报头符号，以防发生不确定性和差错。当和 TO 一起使用时，REP 用来进行地址扩展；当和 THRU 一起使用时，用来表示群呼地址中不同的地址首字；当和 DATA 一起使用时，用来表示扩展地址、消息、指令和状态。

4.2.2 ALE 调制解调器

在 2G 短波通信时代，由于数字信号处理（DSP）技术性能有限，在美军标 141A 中使用的是 8 进制频移键控（8FSK）作为调制解调方案，即调制器每个符号周期发送某一频率波形（8 个频率表示 3bit 符号），如表 4－2 所示。

表 4－2 短波 2G－ALE 的 8FSK 调制不同信号频率和符号对应关系表

信号频率/Hz	符号
750	000
1000	001

续表

信号频率/Hz	符号
1250	011
1500	010
1750	110
2000	111
2250	101
2500	100

在短波多径信道条件下，为了克服多径引起的码间串扰，8FSK 符号速率一般不小于 125Baud，即符号周期为 8ms。短波信道多径时延 $\Delta t = 2\text{ms}$ 有 80% 概率出现，所以未受码间串扰影响的符号宽度为 4ms，可基本保证 8FSK 的传输性能。8FSK 调制中的每个符号携带 3bit 数据，因此在该调制机制下原始数据速率为 $125 \times 3 = 375\text{bps}$。

在数据速率较低、符号宽度足够宽的前提下，使调制解调器能够较好地处理延迟扩展，无需进行信道均衡等高级信号处理。接收端收到信号后，可以简单地丢弃接收符号的边缘（符号间交叉的地方），只使用每个符号的中间部分进行解调。基于 FSK 调制的信道模型可简化为具有时间选择性、频率平坦衰落的时变色散信道。这时从时间域上看，由于各个子信道的符号传输速率较低，符号持续时间较长，前后符号所受到的衰落程度完全有可能不同，即“时间选择性衰落”不可忽略。但从频率域上看，由于此时短波信道本身带宽较窄，而 FSK 各载频相互靠得很近，因此可以不考虑信道带内失真，而且可以认为各个子载波所受到的衰落是高度相关的，满足一致性，即“频率平坦衰落”。

4.2.3　前向纠错编码

如前所述，FEC 子层的作用是确保 ALE 信号在短波信道中能无差错地进行传输，主要通过格雷编码、交织、三重分集以及填充冗余位 4 个步骤来实现。处理过程中，将 ALE 字从 24bit 扩展为 147bit 的冗余字，当使用 ALE 调制器发送 49 个符号（3bit/符号），空中传播时间为 392ms，该时间在 ALE 系统中通常缩写为 T_{rw}（冗余字持续时间）。

1. 格雷编码

格雷编码（Golay Coding）属于线性分组码，是二进制线性循环码，是可纠正多个错误的完备码。接收端利用发送端在符号序列中加入的差错控制符号，不但能够发现错码，还可以将错码恢复其正确取值。

对于二进制线性分组码，本质上是将一个长度为 k bit 的信息序列映射到 n bit 的编码序列，码距为 d，可以纠正 t 个错码，记为（n,k,t）编码。已有研究表明，若要纠正 t 个错码，需满足下式：

$$2^k \leqslant \frac{2^n}{1 + C_n^1 + C_n^2 + \cdots + C_n^t} \tag{4-1}$$

其中，1 代表没有错码，C_n^t 表示 t 个错码可能的分布。

研究表明，码长 $n=23$，信息位 $k=12$，码距 $d=7$，可纠正 $t=3$ 位错码，且满足上式的编码是存在的，即（23,12,3）格雷码，其生成多项式为

$$g(x) = x^{11} + x^9 + x^7 + x^6 + x^5 + x + 1 \tag{4-2}$$

在实际运用中，扩展格雷码(24,12,3)较为常用，此时最小码距 $d=8$，码率为 1/2，可以纠正 3 位错码。在 141A 标准中，扩展格雷码(24,12,3)的生成矩阵为 $\boldsymbol{G}$，如图 4-3 所示。

$$\boldsymbol{G} = \left[\begin{array}{cccc:cccc}
\multicolumn{4}{c:}{\boldsymbol{I}_{12}} & \multicolumn{4}{c}{\boldsymbol{P}} \\
100 & 000 & 000 & 000 & 101 & 011 & 100 & 011 \\
010 & 000 & 000 & 000 & 111 & 110 & 010 & 010 \\
001 & 000 & 000 & 000 & 110 & 100 & 101 & 011 \\
000 & 100 & 000 & 000 & 110 & 001 & 110 & 110 \\
000 & 010 & 000 & 000 & 110 & 011 & 011 & 001 \\
000 & 001 & 000 & 000 & 011 & 001 & 101 & 101 \\
000 & 000 & 100 & 000 & 001 & 100 & 110 & 111 \\
000 & 000 & 010 & 000 & 101 & 101 & 111 & 000 \\
000 & 000 & 001 & 000 & 010 & 110 & 111 & 100 \\
000 & 000 & 000 & 100 & 001 & 011 & 011 & 110 \\
000 & 000 & 000 & 010 & 101 & 110 & 001 & 101 \\
000 & 000 & 000 & 001 & 010 & 111 & 000 & 111
\end{array}\right]$$

图 4-3　扩展格雷码(24,12,3)生成矩阵

生成码字 $x=uG$，其中，u 为输入数据字。发送 ALE 字的第 1 步是将需要编码的 24bit ALE 字平分成两半，每半 12bit，然后将 12bit 数据使用扩展的格雷码（24,12,3）进行编码，形成 24bit 码字。编码后的码块能够准确纠正 ALE 字 24bit 中的最多 6bit（每个格雷字 3bit）。

2. 交织

交织器最初被应用到信道编码中是为了防止信道中的突发错误对译码造成影响。在 FEC 的设计过程中，交织器不仅可以减弱突发错误对译码的影响，还可以增加编码的随机性，影响码字的距离特性。众所周知，信道编码的性能正是取决于码的距离谱。因此 FEC 中交织器的设计对性能的影响至关重要，所以交织器的设计必须遵循如下原则：

（1）避免交织前相邻的数据在交织后仍然相邻，或者交织前距离较近的数据仍然距离很近，交织器要最大可能地置乱原数据的排列关系。

（2）对于不归零编码，要防止出现“尾效应”图案。

（3）满足码字之间的最小距离尽可能大，码重为最小距离的码字尽可能少。

短波 2G-ALE 中交织编码的作用是分散信道突发差错，有利于提升格雷解码器效率。但是通过上述格雷编码原理可以看出，ALE 波形中纠错范围局限于每个单独的 ALE 字，因此，交织只能在单字内（392ms 的交织长度）发挥作用。

假定 1 个 ALE 字被分成 2 个部分的格雷编码字，如下所示：

$$a=[W_1,W_2,\cdots,W_{12},G_1,G_2,\cdots,G_{12}] \tag{4-3}$$

$$b=[W_{13},W_{14},\cdots,W_{24},G_{13},G_{14},\cdots,G_{24}] \tag{4-4}$$

2G-ALE 规定发送 2 个格雷编码字时采用比特交替方式进行交织，如图 4-4 所示。

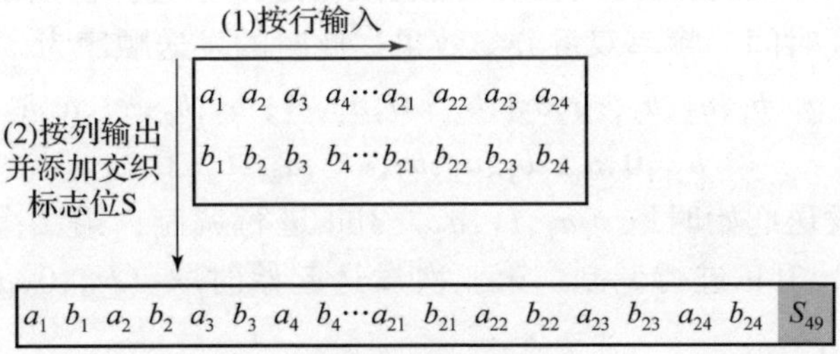

图 4-4　按位交织示意图

对两个码字 a、b 进行交织，按行输入两个码字，再按列输出，交织之后第一个码字中的每一位后面紧接着第二个码字的位，将两个码字交织完成后在最后添加一个交织标志位（冗余位）S_{49}。即交织后发送顺序为：a_1，b_1，a_2，b_2，…，a_{24}，b_{24}，S_{49}。

3. 三重分集

为了对抗无线信道的多径效应和多普勒效应带来的信号衰落，常采用分集技术在若干支路上传递相互间相关性很小的载有相同消息的信号，然后通过合并技术再将各个支路信号合并输出，便可在接收端上大大降低信号衰落的概率，因为两个相互独立的信道同时受衰落影响的概率要小于一个信道受衰落影响的概率。分集技术包括时间分集、频率分集、空间分集等技术。其中，时间分集就是将同一组符号在不同的时间发送多次，只要各次发送的时间间隔足够大，那么不同时间的符号经历的衰落就是相互独立的，接收机将重复接收到的信号进行合并，就可以克服信道中多普勒频移引起的信号衰落。

两个格雷字交织在一起后得到一组 48bit 的编码数据，为进一步增加鲁棒性，降低短波信道时间选择性衰落对数据传输的影响，交织编码后的 ALE 字会被重复三次组装成一个数据流进行发送，即可实现三重时间分集的效果。在接收端使用大数判决的方式来纠正错误和估计信道错误率，只要投票结果不一致，就说明发送的 ALE 字中至少有一个出现了错误。

4. 填充冗余位

交织与三重分集之间需增加 1 个冗余位，主要原因是：8FSK 调制中一个符号携带 3bit，如果不增加此冗余比特，则三次重复传输时，48bit 的每 3bit 必然会调制在相同的频率上，仅能实现时间分集的效果；通过增加 1bit 冗余，三次重复传输时，每 3bit 可调制在不同的频率上，能够突破符号边界进行循环发送，可以有效降低短波信道频率选择性衰落对接收的影响，从而达到时间、频率双重分集效果。此时的发送顺序为

$$a_1,b_1,a_2;b_2,\cdots,a_{24},b_{24};\ 0,a_1,b_1;\ a_2,b_2,\cdots,a_{24};$$
$$b_{24},0,a_1;\ b_1,a_2,b_2,\cdots,a_{24},b_{24},0。$$

第一次发送起始时取（a_1,b_1,a_2）3bit 进行调制；第二次发送起始时取（$0,a_1,b_1$）3bit 进行调制；第三次发送起始时取（$b_{24},0,a_1$）3bit 进行调制。

实践证明，通过增加第 49bit 可将衰落信道中的 SNR 鲁棒性提高大约 1dB。

4.2.4　数据发送与接收处理

2G－ALE 字信号物理层传输流程如图 4－5 所示。

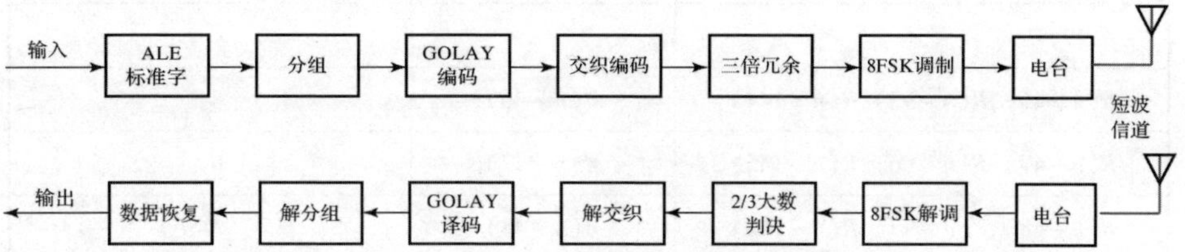

图 4－5　2G－ALE 发送接收信号处理流程

发送端首先对包含 24bit 数据信息的 ALE 标准字（即 ALE word），按先后顺序均分为两组，然后对每一组进行（24,12,3）格雷编码，编码后为两个 24bit 的码字。将两个格雷码字进行交织，得到 48bit 数据，在其末尾添一位 0 作为交织标志位。然后进行 3 倍冗余字操作，将 49bit 数据重复三遍，变成 147bit 数据。

按照表 4－2 规则，将数据位映射成对应符号，每 3bit 调制一个频率，对所有 147bit 数据进行 8－FSK 调制，实际对应 49 个发送符号，持续时间为 392ms。

数据接收处理采用基于合法字符集的字同步与解调方式。接收端首先对信号解调，恢复 147bit 数据。由于在发送端 ALE 字经过三重分集发送，在接收端需要先对解调得到的数据进行大数判决，然后再进行译码。将 147bit 数据分为 3 组逐位进行“2/3”大数判决，判决后得 49bit。基本原理是：以当前时刻 n 为基准，对已接收的数据 $R(n-i)$ 进行大数判决得到序列 $M(n-j)$，其中 $i=0,1,2,\cdots,146$，$j=0,1,2,\cdots,48$，判决结果与对应的格雷码位置如表 4－3 所示。例如，当接收到数据位 $R(n-1)$ 时，将 $R(n-1)$、$R(n-50)$、$R(n-99)$ 三个数据位进行 2/3 大数判决，得到判决结果 $M(n-1)$，即对应格雷码 B_{24} 的值。

表 4－3　大数判决关系表

参与大数判决的比特位置	判决结果	对应的格雷码位置
$R(n),R(n-49),R(n-98)$	$M(n)$	S_{49}（忽略）
$R(n-1),R(n-50),R(n-99)$	$M(n-1)$	B_{24}（LSB）

续表

参与大数判决的比特位置	判决结果	对应的格雷码位置
$R(n-2)$,$R(n-51)$,$R(n-100)$	$M(n-2)$	A_{24}
…	…	…
$R(n-46)$,$R(n-95)$,$R(n-144)$	$M(n-46)$	A_2
$R(n-47)$,$R(n-96)$,$R(n-145)$	$M(n-47)$	B_1
$R(n-48)$,$R(n-97)$,$R(n-146)$	$M(n-48)$	A_1(MSB)

判决后的数据去掉最后一位交织标志位，对其余 48bit 按逆交织映射规则进行解交织，恢复出 2 个码字，然后对 2 个码字分别进行格雷译码，得到 24bit 数据，合并 2 组数据比特即可对应发送端的 ALE 标准字，最后通过 3 次循环运算进行 ASCII 字符合法性判别，得到信令帧数据，从而完成字同步与解调。

4.3 短波 2G – ALE 编址与呼叫协议

对于短波 2G – ALE 建链，首先是选择合适信道（或频率集）尝试建立链路。电台执行建链协议从空闲（扫描）状态转变为建链状态，这需要所有电台全部调谐到同一信道并准备交换数据。本节主要介绍 2G – ALE 编址、呼叫协议以及 2G – ALE 指令功能。

4.3.1 2G – ALE 编址

短波 2G – ALE 系统中的基本地址由三个字符组成，扩展地址可提供多于一个基本字（3 个字符），但最多五个字（15 个字符）的系统最大编址。所有电台应至少能存储 20 个本机地址和 100 个网络地址。短波 2G – ALE 系统提供了非常灵活的编址方案，使用标准的 24bit 字和基本的 38 个 ASCII 字符子集为基础的地址结构，如图 4 – 6 所示。

图 4 – 6 中，基于 ASCII 码表的地址字符集由数字、大写字母和两个字符“?”和“@”组成。其中，特殊字符“?”主要用作通配符；当地址不是 3 个字符（一个 ALE 字的容量）的偶数倍时，特殊字符“@”用于填充 ALE 字中不使用的位置。字符“?”和“@”组合可用于指定专用地址。2G – ALE 系统编址类型如表 4 – 4 所示。

b_4	b_3	b_2	b_1	b7 b6 b5 → / COLUMN → ROW ↓	0 0 0 (0)	0 0 1 (1)	0 1 0 (2)	0 1 1 (3)	1 0 0 (4)	1 0 1 (5)	1 1 0 (6)	1 1 1 (7)
0	0	0	0	0	NUL	DLE	SP	0	@	P	`	p
0	0	0	1	1	SOH	DC1	!	1	A	Q	a	q
0	0	1	0	2	STS	DC2	″	2	B	R	b	r
0	0	1	1	3	ETX	DC3	#	3	C	S	c	s
0	1	0	0	4	EOT	DC4	S	4	D	T	d	t
0	1	0	1	5	ENQ	DAK	%	5	E	U	e	u
0	1	1	0	6	ACK	SYN	&	6	F	V	f	v
0	1	1	1	7	BEL	ETB	ø	7	G	W	g	w
1	0	0	0	8	BS	CAN	(	8	H	X	h	x
1	0	0	1	9	HT	EM	)	9	I	Y	i	y
1	0	1	0	10	LF	SUB	*	:	J	Z	j	z
1	0	1	1	11	VT	ESC	+	;	K	[	k	{
1	1	0	0	12	FF	FS	,	<	L	\	l	|
1	1	0	1	13	CR	GS	–	=	M	]	m	}
1	1	1	0	14	SO	RS	.	>	N	^	n	~
1	1	1	1	15	SI	US	/	?	O	?	o	DEL

图 4-6　用于 2G-ALE 编址的 ASCII-38 字符集

表 4-4　2G-ALE 系统编址类型

编址类型	描述	示例
单呼	单个电台	JOE
网呼	预先规划的电台集合	USA
群呼	单个电台地址的 ad hoc 集合	JOE
		BOB
		SAM
全呼	广播：无响应	@？@
任意呼	广播：随机响应	@@？
通配符呼	匹配多个地址：随机响应	JO?

（1）单呼地址：每个电台都有一个或多个唯一标识的 ALE 地址，这些地址被称为单呼地址。

（2）网呼地址：网呼地址是一个预先编程的地址，该地址集合中可包含多个单呼地址，只有规划了网呼地址的电台才能识别该地址。网呼地址与单呼地址格式相同。

(3) 群呼地址：如果需要建立单个电台到一组电台（如果电台地址未被预编程为网呼地址）的链路，可以使用群呼功能。群呼时需要列出群组中的每个地址（通常是单呼地址或网呼地址）。

(4) 全呼地址：用于呼叫所有可达电台，被呼台收到全呼时应停止当前业务，并侦听主呼台发起的通信业务，但不对全呼做出响应。主要用于紧急情况（呼救）、广播数据交换、传播和连通性跟踪等，一般用“@?@”表示。

(5) 任意呼地址：也可以呼叫所有可达电台，它要求对方响应，但不指定特定的响应时隙。为避免响应冲突，每个响应台在呼叫后的16个时隙中随机选择一个时隙进行响应。任意呼地址一般用“@@?”表示。

(6) 包含“?”的通配符地址，可在地址中“?”的相应位置匹配任何字母和数字。与任意呼一样，通配符地址呼叫的电台随机选择一个时隙来对主呼台进行响应。

4.3.2 单呼协议

单呼协议用于建立从主呼台到单个被呼台的链路，其呼叫流程如图4-7所示。

单呼协议包括三次握手：主呼台首先根据被呼台的地址发起呼叫（建链申请），即在呼叫信号中携带被呼台的地址，然后在规定的时间内等待被呼台的应答；被呼台收到呼叫信号后立即发出应答信号，并在规定时间内等待主呼台的确认信号；主呼台收到应答信号后发送建链确认信号，被呼台收到确认信号后，通信双方成功建立链路，转入业务传输阶段。具体来说，单呼协议示意图如图4-8所示。

主呼台呼叫时，会发送一个呼叫建链帧。扫描呼叫的每个ALE字都是TO字，如果ALE字以TO作为前导码，则表示这个字含有被呼台地址的前三个字符。

被呼台如果正在扫描，会在扫描期间的某个时刻扫描到指定信道，读取TO字中的地址，从而识别出自己正在被呼叫。扫描到该信道的其他电台读取到TO字后，发现地址与其自身地址不匹配，就会离开该信道去扫描其他信道。到呼叫结束时，被呼台才会知道主呼台的地址。呼叫帧周期的结尾以TIS或TWAS字开头，以TIS字开头表示主呼台想建立一个链路，以TWAS字开头用于标识主呼台，并将本次呼叫的链路质量分析（LQA）

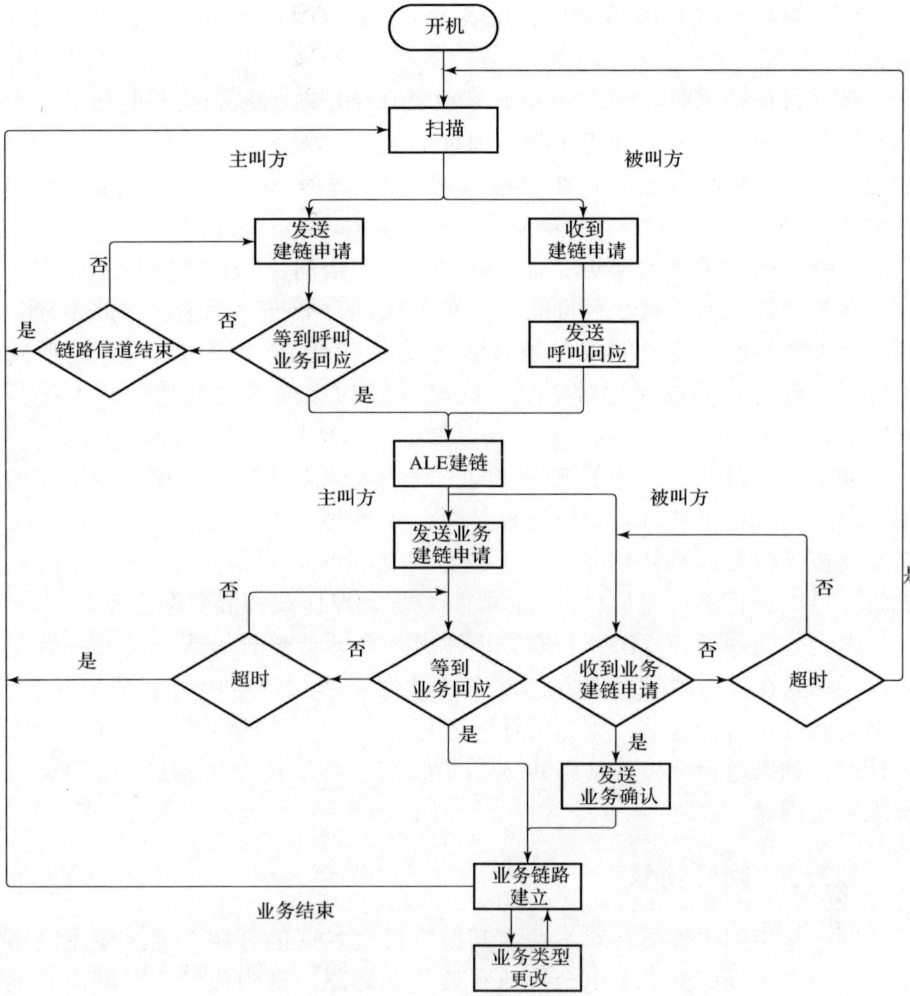

图 4－7　单呼流程示意图

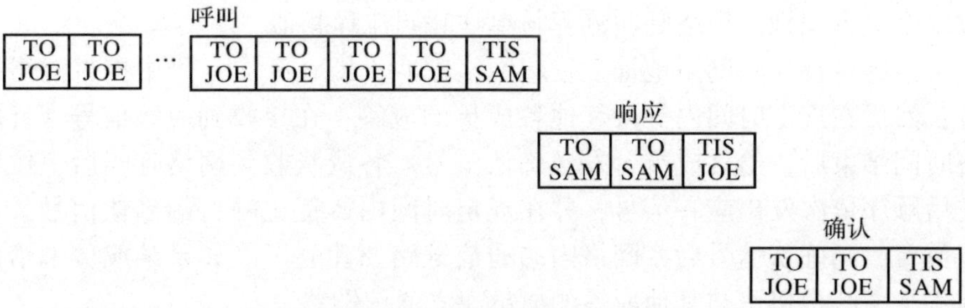

图 4－8　单呼协议示意图

正确存入被呼台的 LQA 数据库，也表示主呼台在发送帧结束后会继续扫描信道。

被呼台在结尾时收到 5 个 ALE 字或者在结尾时信号丢失时间超过一个 ALE 字传输时间，才会知道主呼台地址的长度。因此，除非接收到 5 个字的地址，否则被呼台还需要在传输结束后再等待一个 T_{rw} 时间以确定传输结束。

被呼台成功接收到呼叫之后，会发送一个指向主呼台的响应帧。由于在发送响应帧之前，被呼台可能需要对天线耦合器进行调谐，因此主呼台需要增加额外的等待时间（可通过编程设定）。如果主呼台没有及时收到响应帧，则会自动放弃建链尝试，同时继续扫描或者在其他信道上进行呼叫。

如果主呼台及时收到了被呼台的正确响应，则认为该信道是双向连通的。但是被呼台不知道该响应信号是否已正确到达主呼台。因此，主呼台需要向被呼台发送确认信号。以上过程完成了单呼点对点链路建立协议。此时，可以进行语音通信，也可以按照数据链路协议开展数据业务。

电台之间一旦建立链路，双方都开启一个活动超时等待计时（一般是 30s），如果在等待时间内双方都没发送数据则返回到空闲（扫描）状态。如果电台开始进行传输，则超时计时器停止，并在传输结束后从 0 开始重新计时。如果电台要停止业务进入扫描状态，可以在帧尾发送一个 TWAS 标志来告诉对方。

4.3.3 网呼协议

网呼是指网内成员台对本网内其他成员台发起的呼叫，通过使用网络地址与预先规划好的多个电台快速有效建立链路。网内成员台对网内其他台发起呼叫，可在多个电台之间建立多点链路，网络地址通过预先编配可被多个电台识别。网络呼叫流程与单呼呼叫流程相似。

主呼台首先在网络地址上发起网络呼叫，即在呼叫信号中携带网络地址；然后在规定时间内等待其他各成员的应答；在接收到应答信号，且应答时间结束后，给各成员台发送确认信号。各成员收到网络呼叫后，按照先后顺序依次发出应答信号，并在规定时间内等待主呼台的确认信号，当成员台收到确认信号后，网络内的通信链路便建立了。如果某成员未给出应答，主呼台仍可与其他应答的成员建立通信链路。

当网络地址被呼叫时，呼叫帧的格式与单呼相同，此时网内所有电台都应该响应。需要说明的是，在网呼协议中，网络成员台被事先分配不同的时隙等待值，以确定各被呼台在呼叫帧结束后，需要等待多长时间才能发送响应，以避免响应冲突。一个简单的网络呼叫时隙响应示例如图 4－9 所示。

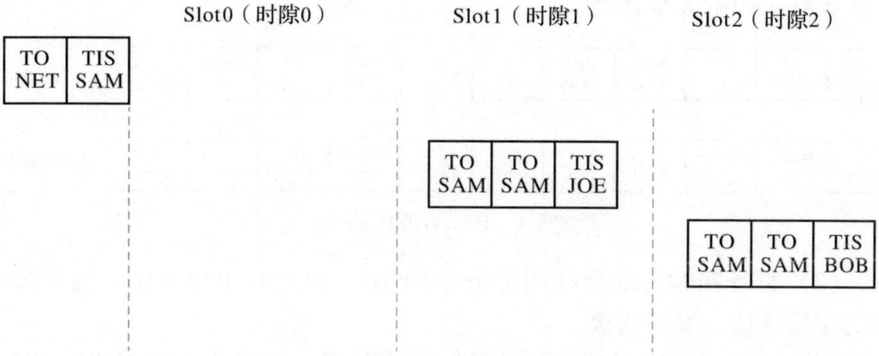

图 4－9　网络呼叫时隙响应示例

时隙 0 是呼叫结束后的第 1 时隙，一般被保留使用（可用于天线耦合器调谐），不用于响应。在时隙 0 之后，每个网络成员在分配的时隙内做出响应。所有时隙时间过去之后，如果所有台站都已响应，主呼台会发送一个集体确认。以上过程就完成了网络呼叫的三次握手过程。

在网络链路已建立的情况下，主呼台为了让未入网用户也进入网内通信，首先发送命令让已入网成员暂时等待，自己重新回到扫描，发起网呼，将未入网成员拉入网内。对于迟入网成员，主呼台可对成员进行迟入网引导，入网成员进入等待状态，未入网成员收到引导指令后顺序发送入网回应，建立网络呼叫业务链路。

4.3.4　群呼协议

群呼也称作组呼，是指使用群呼地址与多个没有预先编排的电台进行呼叫建链的方式。群呼流程等同于若干单呼流程的自动重复。群呼会涉及两个问题：

（1）由于单个电台地址没有被预先编配到网络地址中，所以，呼叫时必须列出被呼叫的所有个体地址。

（2）被呼台需要分时响应，但群呼并没有分配等待时隙。

群呼协议需注意以下问题：

（1）群呼叫帧的扫描呼叫部分以 THRU 字（而不是 TO 字）来携带每个被呼台地址的前三个字符。但是，相邻 ALE 字不能使用相同的报头，必须交替使用 THUS 和 REP 报头，如图 4-10 所示。被呼台收到扫描呼叫后，必须持续解码 THRU 或 REP 字，直到识别到自身地址的前三个字符或者接收到了一个完整地址。

THRU	REP	THRU	REP	THRU	REP	…	THRU	REP	THRU	（扫描呼叫）
BOB	EDG	SAM	BOB	EDG	SAM		BOB	EDG	SAM	

TO	REP	DATA	TO	DATA	TO	REP	DATA	TO	DATA	TIS	（前导呼叫）
BOB	EDG	AR@	SAM	UEL	BOB	EDG	AR@	SAM	UEL	JOE	

图 4-10　群呼帧格式

（2）群呼叫帧的前导呼叫部分采用 TO、REP 和 DATA 字，包含被呼台的完整地址，发送两次。

（3）响应时隙实时计算：前导呼叫中的最后一个电台在时隙 1 响应，前一个电台在时隙 2 响应，依此类推，按照与前导呼叫列表中相反的顺序进行（和网呼相同，群呼中时隙 0 不用于响应）。

（4）与网络呼叫一样，主呼台在最后一个响应时隙后发送集体确认。

4.3.5　其他多呼协议

除了以上介绍的单呼、网呼和群呼协议之外，还有另外三种多呼协议：

1. 全呼（AllCall）协议

全呼是一种广播式呼叫，地址使用“@？@”格式。所有电台在接收到全呼后即停下来监听呼叫，但不响应呼叫，主要用于紧急情况（SOS 呼救）、数据广播、探测型数据交换和连通性跟踪等方面。如果两个“@”字符中间不是“?”而是其他字符，那么该全呼为选择性全呼，地址以两个“@”中间的特定字符结尾的电台是被呼台，这些电台应停止当前任务，进行监听呼叫，其他电台可以忽略该选择性全呼。

2. 任意呼（Anycall）协议

任意呼协议地址使用“@@?”格式。如果任意呼叫在两个“@”字符之后不使用“?”而是使用某些字符，那么以该字符结尾的电台就是被呼台，其他电台忽略该选择性任意呼叫。

3. 通配符呼（Wildcard）协议

通配符呼叫是地址中含有字符“?”但又不属于任意呼和全呼的呼叫。

在任意呼和通配符呼协议中，被呼台采用时隙响应，但是无法对时隙分配进行计算。响应方法是在呼叫之后留出 16 个时隙，被呼台随机选择 16 个时隙中的一个来发送响应。呼叫结束后紧跟着的是时隙 0（不使用），用于信道响应的时隙（编号 1 至 16）紧跟在时隙 0 之后。通常，最后一个响应时隙结束后，主呼台会发送一个集体确认。

4.4　短波 2G－ALE 链路建立与维护

短波 2G－ALE 系统的建链过程一般通过呼叫、应答和确认三次握手完成。本节主要介绍 2G－ALE 链路自动建立、链路质量分析（LQA）和信道自动扫描监听。

4.4.1　链路自动建立

由于被呼台处于扫描状态，主呼台需要在选定信道上呼叫足够长时间，以保证处于扫描接收状态的被呼台能侦听到呼叫信号。被呼台收到呼叫后，需发出一个应答信号，表明正确接收到主呼台的呼叫。主呼台收到应答信号后，需发送一个确认信号，完成链路建立过程。通信结束后，由主呼台或被呼台发送一个拆链信号，拆除该通信链路，双方重新回到扫描状态。2G－ALE 呼叫建链流程如图 4－11 所示。

图 4－11 中，主呼台首先选 LQA 矩阵中的最优信道进行呼叫，如果在该信道上未能建立链路，则选择次优信道，重新进行呼叫。若还是无法建立链路，则依次对可用的信道进行如上操作。需要说明的是，LQA 值越小，对应的信道质量越好。由于主呼台到被呼台的信道和被呼台到主呼台的信道可能存在非对称性，因此，信道排序需要综合考虑双向链路 LQA 值的总分值及双向链路分值差。如果呼叫前没有可用的 LQA 数据，需先启动双向 LQA 探测，获得 LQA 矩阵值后，再进行呼叫。

主呼台在发起呼叫前，需要对信道进行“发前侦听”，若信道已占用，则选择下一个信道。

主呼台发起呼叫后，应设置定时器。在定时器时间阈值内，如果收到被呼台的响应信号，则发送确认信息；如果没有收到响应信号或超出等待时间阈值，则选择下一个信道。

被呼台收到确认信号后，通信链路建立，进行业务传输。

业务传输完毕，拆除链路，通信双方返回扫描状态。

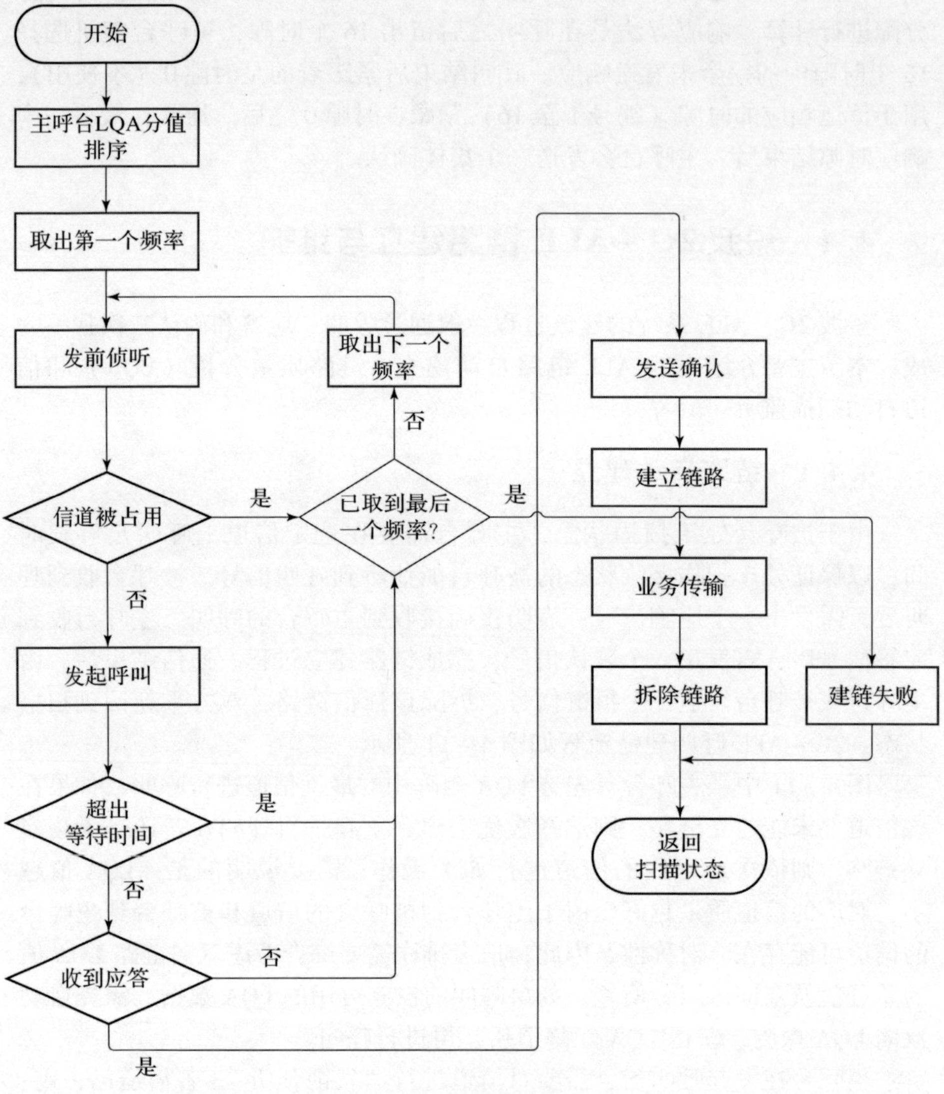

图 4 - 11　呼叫建链流程

4.4.2　链路质量分析

链路质量分析是短波通信自动链路建立的基础，通过对台站间链路上的 ALE 信号质量进行测量，对信道进行评价，以便选择一个“最好”或可以接受的信道进行呼叫和通信。电台在扫描时，可以人工或定时发起 LQA 探测。LQA 所测量的信道参数有误码率、信噪比和多径等，可分为单向 LQA 和双向 LQA 两种方式。LQA 矩阵一般与台站号关联，包含发送信道 LQA 值（对方接收信道质量）和接收信道 LQA 值。

单向 LQA 的流程如下：发起方在扫描频率集内的每个频率上依次发送一个无须应答的呼叫信号。接收方收到呼叫信号后，更新其 LQA 矩阵中与该主呼台关联的接收信道分值，如图 4－12 所示。

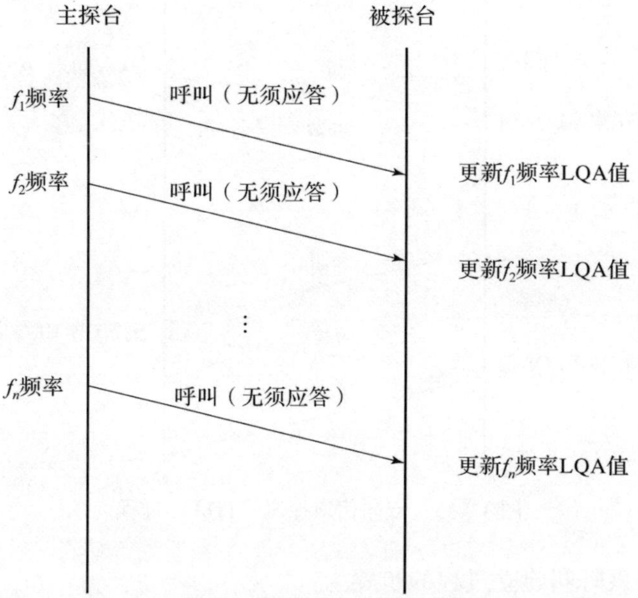

图 4－12　单向信道探测（LQA）过程

双向 LQA 与呼叫建链流程基本相同，只是第三次握手时，主呼台发送一条拆链信号，然后双方都更新当前与台站关联的双向信道 LQA 值，如图 4－13 所示。

2G－ALE 规定由主呼台依据 LQA 值确定呼叫信道的顺序，并从最优频率开始发起呼叫。LQA 值越小，对应的信道质量越好。由于主呼台到被呼台的信道和被呼台到主呼台的信道可能存在不对称性，因此，信道排序时要综合考虑双向链路 LQA 值的总分值及双向链路分值差。

在呼叫周期内，可插入 LQA 指令进行信道质量分析，以选择最佳信道建立通信。

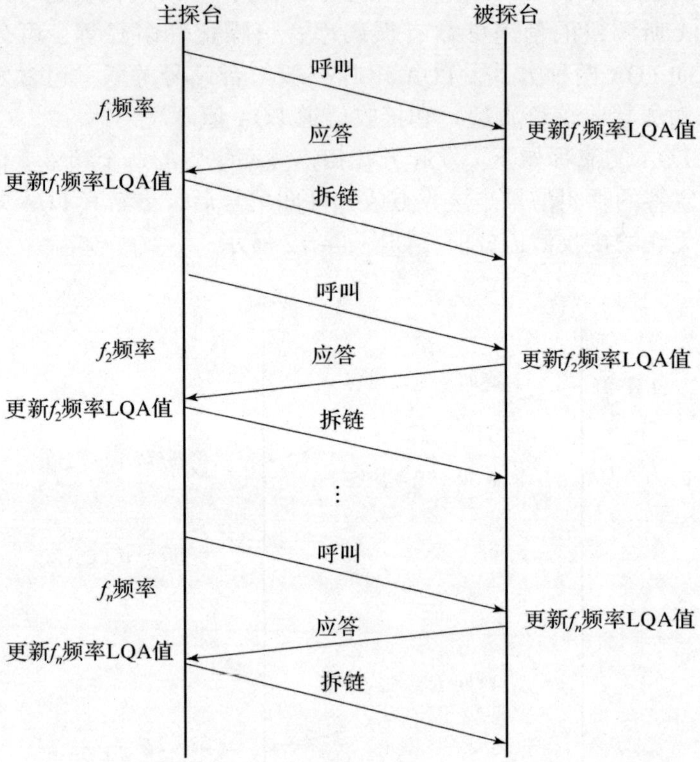

图 4－13　双向信道探测（LQA）过程

LQA 插入呼叫建立过程的步骤为：

（1）首先主探台发起呼叫，被探台对接收到的主探台的数据进行信噪比分析，得出信道的质量分值，存到 LQA 存储器，然后对主探台发出应答，并将分析后的信道质量分值传给主探台。

（2）主探台收到应答之后，再对接收到的被探台数据进行信噪比分析，得出反向链路的信道质量分析值，也存到 LQA 存储器，然后主探台对被探台发出确认信号，并将反向链路分析结果也返回给被探台。

（3）在主探台和被探台之间存有一张相同的信道质量分析表，依据该表通信双方即可选择最佳信道，快速建立通信链路。

4.4.3　信道扫描监听

扫描是电台的一种工作方式。为接收选择性呼叫和链路质量分析，所有电台都必须具有自动扫描接收功能。电台在预先规划的一组频率集上循环扫描，并在每一信道上驻留时监听呼叫信号或 LQA 探测信号，据情做出是否应答等操作。

被呼台通过持续扫描监听解调器 ALE 信号来建立通信链路。早期的 ALE 系统通常在每个信道上驻留 500ms，目前标准 ALE 系统常规驻留时间是 200ms，即基本扫描速率为 5 信道/s，记作 $T_d(5)=200\text{ms}$；最小扫描速率为 2 信道/s，记作 $T_d(2)=500\text{ms}$。

假设电台扫描频率集包含 10 个信道，扫描速率为 2 信道/s，则呼叫信号至少需要持续 5s 以上，才可以保证处于扫描状态的被呼台能够侦听到呼叫信号。此时，用于扫描侦听的呼叫重复次数为 5000ms/392ms，向上取整即重复 13 次。

下面针对 2G－ALE 的信号特点，分析信道扫描速率和信号检测时间的关系。从 2G－ALE 信号帧结构可知：符号速率为 125Baud，一个完整 ALE 字（PDU）由 49 个 8－FSK 调制单音组成，空口传输时间为 392ms。传统的解调和译码算法，需要 2 倍的 PDU 传输，即 784ms 才能完成一个完整 ALE 字的正确解调，如图 4－14 所示，此时扫描速率为 1/0.784s≈1.3 信道/s。

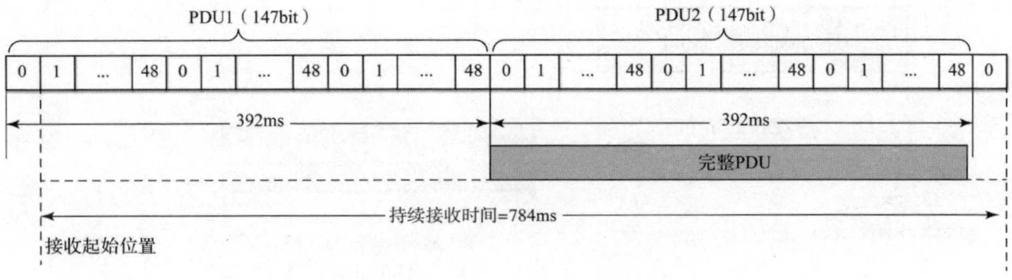

图 4－14　2G－ALE 字解调示意图

由于 2G－ALE 中扫描呼叫 PDU 是重复发送的，通过循环解调译码的方法，在 1 个 PDU 时间内即可解析 PDU 内容，如图 4－15 所示，此时扫描速率为 1/0.392s≈2.5 信道/s。

我们知道，在一个扫描呼叫 PDU 内具有三重时间分集，任意截取 1/3 个 PDU 时间内的数据，通过循环解调译码的方法，同样也可解析 PDU 内容，如图 4－16 所示，此时扫描速率为 1/0.130s≈7 信道/s。

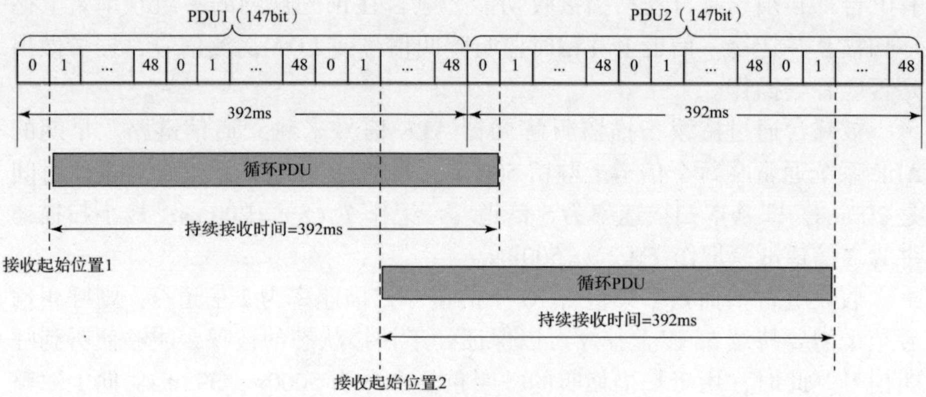

图 4－15　ALE 字循环解调示意图

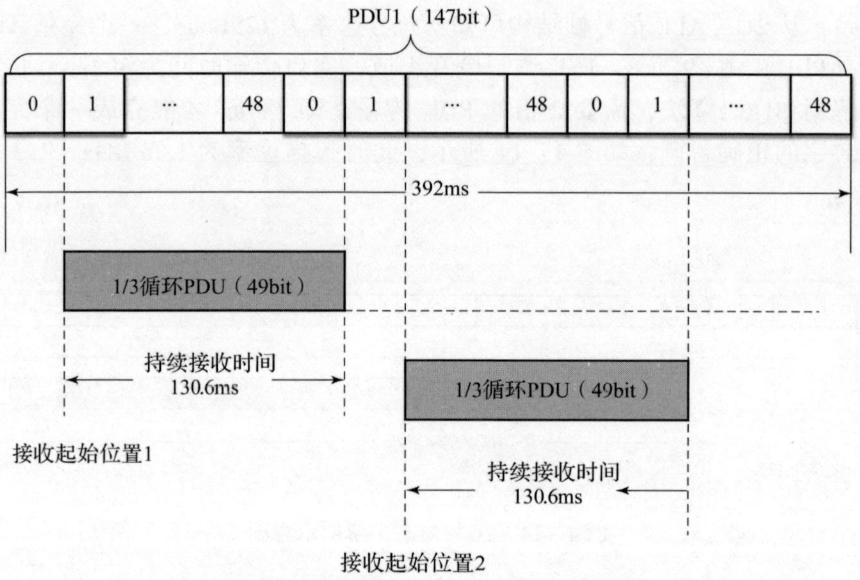

图 4－16　部分 ALE 字循环解调示意图

考虑到接收机自动增益控制稳定时间和信号处理时间，需预留一些保护间隔，一般最快扫描速率可设置为 5 信道/s。通过对 1/3 长度的 PDU 循环解调结果进行分析，可以初步判别当前信道是否有信号存在。当判别有信号存在时，可以通过延长当前信道侦听时间提高信号检测概率，一般将侦听时间延长到 $2 \times 392 = 784$ms，用于接收一个完整的 ALE 字。

4.5 小结

第二代短波通信技术的研究大大促进了短波通信系统的运用与发展，但是由于2G－ALE 标准主要关注的是互操作性而不是频谱利用率问题，随着短波用户的不断增加，其存在的问题也显著增多，主要表现是通信建链时间长、建链波形与调制解调波形体系不匹配、可容纳的业务量和电台数量受限等。为了解决这些问题，研究人员在第二代短波通信的基础上开展了第三代短波通信技术的研究工作，研究低信噪比信道下的快速建链技术、短波信道资源高效运用技术、稳健业务传输建链技术以及大批量用户组网技术。

第 5 章
第三代短波通信建链与传输技术

20 世纪 90 年代末，美军制定了第三代短波自动链路建立标准 MIL - STD - 188 - 141B，后续美军对 141B 进行了完善和改进，发布了 MIL - STD - 188 - 141B NOTICE 1 文档。通常，我们把遵循美军 141B 及相似标准的短波通信系统，称为第三代（3G）短波通信系统。第三代短波技术与第二代短波通信技术相比，引入了信道分离、时间同步、驻留组、时隙划分等新技术，进一步缩短了链路建立时间，提升了链路建立成功率，降低了系统阻塞率，大幅提高了短波通信的可靠性。围绕 3G 短波通信技术与系统，本章重点对 3G 短波通信技术协议族中最重要的标准化协议进行分析，主要包括物理层突发波形协议、自动建链协议、业务管理协议、数据传输协议和自动链路维护协议等。

5.1 短波 3G 通信协议体系

依照国际标准化组织制定的开放式系统互联参考模型，短波通信数据传输协议进行了分层设计，如图 5 - 1 所示，短波 3G 通信协议栈由物理层、数据链路层、会话管理器、短波子网接口及客户端使用的更高层协议构成。其中，物理层主要包括各种新的突发波形和传统波形，数据链路层主要包括建链管理协议、业务管理协议、数据链路协议和链路连接控制协议等。

1. 物理层（突发波形和传统波形）

物理层主要工作包括两个方面：一方面是以比特流为单位对发送的数据进行编码、交织和调制等处理，然后发送到传播媒介，另一方面是完成

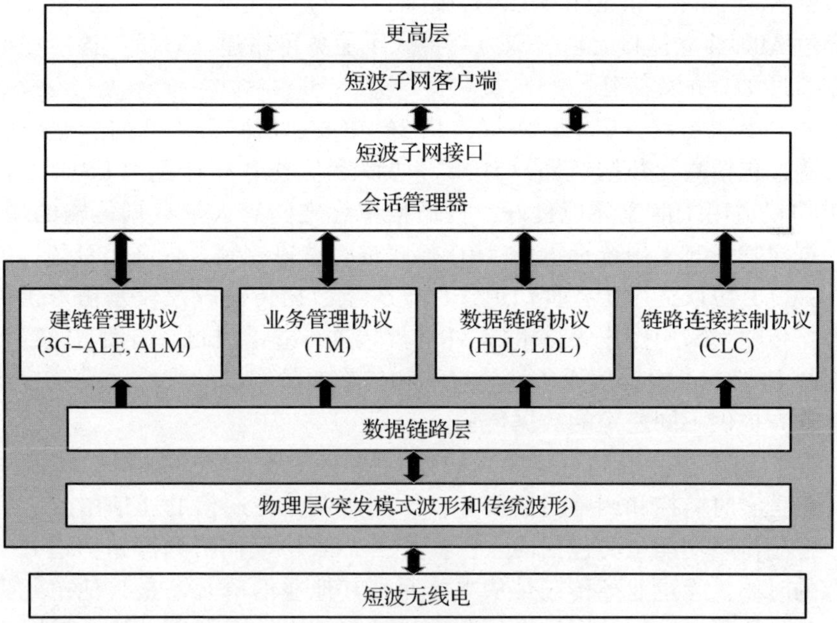

图5-1　短波3G通信协议体系

与相关外设（调制解调器、电台设备和GPS授时模块）的数据交互，实现硬件和软件的分离。为了提高系统设计的灵活性，在系统链路建立、业务管理和数据传输过程中，采用指定的突发波形实现数据分组。针对短波天波信道的各种挑战，突发波形可提供灵活的可拓展性，与2G短波通信一样，3G体制下短波电台、天线耦合器等时序特性会影响协议操作，可通过编程配置时序参数解决该问题。为确保互操作性，需要整个网络统一规划。

2. 数据链路层

（1）自动链路维护（ALM）协议，用于根据通信需求建立、维护和断开短波通信链路。协议规定了短波通信双方在同步或异步方式下建立通信链路采用的协议数据单元（PDU）格式，如呼叫（Calling）、扫描（Scanning）、握手（Handshake）、通知（Notification）等。

（2）业务管理（TM）协议，用于创建适合通信双方进行数据传输的业务链路，在已经建立的链路上协调业务数据的传输，并在一定条件下断开业务链路。该协议主要规定了以下几种不同的业务通信模式：①广播业务（Broadcast Circuit）；②多播业务（Multicast Circuit）；③点到点业务

(Point - to - point Circuit); ④包传输（Packet）。当两个对等的通信用户之间经过 ALE 建立链接之后，双方就进入了业务传输建立阶段，该阶段数据传输通过 TM 协议实现。

(3) 数据链路（xDL）协议，是 3G 短波通信中引入面向分组数据的协议簇，包括高速数据链路（HDL）协议和低速数据链路（LDL）协议。HDL 协议适用于信道环境良好，且通信单元之间有大量数据传输的场合，可根据实际情况采用选择重传 ARQ 模式进行差错控制，提高信息传送的可靠性；LDL 协议适用于各种信道条件下少量数据传输以及较差信道条件下的数据传输，采用停止等待重传 ARQ 模式进行差错控制。简而言之，HDL 和 LDL 协议，可根据信道条件的好坏和传输的数据量的大小，为已建链的通信双方提供不同速率的数据传输。

(4) 链路连接控制（CLC）协议，用于链路连接后协调链路使用方式，负责实时监控和调整通信业务，控制协调正在通信的通信单元之间行为。控制协调功能主要包括两点：一是当 CLC 协议侦听到链路信道处于忙状态的时候，无论业务传输是从本单元到其他通信单元还是其他单元到本单元都将被阻止；二是在每次传输完成的间隙内，试图发送给本单元和从本单元发送出的数据都将被阻止。此外，当链路上既没有发送也没有进入的业务传输请求，以及在传输完成且间隙时间过后仍没有使用该链接的请求，CLC 将断开此链接。

3. 会话管理器

会话管理器用于协调 3G 短波通信系统各协议提供被请求执行的服务，并对来自高层协议的服务请求进行仲裁协调。虽然会话管理功能是影响 3G 短波系统效能的关键因素，但会话管理器与短波电台并不直接进行通信，因此没有被纳入 3G 短波的标准协议中，对 3G 短波通信系统的互操作性不产生影响。

4. 短波子网接口

短波子网接口是短波业务用户与短波系统之间的接口，含义与北约 STANAG 5066（短波无线电数据通信）标准类似。3G 短波通信系统可为上层应用提供模拟话音、数字话音以及数据等综合通信服务。

整体来看，3G 短波标准协议的基本流程是：系统启动后进入 ALE 模式，系统中的电台会按照预先设置的频率集（信道列表）顺序不断地扫描各个信道；当被呼台在某个信道接收到呼叫，或者主呼台收到命令发起呼叫时，通过握手回复来建立链接；建链完成后，进入 TM 模式进行业务传输，对有关参数进行设置，包括业务链路的类型、数据传输的方式、优先级等。参数设置完成后，如果设定的是数据传输，就进入 xDL 模式进行数据链路传输控制；如果是链路连接，则进入 CLC 模式进行链路连接管理。

5.2 短波 3G 突发波形

3G 短波通信系统提供了链路建立、控制管理和业务传输等多种标准化服务，这些服务通过突发波形来实现。由于不同服务对有效载荷、持续时间、时间同步、信号捕获和解调性能等方面的要求不同，因此对相应突发波形的要求也不相同。同时，针对白噪声、多径衰落信道条件下的可靠通信问题，突发波形采用了信道编码和交织、扩频通信、伪随机加扰等新技术。突发波形是 3G 短波通信的基础，了解突发波形的结构及其采用的技术是了解 3G 短波通信的前提。本节重点对 3G 短波通信中常用的 5 种突发波形（Burst Waveform，BW0 ~ BW4）进行介绍，其他波形请参阅有关标准。

5.2.1 突发波形帧结构

美军标 MIL – STD – 188 – 141B 定义了 5 种突发波形（BW0 ~ BW4），作为链路层协议信息传输载体，分别实现链路建立、控制管理、数据传输等特定协议交互功能。其中，BW0 波形用于自动链路建立，并在建链的同时完成信道质量评估；BW1 波形用于业务管理与高速数据链路的确认，并负责对高速数据链路进行拆链；BW2 波形用于高速数据传输；BW3 波形用于低速数据传输；BW4 波形用于低速数据链路的确认与结束，并对低速数据链路进行拆链。相应地，北约军标 STANAG – 4538 定义了 8 种突发波形（BW0 ~ BW7），以满足链路建立、控制管理、数据传输等不同服务需求。

1. 突发波形的一般帧结构

BW0 – BW4 突发波形数据帧结构基本相同，均由保护序列（Transmit Level Control/TLC，Automatic Gain Control/AGC）、同步头序列（Preamble，PRE）与有效载荷数据序列（DATA）三部分构成。5 种突发波形的帧结构仅长度上有所不同，但均采用 8PSK 调制，信道波特率固定为 2400 Baud，副载波频率固定为 1800Hz。

1）保护序列

3G 短波突发波形的头部都有一个保护序列，用于保证通信发送端的发射电平控制与通信接收端的自动增益控制在各自的探测报头序列输入之前达到平稳状态，并减小该过程带来的失真，该序列是八进制的伪随机序列，不需要另外复合伪随机序列，可以直接进行调制。

2）同步头序列

3G 短波突发波形同步头（前导码）通常用于实现信号检测、波形识别、参数估计和信号同步等功能，由 8PSK 符号序列组成。不同突发波形的同步头长度有所不同，具体的长度需综合考虑各种业务的传输速率与系统稳健性之间的需求。通常来讲，同步头越长系统的稳健性越好，特别是信道衰落严重时较短的同步头可能无法捕获同步，此时可以通过增加同步头发射持续时间和在接收端额外处理予以补偿。

3）有效载荷数据序列

3G 短波突发波形的数据部分采用特定的协议数据单元。每种突发波形根据需求的不同，在格式上也有不同，大多采用了前向纠错、交织和 Walsh 正交调制等多重数据编码，以确保数据传输的可靠性。

2. 典型波形帧结构

1）BW0 波形帧结构

BW0 波形用于自动链路建立，其帧结构由保护序列、同步头序列和有效载荷数据序列等三部分构成，如图 5－2 所示。

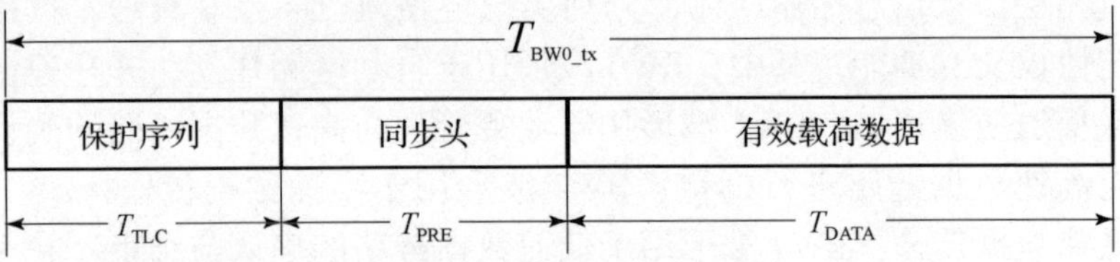

T_{TLC}=106.667ms: 256个PSK符号，速率: 2400符号/s

T_{PRE}=160.000ms: 384个PSK符号，速率: 2400符号/s

T_{DATA}=346.667ms: 832个PSK符号，速率: 2400符号/s(交织并PN扩频)

T_{BW0_tx}=总时长=613.33ms

图 5－2　BW0 波形帧结构及持续时间

（1）TLC/AGC 保护序列。BW0 波形的 TLC/AGC 序列由 256 个八进制符号（3 比特符号）构成，如表 5－1 所示。

表 5－1　BW0 中的 TLC/AGC 保护序列

2,6,1,6	1,6,3,0	6,0,1,1	5,0,0,6	2,6,2,1	6,2,3,2	7,6,4,3	0,2,3,5
2,7,5,1	5,1,7,6	1,7,1,5	4,4,0,7	2,2,6,2	2,2,6,3	3,3,7,7	3,2,4,5

续表

0,7,4,7	7,7,2,3	1,6,7,6	5,7,0,5	1,0,7,6	2,4,0,2	7,5,5,4	1,5,1,5
6,7,3,0	2,7,6,6	4,0,7,4	3,2,2,6	6,7,4,7	2,0,2,7	2,1,5,4	6,2,3,2
1,6,0,7	1,1,2,6	2,2,0,2	2,3,6,7	1,7,1,7	1,5,7,7	2,2,2,0	4,3,4,2
0,6,7,6	0,5,0,7	1,7,4,1	2,3,4,6	7,2,2,0	6,4,4,6	6,4,2,2	6,5,3,4
2,3,5,7	7,1,0,0	0,3,1,2	0,1,6,2	7,4,4,3	2,5,4,5	6,4,2,5	6,2,2,4
7,0,6,2	3,7,2,5	4,2,4,1	5,5,3,6	1,1,3,2	7,5,7,0	7,3,5,0	0,1,2,0

BW0 波形的 TLC/AGC 保护序列传输顺序为：从左上角开始，由左向右，从上到下。为工程实践方便，TLC/AGC 保护序列长度为 Walsh 函数调制正交符号长度的整数倍，序列符号直接进行调制，无须进行伪随机加扰扩展。

（2）PRE 同步头序列。BW0 波形的同步头序列由 384 个八进制符号构成，该序列直接进行调制，无须进行伪随机加扰扩展，如表 5－2 所示。

表 5－2　BW0 波形同步头序列

7,7,7,7	5,4,3,1	1,2,0,2	7,2,2,0	1,3,4,7	5,3,7,7	4,3,1,0	1,1,5,2,
1,6,0,0	4,7,6,2	2,3,6,0	5,1,7,6	1,6,1,7	6,6,6,1	7,3,0,4	7,1,2,2,
3,3,6,7	7,1,7,3	1,5,0,3	3,4,5,2	5,2,5,3	1,7,2,1	5,7,6,1	2,5,3,5,
3,6,2,0	7,5,6,6	0,1,4,2	5,4,1,1	7,0,0,6	6,7,5,6	3,7,4,0	2,6,3,6,
4,5,1,0	0,4,5,5	4,7,1,5	1,5,6,7	3,3,5,2	2,2,7,2	3,3,0,4	1,4,1,3,
6,0,7,2	6,1,5,0	1,4,1,1	7,0,7,4	0,2,4,5	3,0,0,3	1,2,6,4	6,5,2,6,
0,0,7,3	5,3,4,0	6,2,7,2	3,3,7,6	7,1,0,0	6,7,3,1	5,5,0,2	3,4,2,7,
7,4,5,2	1,6,1,0	4,7,1,6	1,2,4,0	3,6,5,4	5,4,4,6	1,2,5,1	3,6,2,7,
2,6,7,4	7,3,0,1	5,0,5,3	4,5,0,7	3,2,7,0	3,2,7,0	6,1,6,7	7,1,4,2,
6,7,7,4	2,7,2,7	3,7,6,3	2,6,5,6	6,3,6,6	4,1,0,6	2,6,4,1	5,5,4,3,
3,4,6,3	5,2,4,1	1,7,5,3	7,1,6,5	4,6,6,2	3,4,2,3	3,7,4,1	4,4,5,4,
6,1,3,4	6,1,7,4	1,3,5,2	6,5,5,4	2,1,5,1	6,1,2,7	1,4,4,2	3,4,7,3

BW0 同步头序列传输顺序为：从左上角开始，由左向右，从上到下。同步头序列为接收机在数据解调中检测波形的存在和预测各种参数提供了可能。

（3）DATA 数据。BW0 的 DATA 部分包含 832 个八进制 PSK 符号，包含携带特定交互作用的协议单元的数据。

2）BW1 波形帧结构

BW1 波形用于业务管理与高速数据链路的确认，其帧结构由保护序列、同步头序列和有效载荷数据等三部分构成，如图 5－3 所示。

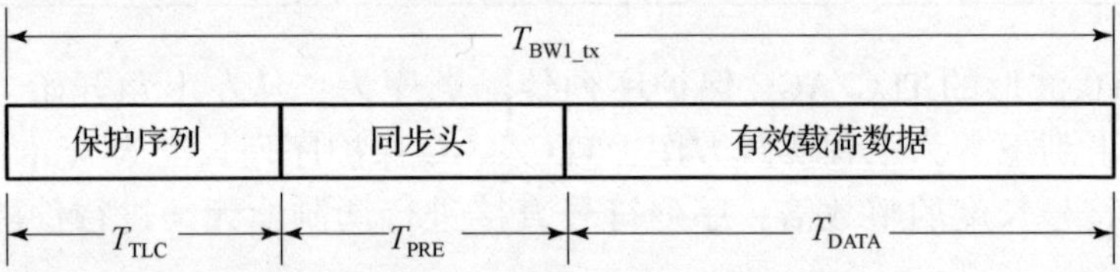

T_{TLC}=106.667ms: 256个PSK符号，速率: 2400符号/s

T_{PRE}=240.000ms: 576个PSK符号，速率: 2400符号/s

T_{DATA}=960.000ms: 2304个PSK符号，速率: 2400符号/s(交织并PN扩频)

T_{BW1_tx}=总时长=1306.667 ms

图 5－3　BW1 波形帧结构

BW1 波形的 TLC/AGC 保护序列内容与 BW0 相同。

BW1 波形的同步头序列由 576 个伪随机八进制符号组成，如表 5－3 所示。同步头序列持续时间（240ms）比 BW0 的要长，进一步提升了同步能力。

表 5－3　BW1 波形同步头序列

4,4,7,3	7,7,1,0	4,7,1,6	6,5,5,0	6,4,0,6	0,1,6,2	2,7,3,5	1,5,4,5
5,6,6,0	2,0,4,0	7,0,2,6	3,7,1,5	2,3,2,3	7,1,1,7	0,0,0,7	4,5,2,3
2,3,7,3	1,0,3,4	2,5,6,6	6,5,2,3	2,7,6,7	6,6,1,0	1,2,6,5	6,5,1,4
3,5,2,6	5,6,5,2	5,2,0,0	2,6,7,0	4,2,2,5	0,2,5,1	5,2,1,2	3,4,1,7
4,1,0,5	1,1,4,1	6,2,6,5	2,2,3,1	7,1,0,6	0,4,6,2	3,3,6,1	5,0,4,2
5,1,4,6	7,2,1,5	4,1,4,7	7,1,5,4	1,7,0,2	6,2,4,7	1,1,3,0	6,4,2,1
7,3,2,5	4,0,4,4	5,4,6,7	7,2,6,7	1,1,4,6	0,5,1,6	6,1,2,3	2,5,3,4

续表

5,2,0,4	1,4,6,5	2,6,3,2	2,3,0,7	7,0,2,2	1,6,6,6	0,5,1,3	4,5,1,6
7,2,2,2	1,3,7,5	7,0,6,6	5,7,2,4	0,3,0,6	1,4,3,4	0,1,5,4	5,1,5,7
6,5,6,4	7,7,0,1	4,3,5,6	1,5,7,1	5,3,1,6	5,5,0,4	2,2,2,5	2,4,5,3
6,2,6,3	5,0,4,0	0,7,3,5	1,4,5,5	2,5,2,6	6,3,7,6	0,2,7,1	4,3,5,2
6,1,2,0	6,5,1,7	1,0,6,3	0,4,7,6	0,5,0,4	1,5,7,0	4,6,6,1	7,0,5,1
6,0,6,4	6,6,1,4	6,3,3,2	1,4,4,1	4,6,7,2	6,2,4,6	1,0,5,0	4,0,5,4
4,2,5,2	7,2,4,4	7,3,6,4	7,5,6,5	6,5,5,3	2,3,4,7	5,7,2,7	1,5,5,3
0,3,5,4	2,1,3,7	1,5,4,4	3,7,5,5	5,4,7,0	7,7,1,0	5,4,7,0	4,6,7,1
0,0,3,4	5,4,7,0	3,3,2,2	2,0,3,2	7,0,0,3	0,5,3,7	1,4,2,3	5,3,5,7
1,3,3,1	0,1,1,6	5,1,5,1	5,0,7,0	2,5,7,6	7,7,3,1	0,3,1,4	2,3,5,1
4,0,2,1	7,1,1,7	4,5,0,1	0,0,3,6	6,6,6,3	7,3,2,6	0,3,7,5	1,0,1,6

BW1 波形同步头传输顺序为：从左上角开始，由左向右，从上到下。该序列直接进行调制，无需进行 PN 扩展。

BW1 波形载荷数据部分由接收确认字段和 CRC 校验字段共 48bit 数据组成，能够在单次突发中携带更多数据，同时 BW1 波形可以利用更多的时间分集增益，提高在衰落信道下的鲁棒性。

3）BW2 波形帧结构

BW2 突发波形用于高速数据传输，其帧结构由保护序列、同步头序列和有效载荷数据构成，如图 5－4 所示。

图 5－4 中，各参数具体如下：

$T_{\text{known}}=16$ 个 8PSK 符号（速率：2400 符号/s）=6.67ms；

$T_{\text{unknown}}=32$ 个 8PSK 符号（速率：2400 符号/s）=13.33ms；

$T_{\text{Frame}}=20.0\text{ms}$；

$T_{\text{EDATAPKT}}=20\times 20.0\text{ms}=400\text{ms}$；

$T_{\text{DATA}}=\text{NumPKTs}\times 400\text{ms}$；

$T_{\text{PRE}}=64$ 个 8PSK 符号（速率：2400 符号/s）=26.67ms；

$T_{\text{TLC}}=256$ 个 8PSK 符号（速率：2400 符号/s）=100.00ms；

$T_{\text{BW2\_tx}}=126.67+(\text{NumPKTXs}\times 400)\text{ms}$。

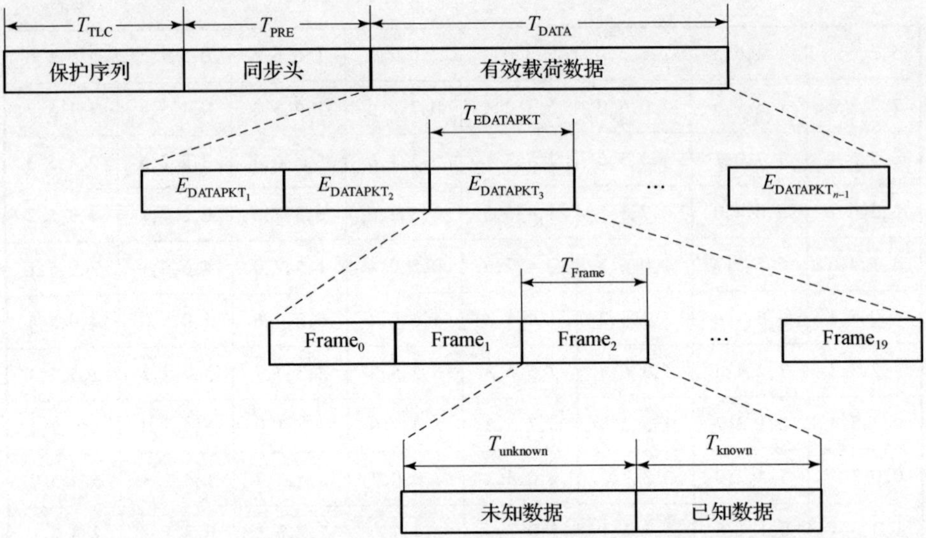

图 5－4　BW2 波形帧结构

BW2 波形的 TLC/AGC 保护序列长度为 256 个八进制符号，内容如表 5－4 所示，持续时间为 100ms。

表 5－4　BW2 波形同步头序列

2,6,1,6	1,6,3,0	6,0,1,1	5,0,0,6	2,6,2,1	6,2,3,2	7,6,4,3	0,2,3,5
2,7,5,1	5,1,7,6	1,7,1,5	4,4,0,7	2,2,6,2	2,2,6,3	3,3,7,7	3,2,4,5
0,7,4,7	7,7,2,3	1,6,7,6	5,7,0,5	1,0,7,6	2,4,0,2	7,5,5,4	1,5,1,5
6,7,3,0	2,7,6,6	4,0,7,4	3,2,2,6	6,7,4,7	2,0,2,7	2,1,5,4	6,2,3,2
1,6,0,7	1,1,2,6	2,2,0,2	2,3,6,7	1,7,1,7	1,5,7,7	2,2,2,0	4,3,4,2
0,6,7,6	0,5,0,7	1,7,4,1	2,3,4,6	7,2,2,0	6,4,4,6	6,4,2,2	6,5,3,4
2,3,5,7	7,1,0,0	0,3,1,2	0,1,6,2	7,4,4,3	2,5,4,5	6,4,2,5	6,2,2,4
7,0,6,2	3,7,2,5	4,2,4,1	5,5,3,6	1,1,3,2	7,5,7,0	7,3,5,0	0,1,2,0

BW2 波形的同步头序列由 64 个八进制符号组成，所有的三比特值都是 0。同步头持续时间为 26.67ms，之后是固定长度的 NumPKT 字段，主要用于对传输的数据包长度进行协商。NumPKT 字段取值为 3、6、12 或 24

中的一个，在业务开始前通过业务参数协商确定，且在数据传输完成前不可更改。

BW2 波形的载荷数据序列由若干扩展数据分组构成，扩展数据分组个数为 NumPkT 字段值的整数倍。每个扩展数据分组由 1864bit 长度的数据字段、17bit 的序列号字段、32bit 的 CRC 字段和 7bit 的 0 值字段组成，总比特数为 1920，如图 5－5 所示。

数据(1864bit)	序列号(17bit)	CRC(32bit)	0(7bit)

图 5－5　BW2 波形的扩展数据分组

BW2 发送时，每次从待发报文中取 233 个字节（$233 \times 8 = 1864$bit）进行发送，当待发送报文中要发送的字节小于 233 时，则使用 0 值字节进行填充，使其长度能够达到 233 个字节，此时会通过序列号字段标识该段数据的有效字节数量。序列号字段由 17bit 组成，各比特的含义如表 5－5 所示。

表 5－5　BW2 波形数据载荷中的序列号字段

<table>
<tr><th>类型</th><th>比特 0～5</th><th>比特 6～14</th><th>比特 15（开始）</th><th>比特 16（结束）</th></tr>
<tr><td>只有一帧</td><td>0</td><td rowspan="4">帧字节计数：9bit（本有效字节数为 1）</td><td>1</td><td>1</td></tr>
<tr><td>第一帧</td><td>0</td><td>1</td><td>0</td></tr>
<tr><td>中间帧</td><td rowspan="2">帧计数：6bit，从 0 开始递增计数，大于 63 时返回循环（0,1,2,…,63,0,1,…）</td><td>0</td><td>0</td></tr>
<tr><td>最后一帧</td><td>0</td><td>1</td></tr>
</table>

32bit 的 CRC 校验和值通过对前 1881bit（其中，数据段 1864bit、序列号字段 17bit）数据进行计算获得，CRC 的生成多项式为：

$$X^{32}+X^{26}+X^{23}+X^{22}+X^{16}+X^{12}+X^{11}+X^{10}+X^{8}+X^{7}+X^{5}+X^{4}+X^{2}+1 \tag{5-1}$$

4）BW3 波形帧结构

BW3 突发波形采用 LDL 协议实现低速数据传输，其帧结构由同步头序列和有效载荷数据块两部分构成，如图 5－6 所示。

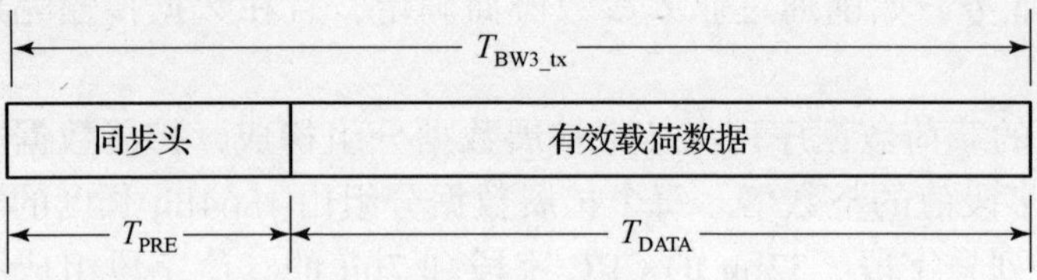

T_{PRE}=266.67 ms:640 PSK 符号速率为2400 符号/s
T_{DATA}=106.67+(n×13.33) ms:32n+256 PSK符号(交织、PN扩频) n=64, 128, 256, 512
T_{BW3_tx}=373.33 + (n×13.33) ms 约为1.227, 2.080, 3.787或7.200s

图 5－6　BW3 波形帧结构

BW3 波形的同步头序列由 640 个伪随机 3bit（八进制）符号组成，持续时间为 266. 7ms，同步头序列如表 5－6 所示。

表 5－6　BW3 波形同步头序列

7,2,3,5	7,5,0,6	7,5,3,5	6,3,5,4	7,1,4,5	7,7,3,5	0,5,1,6	0,3,1,0
2,7,6,2	4,4,2,0	0,7,2,0	2,3,7,4	1,1,3,0	1,3,6,3	0,1,3,1	5,4,5,6
3,2,5,2	6,0,6,6	0,4,6,3	7,1,7,0	6,2,1,5	5,2,2,5	3,3,3,2	1,4,7,0
0,2,0,2	5,7,5,7	7,5,3,6	2,2,1,6	4,4,7,1	5,4,7,2	7,5,6,1	1,5,0,0
1,4,0,5	3,4,7,3	6,2,2,5	4,0,2,7	6,2,7,1	6,5,5,3	2,3,2,5	7,7,3,7
3,2,2,2	4,0,0,7	5,4,5,3	5,0,3,3	3,0,6,4	6,5,6,4	2,7,6,2	6,6,1,0
5,1,0,7	1,4,2,7	6,0,1,6	7,5,6,1	1,7,5,0	0,0,1,0	3,1,7,4	5,4,4,5
4,3,2,0	4,1,6,6	2,7,6,4	4,6,2,2	3,0,3,5	2,1,1,6	2,7,6,2	2,5,7,1
2,5,5,6	4,0,7,1	7,2,3,2	5,2,0,2	2,2,0,3	6,6,6,2	5,5,5,6	0,0,2,3
6,7,6,5	7,2,2,4	5,5,2,5	7,3,2,7	0,3,0,1	4,1,6,2	5,7,0,1	6,0,1,6
5,1,3,6	5,4,2,0	4,4,2,1	2,6,1,1	0,1,1,3	5,7,5,0	4,3,1,5	3,0,0,4
5,6,7,5	7,6,1,5	5,1,2,7	5,0,3,6	3,5,2,7	0,6,6,0	6,5,4,2	7,5,6,0
4,1,7,0	4,7,4,7	3,1,2,3	7,2,2,6	7,5,1,6	6,7,2,5	6,4,0,3	0,4,7,1
6,2,5,4	3,6,0,6	6,5,3,3	4,4,5,1	2,6,7,3	1,3,0,7	7,4,6,2	5,2,0,7
3,6,7,6	3,6,3,1	4,4,6,3	7,7,6,4	4,5,2,2	5,4,7,4	5,6,2,6	0,2,4,6
3,3,4,3	5,5,0,7	6,3,1,6	0,2,2,0	4,2,6,7	7,2,0,5	1,3,7,6	3,7,2,0

续表

1,6,3,5	1,0,3,7	5,4,6,7	2,4,0,0	2,2,7,1	2,6,3,3	7,1,7,7	4,1,2,2
5,4,0,3	3,5,6,1	0,4,5,6	7,1,2,0	3,1,6,2	4,6,1,5	6,7,7,2	6,3,7,6
7,2,3,4	4,4,6,0	4,3,7,7	1,5,7,1	3,4,5,6	6,3,2,3	4,4,0,1	4,0,3,6
7,3,5,0	3,0,7,1	0,5,4,5	4,4,3,7	6,1,1,5	0,1,1,1	4,6,0,7	2,5,4,3

BW3 突发波形的载荷数据块长度在业务传输前由双方协商来确定，并且在数据传输结束前不可修改。载荷数据块长度的取值范围在 64 字节至 512 字节之间，且为 64 字节的整数倍。载荷数据块用于传输单个数据分组，结构如图 5 – 7 所示。

数据块(8n+25bit)		CRC冗余校验(32bit)	0值冲洗字段(7bit)
有效载荷(8nbit)	LDL协议额外载荷(25bit)		

图 5 – 7　BW3 数据分组结构

整个数据块的比特位长度固定为 $8n+25+32+7$（$n=64,128,256,512$）。其中，n 为传输的有效数据字节数，多出的 64bit 中包含了 25bit 的低速传输链路协议额外负载字段、32bit 的 CRC 校验字段和 7bit 的冲洗字段。CRC 字段按照式（5 – 1）对前面的数据块进行冗余校验计算。

5）BW4 波形帧结构

BW4 波形用于低速数据链路的确认，其帧结构由保护序列和有效载荷数据两部分构成，如图 5 – 8 所示。

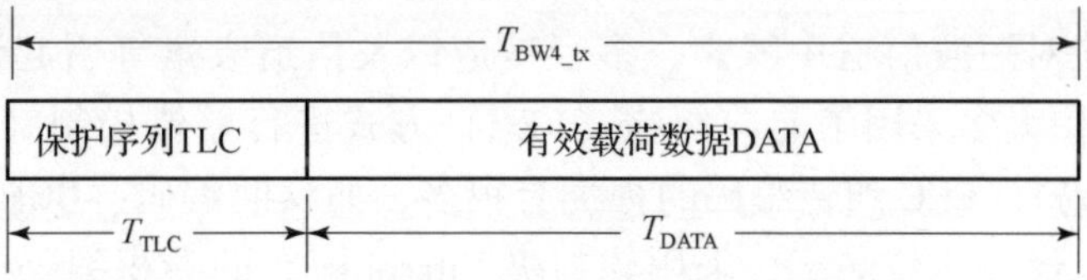

T_{TLC}=106.67 ms:　　256 PSK 符号　速率为2400 符号/s

T_{DATA}=533.33 ms:　　1280 PSK 符号　速率为2400 符号/s

T_{BW4_tx}=640 ms

图 5 – 8　BW4 波形帧结构

BW4 波形的保护序列内容与 BW0 波形相同。

BW4 波形的载荷数据长度为 2bit，由 1 个应答数据（LDL_ACK）位和

1个报文结束（LDL_EOM）标识位构成。LDL_ACK由数据接收方发给发送方，用于回答接收到的数据分组是否正确，是否需要重发，接收确认位首先发送，其取值及含义如表5-7所示。

表5-7　应答（LDL_ACK）数据格式

字段名称	比特数	数值	说明
接收正确	1	任意	1表示接收正确 0表示接收错误
完整数据报接收	1	任意	1表示数据接收完整 0表示数据未接收完

LDL_EOM由数据业务发送方发给接收方，用于表示整个数据报文已发送完毕，其取值及含义如表5-8所示。

表5-8　报文结束（LDL_EOM）数据格式

字段名称	比特数	数值	说明
备用	1	1	固定为1
报文结束	1	1	固定为1

5.2.2　信道编码技术

为了应对短波信道中噪声、多径效应以及信道衰落等引起误码问题，3G短波通信大多采用了前向纠错（FEC）方式进行差错控制（BW4未采用FEC编码）。FEC纠错编码的种类有很多，如汉明编码、BCH编码、卷积编码等，经过比较测试，采用软判决Viterbi解码的卷积编码在3G短波通信中表现出较好性能，且能够按需对所有有效载荷数据位进行一起校验，因此3G短波通信中常常选择卷积编码作为信道编码方法。

下面对BW0～BW3突发波形所采用的信道编码过程进行介绍。

1. (2,1,7)卷积编码器

在3G短波通信中，BW0波形和BW3波形均采用了码率$r=1/2$、约束长度$k=7$的卷积编码。

1）BW0 波形卷积编码

BW0 波形携带 26bit 有效数据，采用(2,1,7)卷积编码器，形成 52bit 的输出序列。结构如图 5-9 所示。

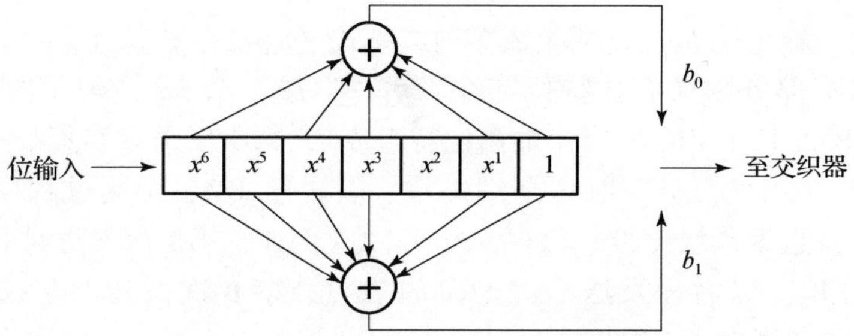

图 5-9　(2,1,7)卷积编码器结构

卷积编码器初始状态全部置 0，输入序列按位依次输入至编码器，每输入 1bit 信息元 a_i，相应地输出一组 2bit 编码符号 b_0b_1，直至最后一位输入编码器。

输出端 b_0 和 b_1 的生成多项式分别为：

$$b_0 = x^6 + x^4 + x^3 + x + 1 \tag{5-2}$$

$$b_1 = x^6 + x^5 + x^4 + x^3 + x + 1 \tag{5-3}$$

接收端使用 Viterbi 硬判决算法进行译码，使用卷积编码后产生的增益按照式（5-4）进行计算。

$$\gamma = 10\lg(r \cdot d_f/2) \quad (\mathrm{dB}) \tag{5-4}$$

其中，γ 为编码效率，d_f 为卷积码自由距离。由于(2,1,7)卷积编码的自由距离 $d_f = 10$，因此 BW0 通信接收端能够产生 4dB 的编码处理增益。

在 BW0 波形中，除了使用常规的卷积编码方法外，还使用了咬尾卷积编码。主要原因是：对于码率为 $1/n$、约束长度为 k 的卷积编码器，在最后一个信息比特之后，需要对 $k-1$ 个已知比特（通常为若干个“0”）编码进行刷新（填充为 0），当信息比特数很小时，这些已知的尾部比特在传输能量中占据的比例可能会比较重。例如，对于 BW0 波形 26bit 有效载荷，采用(2,1,7)卷积编码，在其发送至尾部比特的过程中将损耗 6/32（接近 20%）的能量。为了减少能量开销，BW0 波形中采用比特咬尾（Tailbiting）技术以减小能量开销，即将编码器状态存储器的初始状态设置为最后 6 位信息净荷。

2）BW3 波形卷积编码

BW3 波形携带 $8n+64$bit 数据，与 BW0 波形一样采用(2,1,7)卷积编码，但未使用咬尾卷积编码，每个编码有效载荷比特序列附加 7 个刷新位。对于每个输入比特，编码器生成 2 个编码比特：b_0 和 b_1，直至最后一位输入编码器。输出端 b_0、b_1 的生成多项式见式（5-2）和式（5-3）。

当数据部分的所有比特位都编码后，生成 2 个 $8n+64$bit 的编码块：EB_0 和 EB_1（每个 EB_k 完全由输出比特组成），每次发送只取其中一个编码块 EB_k 进行交织，至于取哪个编码块，取决于 BW3 调制过程中的变量 Ftcount，发送编码块序号 $k=$ Ftcount mod 2（例如，第 1 次发送时 Ftcount = 0，发送 EB_0，以后每发送一次 Ftcount 加 1，第 6 次发送时 Ftcount = 5，5 mod 2 = 1，则发送 EB_1）。

LDL 与 HDL 均采用了Ⅱ型混合 ARQ 协议。在分组的第一次传输中，$Bitout_0$ 序列交织后，经 Walsh 编码和 PN 扩展后发送。如果需要重传，则 $Bitout_1$ 与 $Bitout_0$ 交替进行。

2. (3,1,9)卷积编码器

BW1 波形携带 48bit 数据，采用(3,1,9)的卷积编码器，输出 144bit 编码块，具有更高的抗噪声能力，结构如图 5-10 所示。

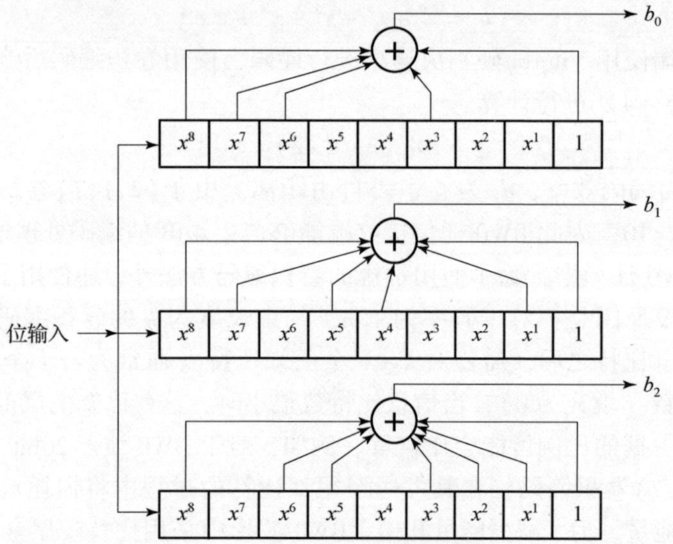

图 5-10 (3,1,9)卷积编码器结构

编码过程如下：

（1）首先用 48bit 的最后 8bit($P_{40}, \cdots, P_{47}$)初始化编码器的 8 个存储单元（$x^1, \cdots, x^8$），其中 x^1 对应 P_{40}，x^8 对应 P_{47}；

（2）将 48bit 的第一个比特 P_0 移入单元 x^8；按图 5－10 生成 3 个编码比特 b_0，b_1，b_2；

（3）将下一比特移入单元 x^8，再生成 3 个编码比特 b_0，b_1，b_2；

（4）重复第 3 步，直到 144 个（即 48×3）编码比特全部产生。

其中，x^8 对应输入到编码器最新的比特，输出到交织矩阵的顺序是从 b_0 到 b_1 再到 b_2。

输出序列 b_0，b_1，b_2 的生成多项式如下：

$$b_0 = x^8 + x^7 + x^6 + x^3 + 1 \tag{5-5}$$

$$b_1 = x^8 + x^7 + x^5 + x^4 + x + 1 \tag{5-6}$$

$$b_2 = x^8 + x^6 + x^5 + x^3 + x^2 + x + 1 \tag{5-7}$$

3. (4,1,8)卷积编码器

BW2 波形每个扩展数据分组携带 1920bit 数据，信道编码方式为（4,1,8）卷积码，每输入 1 个 bit，编码器生成 4 个编码比特：$b_0b_1b_2b_3$，如图 5－11 所示。

输出序列 b_0、b_1、b_2、b_3 的生成多项式如下：

$$b_0 = x^7 + x^4 + x^3 + x^2 + 1 \tag{5-8}$$

$$b_1 = x^7 + x^5 + x^4 + x^3 + x^2 + 1 \tag{5-9}$$

$$b_2 = x^7 + x^6 + x^3 + x + 1 \tag{5-10}$$

$$b_3 = x^7 + x^6 + x^5 + x^3 + x^2 + x + 1 \tag{5-11}$$

当扩展数据分组的所有比特编码完成后，会生成 4 个 1920bit 的编码块，EB_0、EB_1、EB_2、EB_3（每个 EB_k 块响应完全由 b_k 的输出比特构成），每次发送前取其中一个编码块 EB_k，至于取 4 个编码块中的哪个，取决于 BW2 波形调制中的变量 Ftcount。当前发送次序 k = Ftcount mod 4（第 1 次发送时 Ftcount＝0，发送 EB_0，以后每发送一次 Ftcount 加 1，第 7 次发送时 Ftcount＝6，6 mod 4＝2，则发送 EB_2）。

3G 短波高速数据链路协议（HDL）使用 BW2 波形，纠错机制采用Ⅱ型混合 ARQ 协议。发送数据最初以 FEC 码率 $r = 1$ 发出，即在数据包初始传输中发送的比特数等于该数据包中有效载荷比特数。如果接收机无法解码数据包（CRC 失败），则请求重传，重传时需附加更多的 FEC 纠错位。

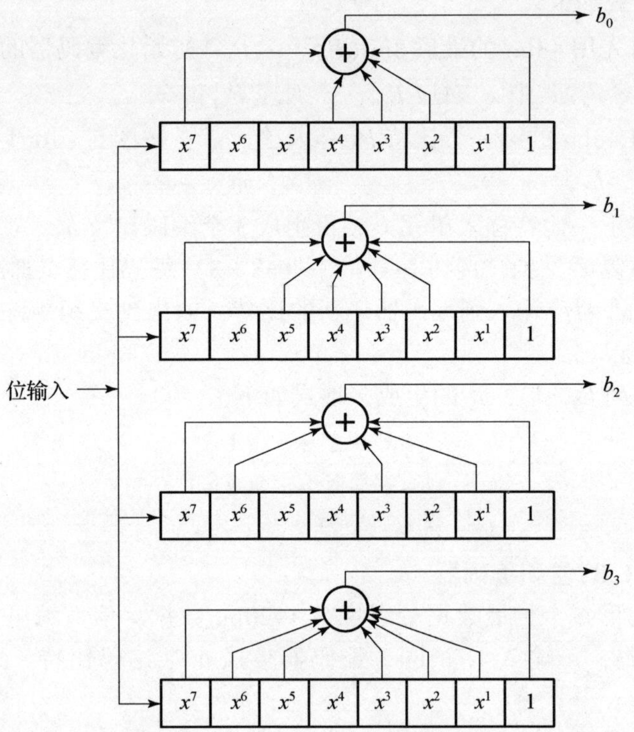

图 5-11 (4,1,8)卷积编码器结构

因此，FEC 纠错位仅在需要时添加。

初次传输的数据包由 $Bitout_0$ 序列组成，随后传输其余的三个 Bitout 序列。数据包发送到第五次时，将再次发送 $Bitout_0$ 序列，但如果每次传输的 3bit 符号经过循环的次数不同（$M_2M_1M_0$ 变为 $M_0M_2M_1$），则不需要再重复发送。

5.2.3 交织技术

数据部分卷积编码完成后，需对编码块进行交织处理（BW2 和 BW4 波形未采用交织），交织多采用矩阵交织。3G 突发波形的持续时间比较短，这种交织方式可离散错误比特，在接收机端更加有效地进行纠错。矩阵交织器是基于一个具有 R 行和 C 列的交织矩阵，提供 $R \times C$ 比特。发送端将比特流按行写入交织器，在交织器输出端则按列读取数据，接收端按照这一过程的逆过程进行处理。

1. BW0 波形 4 ×13 块交织

BW0 波形采用 4 × 13 的块交织编码，交织器示意和结构分别如图 5 – 12 和图 5 – 13 所示。

$$\begin{matrix} a_{11} & a_{12} & \cdots & a_{1n} \\ a_{21} & a_{22} & \cdots & a_{2n} \\ \vdots & \vdots & \ddots & \vdots \\ a_{m1} & a_{m2} & \cdots & a_{mn} \end{matrix}$$

图 5 – 12　矩阵交织器示意图

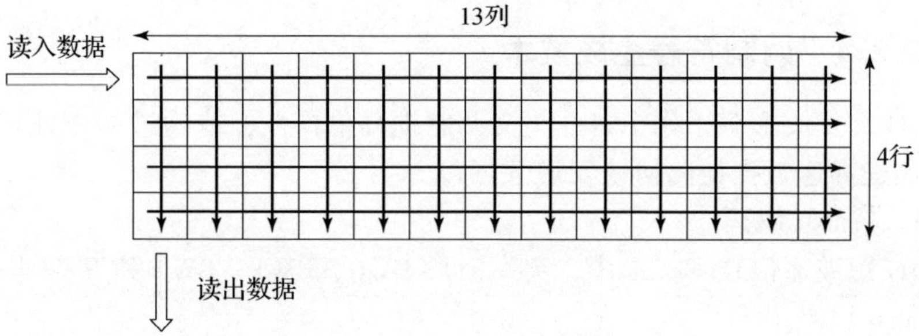

图 5 – 13　4 ×13 块交织器

BW0 波形从卷积编码器输出 52bit 编码块，按行从左至右、从上至下读入块交织器，再按列从上至下、从左至右读出，即进行简单的行列变换，实现将输入信息序列置乱，输出 52bit 序列。

在接收端按照相反规则，即按列从上至下、从左至右读入解交织器，按行从左至右、从上至下读出，就能够恢复出发送的 52bit 序列，并将可能存在的连续突发错误离散化，提高卷积译码的检错纠错能力。

2. BW1 波形 16 ×9 矩阵交织

BW1 波形从卷积编码器生成 144bit 编码块，然后输入到 16 ×9 矩阵交织器，方法与 BW0 波形相似，输出到交织矩阵的顺序是从 b_0 到 b_1 再到 b_2。

3. BW3 波形交织

BW3 波形卷积编码完成后，要对编码块 EB_k 进行交织处理。过程如下：首先，将编码块 EB_k 的所有比特装入 $R \times C$ 大小的矩阵（R 为行数，C 为列数），R 和 C 的值取决于数据块的大小（具体可参考 141B 定义的 BW3 波形交织器参数值）。先装第 0 列：第 1 比特装入第 0 列第 0 行，第 2 比特装入第 0 列第 r_s 行，以后依次装入第 0 列第（上次装入的行号 + r_s）

mod R 行；第 0 列装满后，再装第 1 列第 0 行，然后依次装入第 1 列第（上次装入的行号 $+r_s$）mod R 行；依此类推，直到装满矩阵。

矩阵装满后，先取出第 0 行第 0 列作为第 1 比特，再取出第 1 行第（上次取的列号 $+cf$ mod C）列作为第 2 比特，然后依次取出第（上次取出的行号 $+1$）行第（上次取的列号 $+cf$ mod C）列，直到取出第（$R-1$）行第（上次取的列号 $+cf$ mod C）列，此时，让行号 $=0$，列号 $=$（上次取的列号 $+cf$ mod C），取出第 0 行第（上次取的列号 $+cf+\Delta cf$ mod C）列后，再依次取出第（上次取出的行号 $+1$）行第（上次取的列号 $+cf$ mod C）列，重复上述过程，直到取出矩阵的所有比特。

5.2.4 调制符号生成技术

3G 突发波形多采用 Walsh 正交调制提高鲁棒性，或通过均衡处理 PSK 波形实现高速数据链路协议发送数据包。

1. Walsh 编码

3G 短波通信技术标准中，突发波形 BW0、BW1、BW2 和 BW4 均采用了 Walsh 编码。

3G－ALE 信号 BW0、BW1 和 BW2 波形采用的是（64，4）的 Walsh 正交扩频。与直接序列扩频类似，Walsh 正交扩频通过带宽的扩展降低对信噪比的要求。Walsh 扩频序列之间严格正交，是一种映射编码方式，每输入 4bit 数据映射输出一组 16 符号八进制 Walsh 扩频序列，再进行 4 倍冗余，则每 4bit 信息就映射为 64 符号序列，正交扩频映射关系如表 5－9 所示。

表 5－9　BW0、BW1、BW2 波形 4bit 信息位对应 Walsh 八进制调制编码

信息比特	Walsh 八进制调制序列
0000	0000 0000 0000 0000
0001	0404 0404 0404 0404
0010	0044 0044 0044 0044
0011	0440 0440 0440 0440
0100	0000 4444 0000 4444
0101	0404 4040 0404 4040

续表

信息比特	Walsh 八进制调制序列
0110	0044 4400 0044 4400
0111	0440 4004 0440 4004
1000	0000 0000 4444 4444
1001	0404 0404 4040 4040
1010	0044 0440 4004 4004
1011	0440 0440 4004 4004
1100	0000 4444 4444 0000
1101	0404 4040 4040 0404
1110	0044 4400 4400 0044
1111	0440 4004 4004 0440

对于 BW0 波形，从交织器取出的 52bit 序列经(64,4) Walsh 编码后映射输出 832 个符号序列。

对于 BW1 波形，从交织器取出的 144bit 序列经(64,4) Walsh 编码后映射输出 2304 个符号序列。

对于 BW3 波形，从交织器取出的（$8n+64$）bit 序列经(64,4) Walsh 编码后映射输出 $32n+256$ 个符号序列。

对于 BW4 波形，其帧结构以 TLC 段开始，不需要发送同步头，直接使用 2 个有效载荷比特（无 FEC 和交织）。在 Walsh 编码时，取 2bit 数据按表 5－10 映射成 16 个八进制调制符号，其中 b_0 选取出的第 1 个比特，调制符号按表 5－10 从左到右的顺序排列，将这 16 个八进制调制符号重复 80 次，共生成 1280 个调制符号。

表 5－10　BW4 波形 2bit 信息位对应 Walsh 八进制调制编码

信息比特（b_1b_0）	Walsh 八进制调制序列
00	0000 0000 0000 0000
01	0404 0404 0404 0404

续表

信息比特（b_1b_0）	Walsh 八进制调制序列
10	0044 0044 0044 0044
11	0440 0440 0440 0440

通信接收端进行解扩频时，能够产生的扩频处理增益为：

$$G = 10\lg(N/k) \quad (\text{dB}) \tag{5-12}$$

其中，k 为输入比特长度，N 为映射输出符号序列长度，N/k 即为扩频因子。通过计算可知，经过(64,4)的 Walsh 正交扩频在通信接收端解扩频时，能够产生 10lg(64/4)=12dB 的扩频处理增益。

2. 格雷编码

BW2 波形数据部分使用的调制方式为 4800bps 均衡波形，编码方式为循环移位格雷编码。BW2 波形卷积编码完成后，从第 1 个编码块的第 1 个 bit 开始，每次取 3bit（第 1 比特为最高有效位，第 3 比特为最低有效位）形成调制符号。重复上述过程，直至编码块的 1920bit 取完，共生成 640 个调制符号。此后，所有编码块的调制符号向最低位循环右移 n = Ftcount mod 3 次（Ftcount = 1 时，$M_2M_1M_0$ 变为 $M_0M_2M_1$；Ftcount = 2 时，$M_2M_1M_0$ 变为 $M_1M_0M_2$），循环移位后，对调制符号进行格雷编码，产生格雷码调制符号序列，格雷码表如表 5－11 所示。

表 5－11　格雷编码表

输入（调制符号）	输出（格雷码调制符号）
000	000
001	001
010	011
011	010
100	111
101	110
110	100

经过循环移位和格雷编码后，每个编码块生成 640 个格雷码调制符号。将 640 个格雷码调制符号分成 20 组，每组 32 个作为未知符号，再在每组后面附加 16 个 0（000）值已知符号，从而将 640 个格雷码调制符号扩展成 960 个调制符号（32 个未知符号和 16 个已知符号为一组，共 20 组）。

5.2.5　伪随机加扰技术

伪随机码（PN）又被称作伪噪声码，是一种具有类似白噪声性质的码，可用于扩频通信系统中。3G 短波突发波形中使用的伪随机码具有良好的相关性、功率谱占据频带宽、易于从其他信号和噪声中分离等特性，具有良好的抗干扰能力。

1. BW0 波形伪随机加扰

尽管 Walsh 扩频序列具有良好的正交性质，但由于其不是伪随机序列，取值具有明显的规律性，使得自相关运算会产生较大旁瓣，并且仅在相位对齐时才呈现较好的互相关性质，如图 5 – 14 所示。

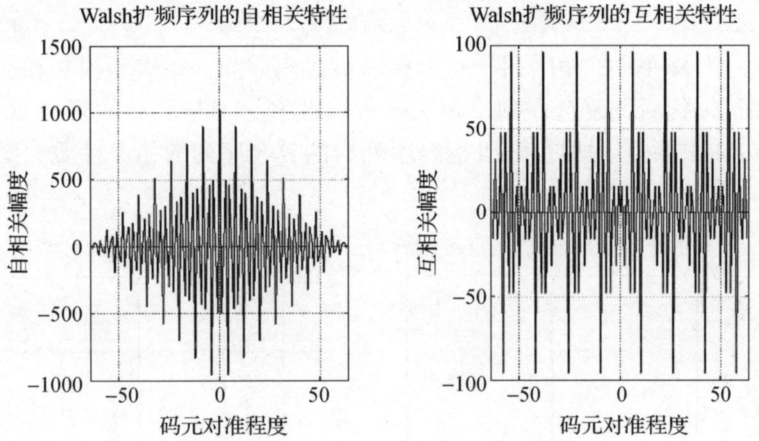

图 5 – 14　Walsh 扩频序列的相关性质

一定意义上讲，Walsh 正交扩频性能并不理想。实际使用中，需要使用伪随机序列作为扰码序列进行伪随机加扰处理，将 Walsh 扩频序列与伪随机扰码序列相结合形成复合序列，使扩频序列随机化，从而保证信号的类高斯特性并增强信息传输保密性。

BW0 波形的扰码序列是 256 符号的伪随机八进制序列，如表 5 – 12 所示。

表 5-12　BW0 波形的 PN 扩展序列

0,2,4,3	3,6,4,5	7,6,7,0	5,5,4,3	5,4,3,7	0,7,6,2	6,2,4,6	7,2,4,7
5,5,7,0	7,3,3,3	7,3,3,1	4,2,3,7	0,2,7,7	3,5,1,0	1,4,0,5	0,0,0,0
6,5,0,1	2,7,6,5	5,2,7,3	3,3,2,1	2,5,6,1	3,4,2,1	0,1,2,3	6,4,7,5
2,2,6,2	7,6,5,2	4,6,5,4	7,2,5,1	0,0,7,7	3,5,4,2	1,4,2,7	0,3,4,0
0,0,7,7	3,5,4,2	1,4,2,7	0,3,4,0	1,0,5,2	6,0,3,5	1,0,5,1	5,2,5,6
3,2,3,7	1,2,2,0	7,1,3,6	4,2,6,2	7,4,3,7	6,7,2,3	1,7,4,1	5,1,5,4
7,1,1,2	3,6,7,7	6,6,1,2	2,4,1,7	7,5,5,4	7,7,5,0	7,3,7,5	7,7,5,0
6,6,6,1	3,4,4,4	0,3,3,2	1,4,5,4	5,3,1,1	1,2,5,1	7,1,5,7	2,0,0,6

将该伪随机扰码序列与 Walsh 正交扩频调制器输出的 832 符号扩频序列，按符号进行模 8 和运算：

$$c_i = r_i \oplus S_i \tag{5-13}$$

其中，r_i 为 Walsh 扩频序列，S_i 为伪随机扰码序列，$\oplus$表示模 8 和运算，c_i 为伪随机加扰后的复合序列。每 256 次模 8 和运算后，扰码序列就重复一次。Walsh 扩频序列加伪随机扰码序列后的复合序列的相关性质如图 5-15 所示。

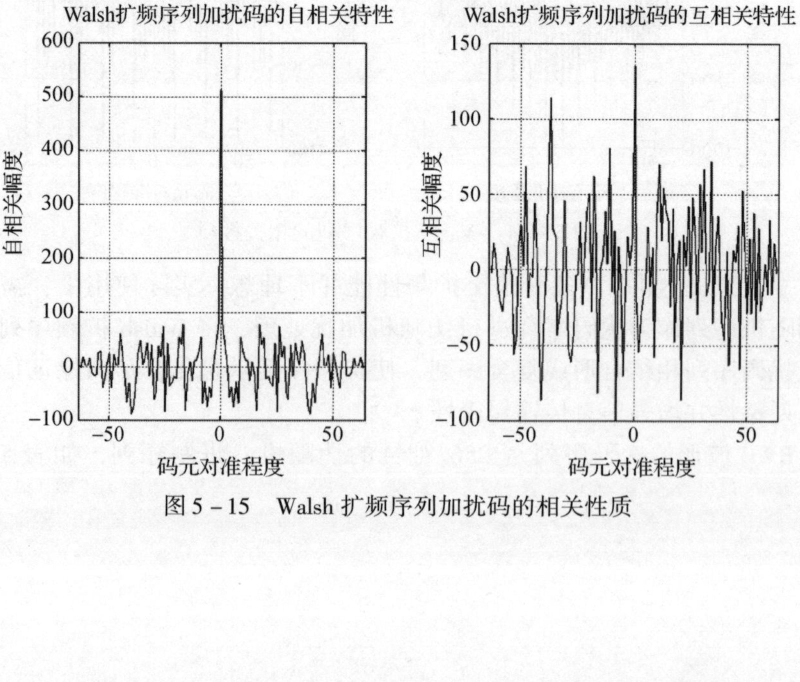

图 5-15　Walsh 扩频序列加扰码的相关性质

可以看到，复合序列消除了 Walsh 扩频序列自相关运算产生的较大旁瓣，同时相位非对齐时的互相关性质较好，并且使得扩频序列变换成为近似随机的序列，改善了 Walsh 正交扩频性能。

3G – ALE 信号经过以上链路层数据编码，理论上可以通过卷积译码与解扩频在通信接收端产生 4 + 12 = 16dB 左右的处理增益，同时交织编码提高了纠正连续突发错误的能力，并且通过伪随机加扰将序列随机化，大大提高了链路层协议信息传输可靠性。

2. BW1 波形伪随机加扰

BW1 波形的扰码序列，将表 5 – 6 中按从左到右、从上到下的顺序组成 256 个八进制符号序列，重复 9 次后形成 2304 个八进制 PN 扩展符号序列。PN 扩展符号和输入符号先相加再模 8，形成 3bit 信道符号（例如，若扩展符号为 2，输入符号为 7，则信道符号为 1）。

3. BW2 波形伪随机加扰

BW2 波形的 PN 扩展序列生成器如图 5 – 16 所示，其最大长度为 216，开始发送前，生成器初始化为(0XAB91 + Ftcount) mod 0x10000，将其输出用于对调制符号进行 PN 扩展，过程如下：

（1）对于每个输入的符号，首先循环三次 PN 序列生成器，然后从移位寄存器中选出最低的 3 比特 B_2、B_1、B_0，用 B_2、B_1、B_0 生成一个 3bit 扩展符号（其中 B_2 为最高位）。

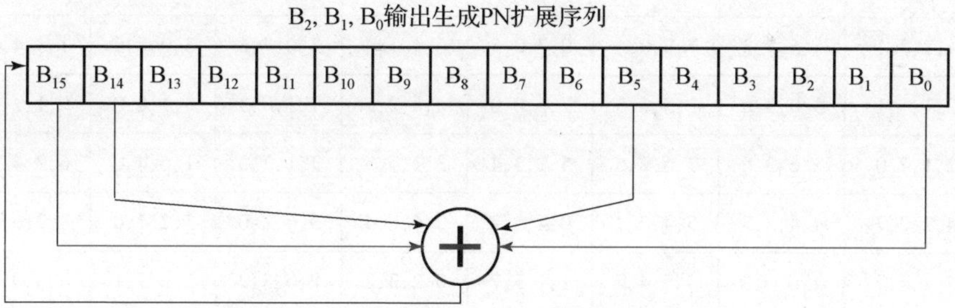

图 5 – 16　BW2 波形的 PN 扩展序列生成器

（2）再将扩展符号和输入符号相加，之后模 8 运算，从而得到一个 3bit 信道符号（若扩展符号为 2，输入符号为 7，则信道符号为 1）。

4. BW3 波形伪随机加扰

（1）按从左到右的顺序将表 5 – 13 中的 32 个 3bit 符号重复 $n + 8$ 次，生成 $32n + 256$ 个八进制的扩展符号。

表 5－13　BW3 波形的 PN 扩展序列

0,0,0,0	0,2,4,6	0,4,0,4	0,6,4,2	0,0,0,0	1,3,5,7	2,6,2,6	3,1,7,5

（2）1 个 PN 扩展符号和 1 个输入符号先相加再模 8 运算，形成 1 个八进制信道符号（例如，若 PN 扩展符号为 2，输入符号为 7，则信道符号为 1）。

5. BW4 波形伪随机加扰

BW4 波形的 1280 个 3bit 扩展符号如表 5－14 所示，从左上角符号开始，按照从左到右、从上到下的顺序传输。扩展符号和输入符号先相加再模 8，形成 3bit 信道符号（若扩展符号为 2，输入符号为 7，则信道符号为 1）。

表 5－14　BW4 波形的 PN 扩展序列

5,2,0,7	1,3,2,5	0,4,5,3	3,0,7,3	5,3,2,3	7,4,7,5	0,4,1,0	5,7,6,5
2,6,4,1	7,1,6,6	0,1,2,2	1,6,7,6	3,7,1,3	5,0,6,4	6,6,5,2	2,3,5,2
3,5,7,2	5,4,6,0	6,1,0,7	5,2,0,2	6,6,2,4	6,0,2,0	7,3,0,1	5,0,2,1
6,2,2,7	4,3,1,1	4,6,3,5	1,3,6,1	6,3,3,0	5,5,7,1	7,4,7,6	1,7,1,7
1,5,3,7	3,7,5,3	3,6,6,3	3,4,6,6	4,1,0,5	5,3,3,1	2,6,2,1	1,5,3,2
4,7,7,1	5,5,7,3	7,2,0,4	0,7,0,5	6,4,1,4	3,0,7,6	3,0,0,5	1,3,4,4
2,1,5,1	3,0,3,0	2,3,6,6	7,6,0,0	2,6,2,7	7,1,0,3	5,1,0,0	0,1,2,0
2,1,7,0	3,6,3,5	7,5,2,6	5,2,3,4	3,1,5,5	7,1,7,2	1,6,4,0	6,2,4,7
4,2,0,7	4,4,5,3	5,4,2,4	0,4,5,2	2,6,6,4	3,6,2,0	3,2,7,0	4,2,6,0
7,1,4,7	2,6,0,3	5,5,4,2	1,1,5,7	0,2,3,2	2,0,5,2	2,0,7,1	4,3,0,4
0,1,7,0	5,5,1,2	3,1,5,1	6,6,6,1	0,5,6,1	2,6,2,0	4,4,4,4	4,4,3,7
6,4,5,3	2,5,5,1	6,4,0,4	2,3,5,2	2,1,0,7	4,5,1,2	5,2,6,5	6,0,2,0
2,7,1,7	2,2,1,6	6,5,3,6	1,4,4,4	4,3,3,6	3,5,4,1	5,0,4,3	7,4,2,7
5,3,4,6	0,4,5,1	3,1,3,0	1,0,2,2	3,2,3,6	3,1,5,3	3,6,0,3	7,1,1,4
3,6,3,1	2,5,2,3	6,3,0,2	6,2,3,4	6,5,7,5	5,0,4,0	2,7,0,4	2,7,2,2

续表

5,5,4,7	7,4,4,3	6,7,3,4	1,6,1,1	5,3,1,7	6,4,5,4	7,2,6,4	1,1,3,0
5,0,5,7	7,4,2,5	1,5,3,5	3,3,7,5	7,3,0,0	5,5,7,0	5,3,0,2	3,3,6,6
3,2,2,5	4,5,7,5	6,3,7,1	1,5,2,0	0,0,5,3	2,7,2,4	1,7,1,5	4,7,2,3
6,6,1,0	5,5,2,4	4,6,5,2	4,4,6,5	5,2,1,6	1,7,3,1	4,6,5,2	6,5,7,0
7,2,4,6	1,1,2,4	4,2,7,4	4,5,3,5	0,7,1,5	5,5,5,6	2,5,3,3	7,0,5,7
0,3,1,0	6,3,1,0	7,2,5,3	6,6,5,2	6,4,2,0	5,5,3,3	7,3,4,3	0,3,3,5
3,6,7,1	0,2,0,3	5,3,5,2	7,6,1,6	1,5,6,2	1,6,2,4	2,4,1,7	4,2,2,2
7,0,7,7	5,6,2,0	5,3,5,1	4,0,7,1	2,6,2,7	5,5,5,4	1,4,0,7	2,4,6,6
7,5,5,4	3,0,6,2	3,1,3,1	2,0,3,7	6,6,2,1	2,4,3,1	1,4,6,2	0,4,2,2
3,2,2,3	1,3,6,0	2,7,3,4	7,5,3,5	2,2,3,0	3,3,6,7	1,3,0,0	0,6,0,3
2,2,6,1	3,6,0,2	7,5,5,6	3,3,7,0	2,3,3,5	2,2,7,2	3,1,3,2	0,4,4,0
1,3,6,0	5,0,5,2	0,0,1,0	2,3,6,5	5,6,6,3	1,7,7,6	0,5,2,5	2,7,7,2
3,3,6,3	7,6,0,7	1,1,1,3	7,1,1,2	5,0,7,3	4,1,3,4	7,0,5,5	3,2,6,1
5,6,4,1	6,4,2,7	4,3,5,2	6,4,1,1	3,4,0,1	2,7,0,1	4,4,6,6	1,7,7,0
2,5,0,1	6,4,3,6	3,0,5,0	3,3,2,3	2,4,7,7	0,4,7,3	2,6,7,5	5,3,1,0
1,5,3,6	4,4,6,5	4,5,0,1	2,1,3,7	3,4,5,5	4,2,5,0	5,4,7,4	7,5,0,0
1,7,2,1	7,0,5,0	2,4,2,5	3,1,6,7	7,6,4,3	6,6,4,2	7,2,2,5	0,1,4,0
3,7,5,1	5,1,7,3	5,2,2,0	6,3,2,1	3,6,4,5	1,5,7,6	7,0,6,6	0,1,7,3
7,5,1,0	0,7,0,7	7,0,7,6	1,5,2,1	5,5,1,2	6,2,5,6	2,0,1,2	1,1,4,0
3,6,5,4	6,0,0,3	3,7,3,3	2,5,6,2	6,4,2,1	7,2,6,0	0,5,0,0	5,1,0,0
6,6,5,7	5,4,1,0	4,1,0,0	0,1,5,1	2,6,1,1	6,4,3,7	6,0,2,5	0,4,1,0
4,6,1,5	3,2,2,7	1,2,7,0	2,7,6,1	2,7,2,4	4,6,5,5	4,7,1,5	3,6,2,4
4,0,0,2	3,2,4,1	2,7,0,2	1,7,5,0	4,4,2,7	5,6,5,2	3,0,1,0	0,2,3,3
5,4,4,5	1,6,4,0	2,0,2,1	4,4,7,4	2,0,5,1	6,2,5,6	6,3,1,7	6,1,3,4
0,2,2,4	4,5,0,4	2,1,3,6	6,2,4,1	7,4,2,6	7,5,0,0	5,6,7,6	1,4,5,5

5.2.6 调制波形生成技术

1. BW0 和 BW1 波形生成

BW0 波形数据部分的 832 个调制符号、BW1 波形数据部分的 2304 个调制符号，经过 PN 扩展后，附加到保护序列和同步头的后面，然后用 1800Hz 的基带信号进行 8PSK 调制，调制速率为 2400 符号/s，调制后的相位编码映射如表 5－15 所示，星座图如图 5－17 所示。

表 5－15　相位编码映射

八进制调制符号序号	相位	同相分量	正交分量
0	0°	1.000000	0.000000
1	45°	0.707107	0.707107
2	90°	0.000000	1.000000
3	135°	0.707107	0.707107
4	180°	－1.000000	0.000000
5	225°	－0.707107	－0.707107
6	270°	0.000000	－1.000000
7	315°	0.707107	－0.707107

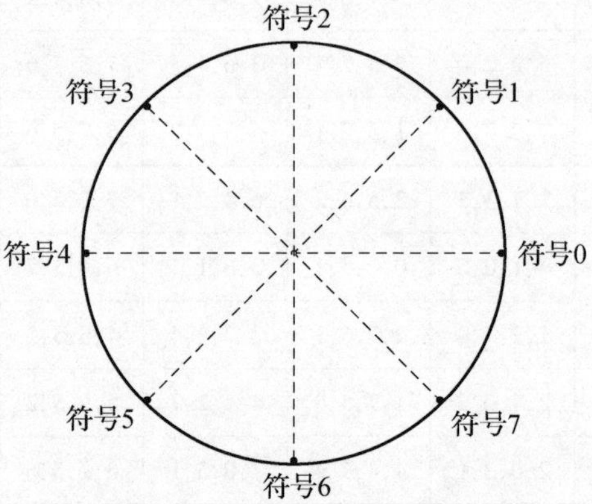

图 5－17　BW0 波形调制符号星座图

2. BW2 波形生成

BW2 波形同步头符号和格雷码调制符号经过 PN 扩展后，附加到保护序列的后面（保护序列不进行格雷编码和 PN 扩展），然后采用 1800Hz 载波进行 8PSK 调制，调制速率为 2400 符号/s。

差错控制方式：采用混合Ⅱ型 ARQ，首先将不带纠错的数据帧（如 EB_0）发送出去，若收方检查到错误，则发方将带纠错的数据帧（如 EB_1）重发，然后收方将两次收到的数据帧合并纠错，恢复出数据，这种 ARQ 方式能使数据速率适应信道的实时变化，BW2 波形的有效码率为 1/1 ~ 1/4。

3. BW3 波形生成

BW3 波形数据部分的 $32n+256$ 个调制符号经过 PN 扩展后，附加到同步头的后面，然后采用 1800Hz 的载波信号进行 8PSK 调制，调制速率为 2400 符号/s。

差错控制方式：采用混合Ⅱ型 ARQ，首先将不带纠错的数据帧（如 EB_0）发送出去，若收方检测到错误，则发方将带纠错的数据帧（如 EB_1）重发，然后收方将两次收到的数据帧进行合并纠错，如仍然存在错误，重复发送 EB_0 与 EB_1，并利用多帧联合译码恢复出数据，这种 ARQ 方式能使数据速率适应信道实时变化，BW3 的有效码率为 1 ~ 1/2。

4. BW4 波形生成

BW4 波形数据部分的 1280 个调制符号经过链路防护和 PN 扩展后，附加到保护序列的后面，然后用 1800Hz 载波信号进行 8PSK 调制，调制速率为 2400 符号/s。

5.2.7　3G－ALE 突发波形信号产生流程

为克服短波信道时变特性对接收端的影响，要求发送端首先需要对 3G 自动链路建立（3G－ALE）信号突发波形携带的信息进行链路层数据编码。主要通过增加冗余位、交织和扩频、加扰等处理，提高协议信息容错纠错性能，降低通信接收端接收解调错误率，实现可靠传输。3G－ALE 信号产生流程如图 5－18 所示。

协议信息在通信链路层主要进行卷积编码、交织编码、Walsh 正交扩频与伪随机加扰等数据编码，形成用于传输的八进制有效载荷数据序列，之后在前端依次添加保护序列、探测报头序列，组帧形成完整的数据结构，最后进行调制形成实际发送信号。

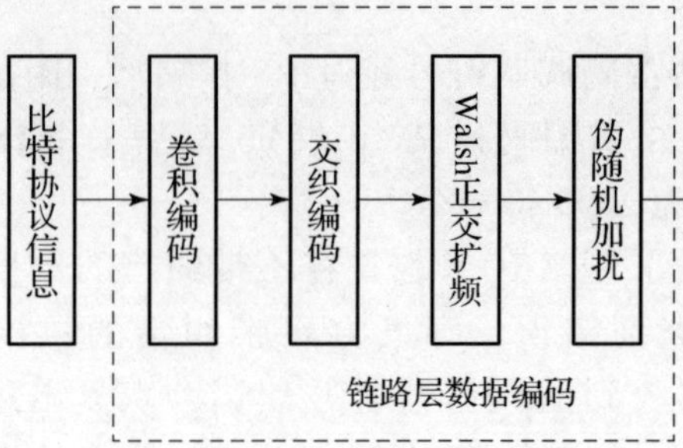

图 5-18 3G-ALE 信号产生流程

总之，在 AWGN 信道和衰落信道下，第三代短波通信波形性能比第二代提高了 6~9dB。突发波形都使用 8PSK 对频率为 1800Hz 的单音载波进行调制，速率传输为 2400 符号/s。表 5-16 概括了五种突发波形的特性和用途。

表 5-16 突发波形特性一览表

波形	使用场合	延续时间	净荷	同步头	前向纠错编码	交织	数据格式	有效码率
BW0	3G-ALE PDU	613.33ms 1472 个 PSK 符号	26bit	160.00ms 384 个 PSK 符号	$R=1/2$，$k=7$ 的卷积码（无刷新比特）	4×13	十六进制正交 Walsh 函数	1/96
BW1	业务管理 PDU；HDL 确认 PDU	1.30667s 3136 个 PSK 符号	48bit	240.00ms 576 个 PSK 符号	$R=1/3$，$k=9$ 的卷积码（无刷新比特）	16×9	十六进制正交 Walsh 函数	1/144
BW2	HDL 业务数据 PDU	$640+n\times400$ms $1536+n\times960$ 个 PSK 符号 $n=3,6,12$ 或 24	$n\times1881$bit	26.67ms 64 个 PSK 符号（用于均衡器训练）	$R=1/4$，$k=8$ 的卷积码（7 个刷新比特）	无	32 未知/16 已知	可变 1/1~1/4

续表

波形	使用场合	延续时间	净荷	同步头	前向纠错编码	交织	数据格式	有效码率
BW3	LDL 业务数据 PDU	3. 70667s 8896 个 PSK 符号	$8n+25$bit	266. 67ms 640 个 PSK 符号	$R=1/2$， $k=7$ 的 卷积码 （7 个刷新 比特）	卷积块	十六进制 正交 Walsh 函数	可变 1/12 ~ 1/24
BW4	LDL 确认 PDU	640. 00ms 1536 个 PSK 符号	2bit	无	无	无	四进制 正交 Walsh 函数	1/1920

5. 3　短波 3G 自动链路建立与维护

3G 短波自适应通信包括三个步骤：自动链路建立、数据传输和拆链。自动链路建立（ALE）负责建立收发双方的初始联系，美军 141B 和北约 4538 标准协议使用鲁棒链路建立（RLSU）和快速链路建立（FLSU）的建链方式建立初始通联。主呼台在当前驻留组序列发送呼叫协议数据单元（PDU），被呼台收到后发送握手 PDU，在寻找到合适的信道建链成功后，收发双方开始数据传输。数据传输时，发送方发送包含有效数据的 xDL_DATA，接收方正确接收到这些数据后，反馈 xDL_ACK 给发送方，该过程根据情况可重复多次。141B 和 4538 协议定义了多种传输协议，通信中根据信道情况，选择不同的协议进行通信。信道条件好时，采用高速数据链路（HDL）协议，提升通信效率；信道条件差时，采用低速数据链路（LDL）协议以保证基本通信质量。在完成数据传输后，发送方发送 xDL_EOM 断开链路连接，收发双方重新回到驻留组序列扫描信道。

5. 3. 1　自动链路建立基础

短波 3G－ALE 协议目的在于能够快速有效地建立点对点和点对多点（广播和多播）链路。与 2G－ALE 相比，3G－ALE 更为快速、高效，在点对点、点对多点业务上具有更好的鲁棒性。其优势如下：

（1）短波 3G－ALE 突发波形（BW0）比 2G－ALE 的 8－FSK 波形在鲁棒性上提高约 10dB。

（2）短波 3G－ALE 通常采用同步建链模式，相对 2G－ALE 系统异步建链模式而言，无需长时间的扫描呼叫。

（3）短波 3G－ALE 地址长度固定（11bit），约是 2G－ALE 最短地址（21bit）的一半，呼叫 PDU 更短，呼叫建链速度更快。

（4）短波 3G－ALE 建链信道与业务信道分离，提高了整体网络的效率。

（5）链路建立协议（LSU）采用多种防冲突机制，降低了冲突导致的呼叫失败率。

3G－ALE 包括两种不同的链路建立协议：快速链路建立（FLSU）和鲁棒链路建立（RLSU）。FLSU 在小型网络的快速链路建立上具有优势；RLSU 在大型网络和繁忙业务负载背景下的链路建立上则具有优势。这两个协议互不交叉，同一个 3G 短波网络同时只能使用其中一种协议。

1. 同步选频建链

通常，3G－ALE 短波接收机会持续扫描分配的频率集，以监听来自主呼台的呼叫。但是，在 2G－ALE 中，由于采用的是异步建链模式，主呼台并不知道被呼台在当前时刻监听的是哪个信道，因此需要花费较长的时间在多个信道上呼叫后才能成功建链。3G－ALE 短波通信系统通常使用同步建链模式（兼容异步模式），建链性能更好、建链速度更快且频谱利用率更高。

当工作在同步模式时，3G－ALE 网络中所有电台共享一组频率集，网内所有接收机都会同时改变扫描频率，降低了时序的不确定性，如图 5－19 所示。

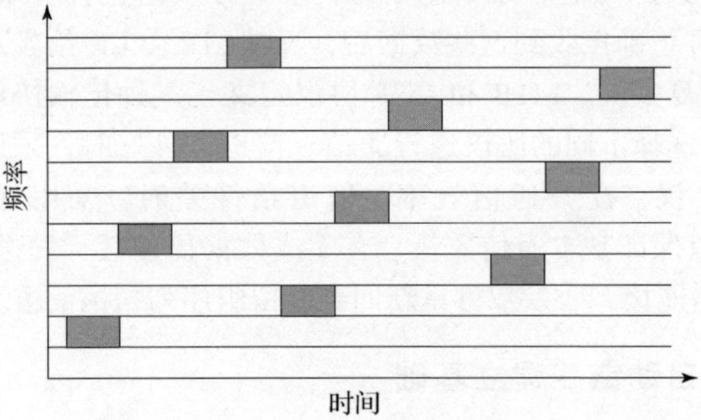

图 5－19　同步扫描

网络中每个台站当前驻留扫描的信道，一般可通过当前时间和其站点地址计算出来。因此，3G－ALE 同步呼叫机制与 2G－ALE 异步呼叫机制不同，只需要在计算出被呼台的驻留信道上进行短时间的呼叫就可以建立链接。

3G－ALE 网络中所有电台同时改变扫描频率，仅有部分电台同时监听同一个信道。被分配在同一时刻监听同一信道的一组站点称为驻留组（DWELL GROUP），每个电台都会被分配一个驻留组。在同一时刻，不同驻留组监听的信道不同，如图 5－20 所示。

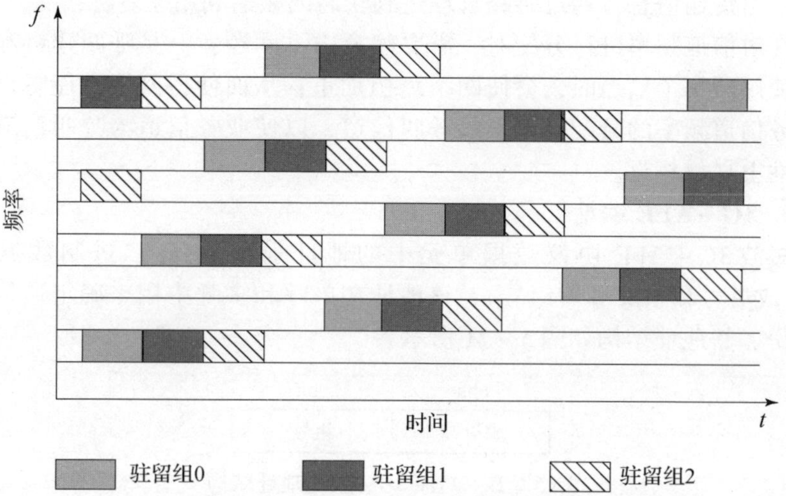

图 5－20　驻留组示意图

当有多个电台同时呼叫某个电台时，可以通过时间和频率有关协调机制进行处理，以避免所有电台同时呼叫扫描某一信道。通过科学规划驻留组，可大大降低 3G－ALE 呼叫发生冲突的概率，该机制在高负荷网络情况下的作用更为显著。通常，我们将执行某一特定任务的一组电台，规划在同一驻留组并互相监听呼叫。同步建链模式下，当主呼台想与被呼台建链时，主呼台应计算下一驻留周期被呼台的监听频率，并用该频率快速完成呼叫。然而，当需要使用指定频率进行通信连接时（例如，只有该频率可用），异步建链模式可能速度更快，这是因为同步建链系统必须等待被呼台接收机驻留在目标频率上，其平均等待时间为扫描周期的一半。

2. 3G 频率管理

短波 3G－ALE 的自动信道选择（ACS）功能主要用于管理呼叫信道和业务信道。通过 IONCAP 软件预测 SNR，通过链路质量分析了解近期频率探测及频率占用等信息，可辅助 ACS 协议准确掌握每个信道的基本情况。

3G 短波网络可以使用同一频率集进行呼叫建链和业务传输。对于轻负载的网络，呼叫建链和业务传输通常共用小频率集的模式；对于业务传输量大或占用信道多的大型 3G 短波网络，通常将呼叫信道与业务信道分开，以更有效地利用频谱。

呼叫信道通常不定期与其他电台建立联系。一般情况下，呼叫信道空置，供需要建立连接的电台随时使用。通信双方在建立连接后，开始通过业务信道传输信息，通过链路管理达到较高的频谱利用率。

在对信道频率进行分配时，需要注意以下问题：一是呼叫建链和业务传输使用同一个信道时，会使网络负担加重，从而使得网络性能降低；二是业务信道频率的分配必须紧邻呼叫信道，以使业务信道与呼叫信道在传输特性上尽量相近。

3. 3G – ALE 编址

短波 3G – ALE 协议数据单元中的地址采用 11bit 二进制数据表示（6bit 成员号和 5bit 驻留组号），该地址在单呼和多呼中用来确定通信双方的身份。其地址结构如图 5 – 21 所示。

6bit	5bit
成员号	组号

图 5 – 21　短波 3G – ALE 地址结构

成员号地址中的 111100 到 111111（即地址范围从 11110000000 到 11111111111）被保留，且不分配给任何网络成员，以供呼叫入网的台站临时使用。因此，一个子网内最多容纳 32 个驻留组，每个组里可供用户使用的最多有 60 个台站（4 个保留），也就是说，一个子网中理论上最多可容纳 1920 个台站，基本能够满足当前应用中最大规模的短波网络地址需求。虽然每个驻留组都能容纳 60 个台站，但是为了充分发挥 3G – ALE 地址机制的优势，应将台站尽量平均分到多个不同的驻留组中，这样可以将呼叫较为平均地分布在各个频率上，从而尽可能地避免冲突。

多呼地址是一种特殊的成员号地址，通过多呼应用来和单呼进行区分。当计算供多呼使用的信道时，多呼地址分组号 5bit 全部置为 1。在多呼方式下，台站根据是否订阅呼叫 PDU 中的多呼地址（台站编址表格中有多呼地址的相关信息）来判定是否响应当前的多呼呼叫。

在北约协议中，短波电台采用 13bit 网络号码和 10bit 地址进行寻址。其中，10bit 地址为呼叫或多点地址，表示单个站点或共用某个地址的站点集合。美军标中 3G – ALE 地址可与北约标准中的短波地址相互转化。

13bit 网络号码主要用于避免跨网寻址歧义，并用于在 3G – ALE PDU 中进行链路加密（LP），如图 5 – 22 所示。

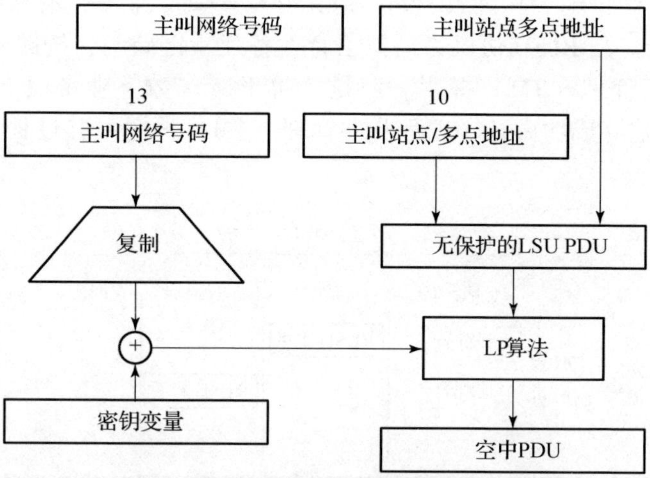

图 5 – 22　北约模式编址

通过与网络中正在使用的 LP 加密密钥的长度进行匹配，作为 LP 算法中的密钥进行排他操作。接收到加密 PDU 的站点将尝试使用本地网络号码对其进行解密，如果网络号码与被呼台的网络号码不一致，则解密失败，接收机将忽略该 PDU。因此，该方案可以将非法网络号码排除在网络之外。

相比较而言，短波 2G – ALE 中的地址通过字符来表示，其最短的 3 个字符的地址长度转换为二进制后为 21bit，这大大超出了 3G – ALE 的地址表示范围。因此，短波 2G – ALE 地址若要在 3G 网络中继续使用，须转换为二进制的 3G – ALE 地址。

5.3.2　鲁棒链路建立

鲁棒链路建立（RLSU）协议主要用于大型或高负荷的 3G 短波网络，与快速链路建立（FLSU）协议存在以下几个方面的不同：

（1）LSU 协议的 PDU 长度（26bit）比 FLSU 协议 PDU 的长度（50bit）要短，其呼叫建链时信道占用时间更短。

（2）RLSU 协议中驻留周期包含多个用于呼叫的时隙，与 FLSU 协议相比，可更加有效地防止冲突。

（3）FLSU 和 RLSU 协议都可运行于集群（业务与呼叫信道分离）模

式或共用信道模式，但 FLSU 协议通常使用共用信道模式，而 RLSU 协议通常采用集群模式。

RLSU 协议所能提供的功能与 FLSU 协议（PTP 点对点和 PTM 点对多点链接，时间分配等）大致相同，但其 PDU 较短，业务传输和链路建立不能同时进行。当 RLSU 协议为模拟语音业务建立链路时，链路建立后不需要进行业务管理（TM）握手。但是，对于所有数字业务（包括数字语音），链路建立成功后必须进行业务管理（TM）握手。其过程如图 5－23 和图 5－24 所示。

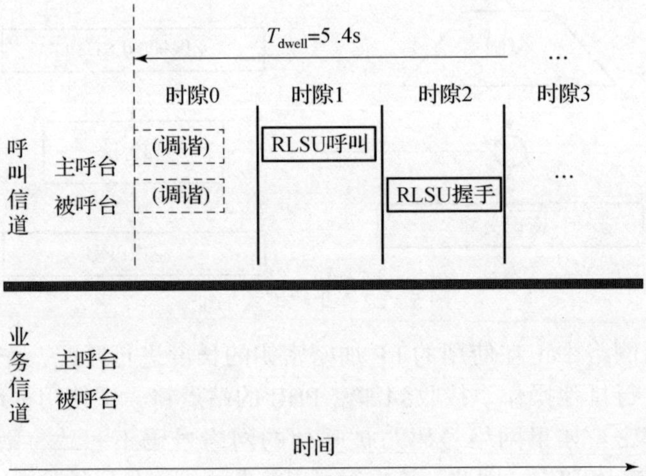

图 5－23　RLSU 协议建链握手

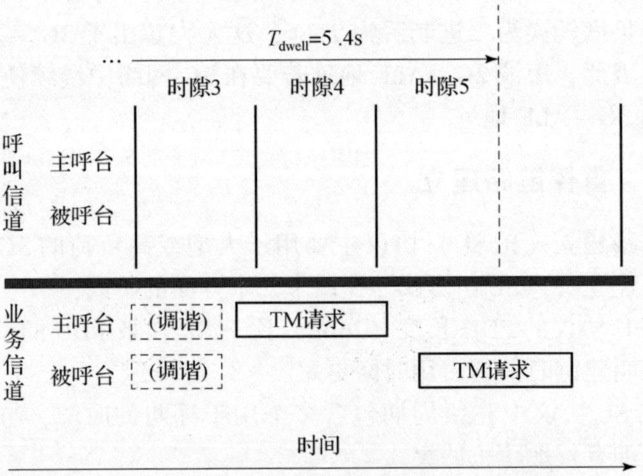

图 5－24　RLSU 协议建链后的业务管理握手

FLSU 协议和 RLSU 协议的链路建立过程在业务信道选择方式上存在不同。FLSU 协议中业务信道由主呼台发送的请求 PDU 指定。而在 RLSU 协议中，主呼台首先声明即将发送的业务类型，随后被呼台选择它认为能够支持该业务类型的信道。

1. RLSU 协议数据单元

鲁棒链路建立（RLSU）协议数据单元（PDU）的结构及种类如图 5－25 所示。

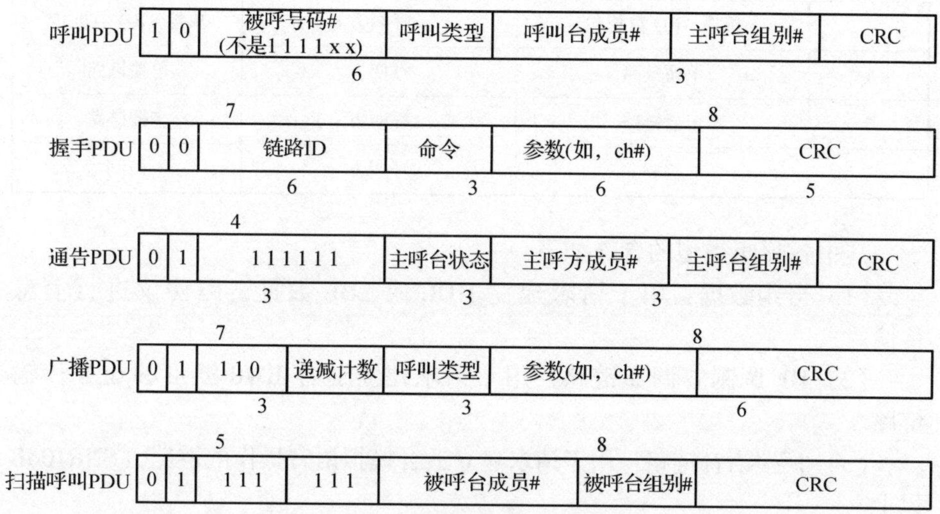

图 5－25　鲁棒链路建立 RLSU PDU

在每个单点/多点地址中，由 5 个最低有效位（以 141B 标准为准）构成“组#(group#)”字段，由 6 个最高有效位构成“成员#(member#)”字段。RLSU 协议的各 PDU 都使用 BW0 波形承载，主要包括 5 种类型的 PDU。

1）RLSU_Call PDU

RLSU_Call PDU 主要用于向被呼台发送相关参数，明确对方是否需要应答以及业务信道的质量需求。在 PDU 中包含有主呼台的完整地址以及被呼台地址的成员号码字段，因为被呼台地址中的组号部分可通过计算该呼叫信道得知。

RLSU_Call PDU 中的呼叫类型字段及取值如表 5－17 内容所示。

表 5-17　RLSU 呼叫类型字段编码

编码	呼叫类型	第二个 PDU 来源	呼叫来源类型
0	分组数据	响应方	分组数据
1	HF 调制解调器链路	响应方	HF 调制解调器链路
2	模拟语音链路	响应方	模拟语音链路
3	高质量链路	响应方	高质量链路
4	单播 ARQ 数据包	呼叫方	单播 ARQ 数据包
5	单播链路	呼叫方	单播链路
6	多播链路	呼叫方	多播链路
7	控制	呼叫方	控制

其中各呼叫类型的含义如下：

（1）分组数据：用于请求建立 HDL 或 LDL 数据链路协议进行消息传输。

（2）HF 调制解调器链路：用于请求建立适合 BW0 波形的业务传输链路。

（3）模拟语音链路：用于请求建立适合模拟语音操作的链路（SNR10dB 以上）。

（4）高质量链路：用于请求建立比模拟语音链路更好的信道（SNR 20dB 以上），适用于采用高速 HF 数据波形传输大量数据。

（5）单播和多播：用于主呼台指定业务信道或被呼台维持无线电静默。

（6）控制：用于声明链路释放、启动同步检查握手及其他类似功能，但不用于链路建立。

2）RLSU_Handshake PDU

RLSU_Handshake PDU 是在 RLSU 握手中发送的第二个 PDU。

链路号 Link ID 是主呼台和应答方地址的一个哈希值，根据主呼台（发送 RLSU_Call PDU 的节点）和应答方（RLSU_Call PDU 中的被呼台或多播地址）的 10bit 单点/多点地址计算得到，计算方式如下：

$$\text{temp1} = <\text{主呼台地址}> * 0x13C6EF \tag{5-14}$$

$$\text{temp2} = <\text{被呼台地址}> * 0x13C6EF \tag{5-15}$$

$$\text{Link ID} = ((\text{temp1} >> 4) + (\text{temp2} >> 15))\&0x3f \tag{5-16}$$

其中，“*”表示 32 位无符号乘法，“>>n”表示右移 n 位，“&”表示比特位与运算。图 5－18 所示为 Link ID 计算示例。

表 5－18　Link ID 计算示例

呼叫方	响应方	Temp1	Temp2	链路 ID	链路 ID
1	2	0013c6ef	00278dde	3D	61
1	3	0013c6ef	003b54cd	24	36
2	1	00278dde	0013c6ef	4	4
3	1	003b54cd	0013c6ef	33	51
（十进制）	（十进制）	（十六进制）	（十六进制）	（十六进制）	（十进制）

命令字段编码如表 5－19 所示，对应的“参数”字段的类型包含“信道编号”“原因”或 7bit 数据。原因类型的编码是 7bit 整数，取值范围及含义如表 5－20 所示。

表 5－19　命令字段编码

编码值	命令值	说明	参数类型
0	继续握手	至少持续进行两次双向握手（在同步模式下运行时，在下一个指定的被叫站驻留频率上）	原因
1	开始建立业务	在呼叫信道上发送的最终命令。该参数是响应站将（或应）监听其业务建立的信道号。在执行该命令之后，台端都将进入该业务信道	信道
2	语音业务	该命令指示被呼台调谐并开始语音业务，参数是信道号，跟随该命令，呼叫方将首先讲话（仅限 PTP1 和 PTM）	信道
3	链路释放	此命令通知所有监听站点，发送站不再使用指定的业务信道	信道
4	同步检查	该命令指导被叫站测量并向主站报告同步偏移，用于同步管理协议	质量时隙
5	保留	—	—

续表

编码值	命令值	说明	参数类型
6	保留	—	—
7	终止握手	该命令立即终止握手且不需要响应	原因

表 5-20 RLSU 原因字段编码

编码	原因	标记
0	无响应（NO_RESPONSE）	所需资源无响应
1	拒绝（REJECTED）	对端拒绝建立链接
2	无业务信道（NO_TRAF_CHAN）	所有业务信道均被占用
3	信道质量低（LOW_QUALITY）	可用的业务信道质量不足以支持请求的业务
其他	（保留）	—

3）RLSU_Notification PDU

RLSU_Notification PDU 用于广播通知电台的状态，包括时间服务、退出网络、开始 EMCON（无线电静默）。发送标定身份状态的通知也可用于 3G 版本的探测，通常发送到发送方所属的网络，因此该 PDU 中的 XN 位始终为“0”。

4）RLSU_Broadcast PDU

RLSU_Broadcast PDU 用于同步模式下建立广播链路。信道字段表示主叫站点即将使用的广播的信道号，倒计时字段表示广播开始前的剩余时间(驻留期间)。

5）RLSU_Scanning_Call PDU

RLSU_Scanning_Call PDU 用于异步链路建立。在该 PDU 中包含被呼台的完整地址。该 PDU 会被发送多次，以便于被异步扫描接收机捕获，此后是单个 RLSU_Call PDU。

6）RLSU PDU 的 CRC 计算方法

每个 RLSU PDU 中包含 4bit 或 8bit CRC，其计算方式如下：

（1）4 位 CRC 使用的生成多项式为

$$x^4 + x^3 + x + 1 \tag{5-17}$$

（2）8 位 CRC 使用的生成多项式为

$$x^8+x^7+x^4+x^3+x+1 \tag{5-18}$$

2. RLSU 协议操作

与所有 ALE 网络一样，采用 RLSU 的 3G 网络空闲站点通过扫描呼叫信道对呼叫（或探测）进行侦听。

1）同步驻留结构

如图 5－26 所示，RLSU 中的每个同步驻留时间由 6 个 900ms 的时隙组成。时隙 0 被保留用于调谐并检查业务信道的占用情况（轮流进行，将在下文描述）。检查完业务信道占用情况后，剩余驻留时间由呼叫信道上的 5 个呼叫时隙组成，每个时隙 900ms 用于呼叫和通知。呼叫可以在驻留期间的前四个呼叫时隙（slot1 ~ slot4）发起。

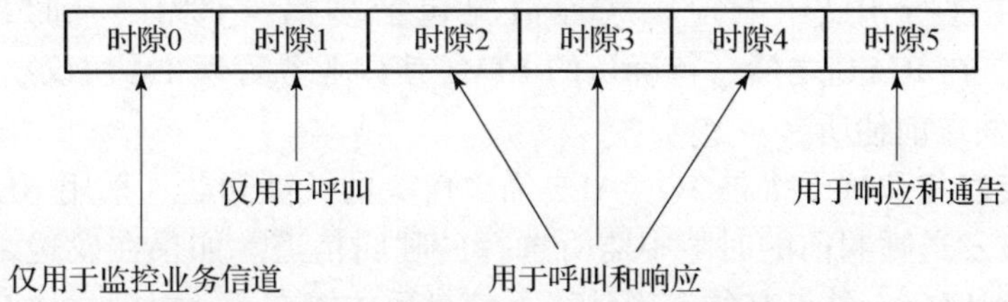

图 5－26　鲁棒链路建立 RLSU 驻留时隙

2）呼叫时隙选择

主呼台根据发送业务的优先级，使用随机或伪随机方法从驻留时隙中选择进行呼叫的时隙。由于靠后的时隙相对于靠前时隙更容易被占用，因此，当有高优先级的呼叫时，应尽可能使用靠前的时隙。需要注意的是，时隙 5 不能用于呼叫发送，但是可以对先前呼叫进行响应。不同业务优先级下，建议的优先级划分方法和 RLSU 各时隙被使用的概率如表 5－21 所示。

表 5－21　RLSU 时隙选择概率

业务优先级	时隙 1	时隙 2	时隙 3	时隙 4
最高	50%	30%	15%	5%
高	30%	45%	15%	10%
常规	10%	15%	45%	30%
低	5%	15%	30%	50%

3）同步呼叫协议

在用户发起请求后，电台开始进行呼叫，并在每个后续驻留中持续呼叫，直到建链成功或呼叫被其他台站中止，或在设定次数的呼叫后仍未建链成功，则链接失败。RLSU 可通过以下三种方式建链：

（1）带 ACK 的点对点 RLSU（PTPA）：预计被呼台能够对呼叫进行响应，包括接受逻辑连接并指定一个业务信道，拒绝逻辑链路，或是接受该连接但推迟选择业务信道。

（2）点对点单向 RLSU（PTP1）：主呼台指定业务信道，被呼台不进行或不允许进行 RLSU 响应，这种情况也称为单播呼叫。

（3）点对多点单向 RLSU：主呼台指定业务信道，所有被呼台不进行或不允许进行 RLSU 响应。这种情况包括多播（PTM1）和广播呼叫（BCST）。在 RLSU 之后，待确认的 PTM1 使用业务管理 TM 协议点名。

4）发送前侦听

冲突避免和抗干扰是 3G－ALE 需要解决的关键问题。采用 RLSU 的站点必须在发送呼叫前的时隙中监听选择的呼叫信道。如果在发送之前监听（LBT）到信令，站点必须在确认以下信息后才能在下一时隙发送 PDU，即检测到的信令是经过 CRC 校验且正确的 RLSU_Handshake PDU，并且命令字段表明业务不会在该信道开始，否则不能发送。

5）鲁棒点对点和点对多点呼叫

对于 PTP 呼叫（PTPA 和 PTP1）以及 PTM 呼叫，当被呼台（或多播组）启动一个新的驻留时间，主呼台将选择一个用于发送呼叫 PDU 的时隙，在前一个时隙（如果有）呼叫信道的繁忙状态进行监听，如果 LBT 表明该时隙空闲则发送呼叫。但是，如果主呼台刚好收到对自己的呼入信号，则放弃自己的呼叫并对呼入进行响应，如果 LBT 返回该信道繁忙的信息，则站点不能在该信道驻留时隙发送呼叫。

6）鲁棒 PTPA 响应

在 PTPA RLSU 中，由被呼台选择业务信道，因为被呼台可以测算出当前呼叫信道的状态，从而对业务信道质量进行估计（比如与呼叫信道和业务信道处于同一频带中）。被呼台通过对与主呼台之间物理链路的信号质量进行测量和对有关业务信道占用率进行测量，获取业务信道的质量，为逻辑链路寻找合适的业务信道提供依据。被呼台评估完业务信道质量后，将估计得到的业务信道质量与呼叫服务等级所需的最低信道质量进行比较，从而选出合适的业务信道。被呼台通过某种算法，从满足所需最低信道质量的信道中选择业务信道，该信道不必邻近当前呼叫信道。

被呼台接收到 PTPA 呼叫后，紧接着呼叫时隙之后做出如下响应之一：

（1）开始业务：该响应通知主呼台开启业务管理（TM）协议，并确定使用的业务信道。

（2）语音业务：该响应通知主呼台开启模拟语音业务，并确定使用的业务信道。

（3）继续握手：表示被呼台同意建立逻辑链路，但希望在呼叫信道上继续握手以收集更多信息。被叫台站发送该响应后不改变状态，并像以前一样继续搜索呼叫。

（4）终止呼叫：该响应表示被呼台拒绝建立所请求的逻辑链路，并给出解释原因的代码。

7）鲁棒的 PTP1 和 PTM1 响应

在 PTP1 和 PTM1 RLSU 中，业务信道由主呼台来选择，主呼台对与被呼台之间的物理链路采用预测和测量（如果可用）相结合的方式进行信道质量估计。主呼台紧随呼叫时隙之后，在呼叫信道上发送响应（RLSU_Handshake PDU）。尽管被呼台可以按照上面 PTPA 类型所列出的四个响应中的任意一个进行响应，但一般情况下都响应为开始业务或语音业务，并明确主呼台开启的业务信道用于 TM 协议还是模拟语音业务。

8）鲁棒链路建立

响应发送后，主呼台和被呼台将调谐到约定的业务信道并启动业务管理协议。值得注意的是，如果为语音业务建立链接（即 RLSU_Call PDU 中的呼叫类型 = 模拟语音和 RLSU_Handshake PDU 中的命令字段 = 语音业务），则不经过 TM 协议握手直接进入连接状态。

如果业务没有按时开始，被呼台会设置一个等待时间阈值，如果超过这个时间，被呼台会回到扫描呼叫状态。如果主呼台本次发出 PTPA 呼叫后没有收到响应，则进入下一个呼叫信道并继续完成本次呼叫。

9）鲁棒 LSU 同步模式链路释放

在单个 PTPA、PTP1 或单播 PTM 链路结束后，主呼台可以发送链路释放指令。链路释放指令由 RLSU_Call PDU（含被呼台地址、控制呼叫类型）和 RLSU_Handshake PDU 共同完成，用于告知被呼台释放业务信道和链路，链路释放过程中 RLSU_Handshake PDU 紧随 RLSU_Call PDU 之后发送。

链路释放指令发送时使用的是呼叫信道。主呼台会在链路终止后的第一个驻留期间尝试发送链路释放指令，在此期间被叫台会在该呼叫信道上持续侦听。在该驻留期间，呼叫信道如果被占用导致被呼台无法接收链路释放指令，主呼台则不会重新发送链路释放指令。链路释放时对各信道的选择概率，按照呼叫等级从低到高进行处理。由于侦听链路建立和释放的电台会尝试解析所有收到的 PDU，因此导致这些电台需要额外的运算开销。

10）鲁棒 LSU 同步模式广播呼叫

LSU 同步模式使用 RLSU_Broadcast PDU 来完成，可以为接收电台指定业务信道，也可以制定业务类型，比如指定语音业务类型。

RLSU_Broadcast PDU 中的呼叫类型字段的构造与 RLSU_Call PDU 相同，但其取值只能为链路呼叫类型。倒计时字段用于指定广播开始的驻留时隙序号，例如倒计时值为“0”表示广播从后续驻留时间的时隙 1 开始，当倒计时“$n>0$”时表示广播从后续驻留时间的第 n 个时隙开始。

从驻留期间的第 1 个时隙开始，广播呼叫的每个新驻留时间的倒计时字均会随驻留期递减。信道字段用于指定广播业务将要使用的信道。

电台可在驻留周期的任意一个时隙（时隙 0 除外）发送 RLSU_Broadcast PDU。为达到新的驻留组，它可能会改变使用信道时隙。仅当发送 RLSU_Broadcast PDU 时，主叫站点不需要检查该呼叫信道的占用情况。

随着倒计时字段设置为 0，从驻留时隙 1 开始，主呼台发送 RLSU_Broadcast PDU，并在指定信道上开始进行业务管理（或语音业务）。

广播开始时刻发布后，如果被呼台在指定时隙内未收到 TM_Request（或语音传输）协议，则进行超时等待，如果在超时等待的时间内被呼台仍未收到上述协议，则会返回扫描状态。

5.3.3 快速链路建立

本节主要介绍快速链路建立（FLSU）协议及与其紧密相关的 FTM 协议，有时也统称为 FLSU 协议。在 FLSU 建立链路时，会明确链路建立后将要传输的业务类型。因此，FLSU 同时具备 LSU 和初始业务管理协商功能。FTM 常用于数据传输完成后，管理后续建立的数据传输业务（包括客户端双方交换分组时调整链路上的业务传输方向）。

快速链路建立的主要功能包括：

（1）点对点（PTP）链路建立，作用类似于 2G – ALE 点对点呼叫。

（2）点对多点（PTM）链路建立，作用类似于 2G – ALE 网络呼叫。

(3) 链路终止，作用类似于2G－ALE TWAS。

(4) 时间同步，与2G－ALE时间同步功能类似，在没有外部时间源(如GPS) 支持下，能够满足高精度时间同步需求。FLSU站点使用TOD技术进行同步操作，其误差不超过184.16667ms。

FLSU最基本的数据交换类型是双向握手点对点链路建立协议，主呼台发送链路建立请求PDU，被呼台通过确认PDU进行响应，如图5－27所示，该图展示了FLSU过程中的一些关键时间参数，如1.35s驻留时间。下面对FLSU功能进行具体介绍。

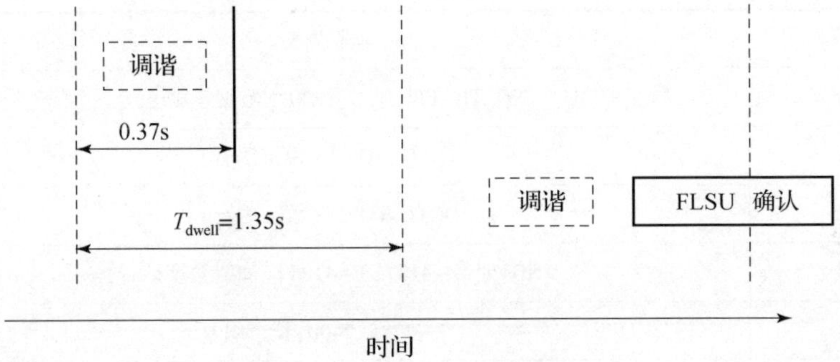

图5－27　FLSU双向握手

1. FLSU协议数据单元

FLSU协议数据单元由BW5突发波形承载，其有效载荷为50bit，可携带FLSU和FTM使用的PDU数据。两种协议的PDU通过前3bit协议类型字段进行区分：001表示FLSU PDU，100表示FTM PDU（如图5－28所示）。

	3	2	10	10	1	1	3	6	6	8
FLSU	001	优先级	目的地址	原地址	地址类型	XN	PDU类型	参数1	参数2	CRC
FTM	100	优先级	目的地址	原地址	地址类型	XN	PDU类型	参数1	参数2	CRC

图5－28　FLSU协议数据单元

1) 优先级 (Pri) 字段

优先级字段处于FLSU和FTM PDU结构的第二部分，长度为2bit，表示链路建立时传输业务的优先级，0 表示最高优先级，3 表示最低。业务优先级也可用于 FLSU 退避算法中。在 CONF PDU 中，当 PDU 结构中参数字段值表示高速率（‘HDL_n’）或 LDL（‘LDL_n’）业务类型时，这个字段才会发挥作用（见表 5 – 22）。在 TOD_Response PDU（Type = 5）中，如果正在发送的时间参考为本地接收的 GPS 时间，则该字段值设置为 3（LOW），否则就设置为 ROUTINE（2）。其他所有 CONF PDU 和 TERM PDU 中该字段值都设置为 3（LOW），并被接收机忽略。

表 5 – 22　业务类型（FLSU 和 RLSU）

编码	业务类型
0	NO_TRAFFIC_TO_SEND（无业务发送）
1	ANLG_VOICE（模拟语音）
2	DGTL_VOICE（数字语音）
3	ANDVT［S – 4197，S – 4198］（加密数字话音）
4	S – 4285［2400，长交织］
5	S – 4285［2400，short intlv］
6	S – 4285［1200，长交织］
7	S – 4285［1200，短交织］
8	S – 4285［600，长交织］
9	S – 4285［600，短交织］
10	S – 4285［300，长交织］
11	S – 4285［300，短交织］
12	S – 4285［150，长交织］
13	S – 4285［150，短交织］
14	S – 4285［75，长交织］
15	S – 4285［75，短交织］
16	S – 4415（自动检测长/短交织）
17	S – 4539 HDR（XXX，自动参数检测）

续表

编码	业务类型
18	SER_110B(数据传输,自动检测参数)
19	HDL_24
20	HDL_12
21	HDL_6
22	HDL_3
23 ~ 38	LDL_32,64,96,…,512
39	LQA
40	HDL +
41 ~ 50	保留给 S - 4538 使用
51 ~ 62	保留给生产企业使用(不能互操作)
63	TOD(仅 FLSU)

2）地址字段

目的地址（Dest Addr）字段表示接受该 PDU（可以是多个站点）的电台地址。目标地址可以是单个电台地址，也可以是多播地址或广播地址。当目的地址是多播地址或广播地址时，地址类型字段设置为“1”。在非连接呼叫中（例如 LQA 探测），目的地址被设置为发送方的地址，此时其值与源地址相同。

源地址（Source Addr）字段表示发送该 PDU 的电台地址，通常为电台本身地址，不是多播或广播地址。

XN 字段表示目标台与主呼台是否在同一子网内。当值为 0 时表示目标站点与主呼台在同一网络中，当值为 1 时，表示目标站点与主呼台位于不同的网络中，并且本地网络中配置相同地址的站点不对该 PDU 进行响应。

3）PDU 类型字段

PDU 类型字段表示 PDU 在协议中的作用，该字段的编码及含义如表 5 - 23 所示。

表 5 – 23　FLSU PDU 类型字段取值及含义

编码	含义
0	REQUEST_2Way：图 5 – 20 所示的“待确认的请求”
1	CONFRM：主呼台确认为所请求的服务做好准备
2	TERM：主呼台终止参与当前服务
3	异步 FLSU_REQUEST：多次发送，紧跟单个 FLSU 请求
4	REQUEST_1Way：“无需确认的请求”
5	TOD_Reponse：响应业务类型 = TOD 的 REQ_2Way
	在 Argument1（参数 1）中携带 TOD 分钟（0，…，59），在 Argument2（参数 2）中携带 TOD 秒（0，…，59）
6	保留
7	保留

4）参数字段

PDU 中有 2 个参数字段，分别携带与 PDU 类型和特定协议有关的信息，如表 5 – 24 所示。

表 5 – 24　FLSU 参数字段含义

字段	值	描述	
参数 1	PDU 类型	FLSU	FTM
	0	信道（0 ~ 63）	时长（TBD）
	1	TOD 正确/得分	计分
	2	信道（0 ~ 63）或 LQA 交换得分	保留
	3	信道（0 ~ 63）	保留
	4	信道（0 ~ 63）	时长（TBD）
	5	分钟（0 ~ 59）	保留
	6 ~ 7	保留	保留

续表

字段	值	描述	
参数 2	PDU 类型	FLSU	FTM
	0	业务类型（表 5－22）	业务类型（表 5－22）
	1	TOD 校正/计分	计分
	2	原因编码	原因编码
	3	业务类型（表 5－22）	保留
	4	业务类型（表 5－22）	业务类型（表 5－22）
	5	秒钟（0～59）	保留
	6～7	保留	保留

5）CRC 字段

CRC 字段用于错误检测，由 8 位循环冗余校验码（CRC）组成，负责对 PDU 的前 42bit 进行计算，其生成多项式为

$$x^8+x^7+x^4+x^3+x+1 \tag{5-19}$$

2. FLSU 协议操作

当需要建立链路时，首先启用 ACS 功能，选择呼叫信道进行建链，然后进行 FLSU 功能初始化，指定单个数据报、业务模式以及链接将使用的信道等信息。FLSU 尝试连接到指定信道，并向会话管理器传递连接成功或失败信息。如果连接失败，会话管理器会在后续时间里再次请求一个数据报传输服务。

FLSU 是单连接协议，不是多频率多次持续建链协议。系统中使用的频率选择（ACS）算法和持续性协议是非标准化的，不影响无线电空口的互操作性。FLSU 使用单向传输 PDU 或双向传输 PDU 建立逻辑链路。如果未收到呼叫响应，则需要发送连接终止信息，避免出现半连接现象。

当出现传输不畅、接收机信道阻塞或与其他传输造成的信道冲突时，被呼台回复出现乱码或丢失，则主呼台检测后认为建链失败，此时 FLSU 协议采用退避算法进行冲突避免。当检测到故障时，主呼台在重试之前需要随机等待一定次数的驻留时间。退避的最大次数取决于业务优先级，业务优先级对应的退避时间范围如表 5－25 所示。

表 5－25　FLSU 退避时间

优先级	退避时间（驻留时间）/s
最高	1～2
高	1～4
常规	1～8
低	1～16

5.3.4　自动链路维护

3G 系列协议具有自适应特性，包括链路建立前的自动信道选择，以及分组传输时利用编码和 ARQ 实现动态数据率的自适应。但是在使用短波链路时，如果上层接口增加或者链路失效，有可能超出业务管理协议应对信道变化的能力。这时，需要一种暂停传输机制，然后寻找一个合适的新频率重新建立链路，最大限度减小链路破坏和失效的概率。这就是自动链路维护（ALM）协议的目的，仅在鲁棒链路建立（RLSU）过程中使用。

1. 自动链路维护协议数据单元（ALM PDU）

自动链路维护协议利用 BW1 波形传输有效载荷为 48bit 的 PDU，格式如图 5－29 所示。

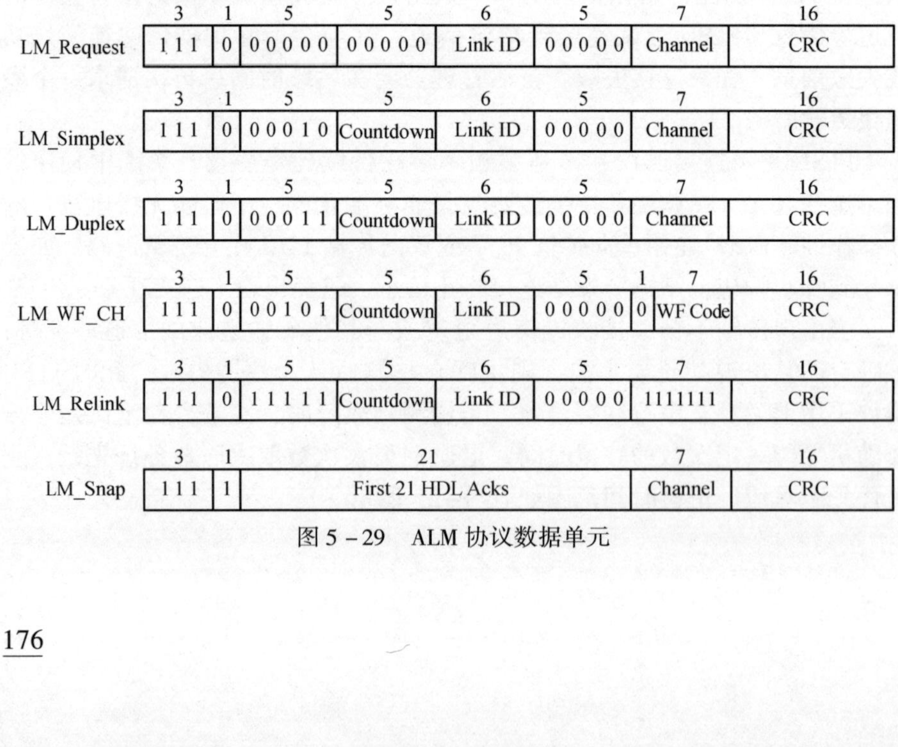

图 5－29　ALM 协议数据单元

各字段含义如下：

（1）如果前 3bit 是“111”，则表明是自动链路维护协议。

（2）计数（Countdown）字段表明 PDU 重传的次数。后续的链路管理（LM）PDU 持续发送，一直到 Countdown 字段值为“0”时结束。LM PDU 重传次数取决于能否将站点丢失 PDU 的可能性降低到一个可接受的水平。

（3）链路标识（Link ID）字段是协议中参与站点地址的哈希值，与建立链路时使用的 ID 一致。

（4）信道（Channel）字段表示当前设定的信道。

2. 自动链路维护协议操作

自动链路维护协议（ALM）操作目的是对链路状态进行维护管理（使用 LM_Relink PDU）。主要功能包括：业务传输时停止探测备选频率；协调其他站点使用其他频率以免对当前频率产生干扰；对双向异频传输进行协商（即发送和接收使用不同频率）；协商更改波形、数据率和编码交织方式。

1）重新建链

点对点链路双方（或点对多点链路中主呼台）可以发送 LM_Relink PDU 要求重新建立链路，在逻辑链接上的全部站点应立即回到扫描状态。原先建立该逻辑链路的站点采用 LSU 重新开始链路建立过程。该 PDU 不需要应答，只需要传递给每一个接收台中的连接管理进程。

2）双向链路协商

在业务信道链接后的任何时刻，包括在建立三业务传输的时间段，一个站点可以发送一个 LM_Duplex PDU 来指定其他站点用什么信道向该站点发送业务。除了 Countdown 字段所有 LM_Duplex PDU 都是一样的。所有发送方在此改变之前将一直用当前信道传输业务。

3）探测备选业务信道

探测备选业务信道有两种机制：快速探测和扩展探测。在响应站点的酌情处理下，快速探测可以被扩展。

（1）快速探测协议。快速探测协议选择备用业务信道以对当前 HDL 数据传输损失最小化为基本原则。当一个站点收到 ARQ 重传数据报时，不发送 ACK PDU，而是通过发送一个 LM_Snap PDU 发起快速探测。LM_Snap PDU 包含 21 个 bit，替换原 ACK PDU 中的 21 个 bit，此外还有一个信道号。接收到 LM_Snap PDU 的站点（响应站点）要调谐到指定信道，并发送一个 LM_Probe PDU。请求信道探测的站点也要调谐到指定信道，并测量

LM_Probe PDU 的信号质量。在发送探测报文的时隙之后，两个站点回到原来的业务传输信道，请求快速探测的站点需做如下操作之一：①开始切换到最近的探测信道；②发起扩展探测请求；③回复刚被 LM_Snap PDU 抢占的 ACK PDU，继续 ARQ 协议。

LM_Snap 的响应站点也可以不发送 LM_Probe 报文，而是发送 LM_Request 报文来发起扩展探测。

（2）扩展探测协议。扩展探测协议是一个开放式的握手协议，可以快速评价若干个备选业务信道。点对点链路上的两个站点都能够发起扩展探测，需要发送 LM_Request PDU 并指定被评估的业务信道。在扩展探测过程中，所有正在进行的业务协议都要暂停。扩展探测最终协商未来将要传输业务的信道。

（3）协调切换到新业务信道。协调转入新业务信道的方法是发送 LM_Simplex 和/或者 LM_Duplex PDU，适用于选择发送方监听业务的新频率。LM_Duplex PDU 表示发送方将继续在当前传输信道上发送业务，直到协商确定一个新频率。LM_Simplex PDU 表示发送方将改变频率到 LM_Simplex PDU 指定的频率。

如果发送方改变频率后发现协议失效（如出现超时或其他问题），将启动重新建链协议，并重新建链。

（4）协商波形。LM_WF_Ch PDU 协议数据包用于在逻辑链路上协商波形。波形码字段和 LM_Confirm PDU 协议数据包中使用的一致（参见表 5-22）。

5.4 业务管理协议

业务管理（TM）用于双向协商（或重新协商）建立或中断业务传输链路。在快速链路建立（FLSU）和鲁棒链路建立（RLSU）这两种模式中，采用的业务传输协议流程有所不同。在 FLSU 模式中，业务管理（TM）首次握手包含在建立链接的握手过程中；后续的业务协商使用 FTP 协议来完成。RLSU 模式则具有一套单独的业务管理协议，本节将详细介绍该协议。

在 RLSU 模式下，业务传输管理的作用，取决于呼叫类型，具体情况如下：

（1）当呼叫类型为模拟语音时，不需要业务管理，立即开始语音业务。

（2）当呼叫类型为分组数据时，业务管理协议用于设定分组传输参数。

（3）当呼叫类型为链路时，通过链路连接控制协议对链路业务传输进行管理。如果收发双方电台具有速率动态调整能力，则不需要业务建立握手过程就可正常开始业务传输。

（4）业务管理轮询呼叫机制在没有被呼台确认条件下建立链路时通常有效。

一旦链路建立，参与的站点将确定以下参数：

（1）试图加入链路的站点 ID。

（2）连接拓扑关系：点对点、多播或广播。

（3）链路模式：分组或链路。

（4）连接过程中用作业务发射的短波信道。

此外，主呼台能够在业务管理阶段的第一个时隙传输一个业务管理 PDU。

在业务管理阶段，主呼台与被呼台间交换业务管理 PDU，以决定在链路连接模式下是否能传输数据或语音业务；传输业务时采用何种数据链路协议、波形和（或）基带调制模式；业务的传输优先级；以及分组业务连接时 HDL 和 LDL 协议所需的精确时间同步质量。

如果业务传输链路是一个多播链路（有多播拓扑），参与的站点开始时要进行一次轮询，以决定哪一个站点收到了鲁棒链路建立（RLSU）信令，并在业务传输频率上监听。第二次轮询仅在业务链路使用完成前执行，参与的站点再次扫描。这样就能保证，在多播链路上发送信息的站点能够获悉需要接收多播信息的站点是否在业务信道上接收。这一机制还允许发起业务链路的站点在某些期望的站点中断链路后，决定终止连接或者尝试重新连接。

当业务交换完成之后，业务管理协议来协调中断链路，从而释放链路资源。

5.4.1　业务管理 PDU

业务管理 PDU 由突发波形 BW1 承载，格式如图 5－30 所示。

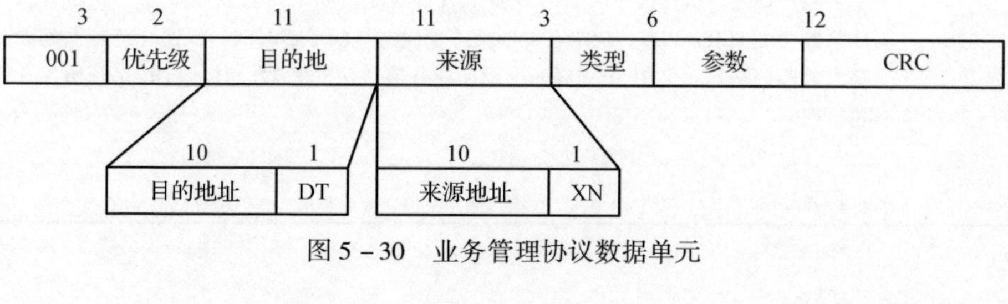

图 5－30　业务管理协议数据单元

各字段意义如下：

(1) 优先级字段采用通用3G编号方案，0是最高优先级。

(2) 地址字段采用10bit的站点地址或多点地址。目的地类型（DT）比特值为1时表示多点链路，0表示点对点链路。如果源地址（XN）比特值为1时表示收发站点不在同一网络，0表示收发站点在同一网络。

(3) 类型字段表明本PDU在TM协议中的所起的作用：0代表TM请求，1代表TM确认，2代表TM终止。

(4) 参数字段在TM请求和确认PDU中表示业务类型（参见表5-19），该字段在TM终止PDU中表示终止原因编码（参见表5-26）。

表5-26　业务管理终止原因编码

编码原因	原因描述
0	立即终止业务传输链路，所有入网站点不得使用业务信道或为链路指定的频率。“原因”=“放弃”表明不得再采取任何措施重新发送待传输的分组
1	立即终止业务链路，所有入网站点不得使用业务信道或为链路指定的频率。“原因”=“重建链路”表明用户进程将试图在其他频点或频率上恢复数据传输
2	发送TM_TERM PDU的站点退出多播链路，这个站点不是多播链路的发起台，如果有两个或更多站点还在链路上，它们之间仍可以继续交换业务
3	多播链路的发起站点发出拆链信令，在最后一轮轮询结束后，链路被拆除
4	加入多播链路的站点响应拆链信令，即收到带有“原因=拆链”的TM_TERM PDU后的肯定回答，表明该站点已成功接收所有多播链路上的业务
5	加入多播链路的站点响应拆链信令，即收到带有“原因=拆链”的TM_TERM PDU后的否定回答，表明该站点尚未成功接收所有多播链路上的业务
6	暂停当前的多播链路，主呼台重复鲁棒链路建立（RLSU）多播呼叫，以便尽可能多地将最近一次轮询中缺席的多播组成员唤醒。如果站点收到带有“原因=暂停”的TM_TERM PDU，应当在业务信道中保持一段足够时间，以便让链路发起者完成鲁棒链路建立（RLSU）呼叫，返回业务信道并发送TM_REQ PDU来开始另一轮轮询
7	保留

（5）12bit 循环冗余校验码（CRC）通过 PDU 前面的 36bit 计算得到，生成多项式为

$$x^{12}+x^{11}+x^{9}+x^{8}+x^{7}+x^{6}+x^{3}+x^{2}+x+1 \tag{5-20}$$

5.4.2　业务管理协议流程

我们在前面介绍了 RLSU 模式的 TM 协议实例。在首次 TM 握手后，每个站点中的 TM 实体在站点交换语音和数据业务时继续监听信道。它需要时刻准备重新协商业务参数或者通过接收 TM PDU 拆链。如果使用 HDL 或 LDL 协议建立分组业务传输链路，用户进程可以终止数据链路传输，并使用下一个数据链路传输时隙（即 xDL_DATA 或 xDL_ACK PDU 时隙）发送一个 TM_TERM PDU。也就是说，在数据传输过程中，每个站点必须既能解调由 BW1 波形承载的 TM_TERM PDU，也能同时接收和解调由 BW2、BW3 或 BW4 波形承载的数据链路信令。

除了选择链路的业务模式，TM 协议还能为 HDL 和 LDL 协议建立时间同步。点对点分组链路的 TM 阶段从 RLSU 时隙结束时开始，即 LSU_COMMENCE PDU 传输完毕时开始。由于这时仅完成了一个双向 TM 握手过程，双方站点还不能估计彼此间的传输时延。在每个传输方向上，TM 握手信令用于建立后续信令的计时。前向传输中，在 TM_REQUEST PDU 发送之后，第一个 xDL _DATA PDU 按照固定的（收发双方已知）时间间隔发送。与此类似，反向传输中，在传送了 TM_CONFIRM PDU 后，第一个 xDL_ACK PDU 按照固定的时间间隔发送。

5.5　数据传输协议

3G 数据链路协议是为了在短波链路上尽可能高效地在源站点和目标站点之间传输数据。在无差错数据传送上，由于 3G 数据链路协议采用了 LDL 和 HDL 数据传输协议，因此具备容错能力。

所有 3G 数据传输协议都使用了自动重传请求（ARQ）技术，以保证数据的无差错传输，这要求收发能够双向通信，以便接收方能够告知发送方已正确收到报文。通常采用的方法是将报文分解为一系列帧或分组，在此基础上用循环冗余校验码对接收到的数据进行保护并校验错误。如果发现错误，接收方就发送重传请求 ARQ 给发送方，请求其重新传送上一帧或

分组。如果数据没有错误，接收方会向发送方请求继续发送下一帧或分组。自动重传请求的技术有很多种，但基本上都是基于上述技术进行改进。

5.5.1 低速数据链路协议

低速数据链路协议（LDL）是一种停止等待 ARQ 协议，提供了一种可靠数据传输机制。LDL 协议中传输的数据报是一个有序序列，最大可达 16384000 个 8bit 字节。对于不同长度的数据报而言，在一般或较差的短波信道条件下，LDL 协议的报文传输性能优于 HDL 协议；在任何信道条件下，LDL 协议的短报文传输性能都优于 HDL 协议。

LDL 在配置好业务管理和数据链路连接参数（包括协商使用 LDL、数据链路传输精确的时间同步等）后进行数据传输。LDL 数据传输过程中，收发双方按照图 5－31 中描述的规则轮流进行传输，发送方先发送包含数据包的 LDL_DATA PDU，随后接收方发送含有确认消息的 LDL_ACK PDU，以确定刚才发送的 LDL_DATA PDU 是否被成功接收。如果双方中的任一方在预定时间没有收到对方的报文，则假定对方已成功收到报文，并继续发送下一个 PDU。传输携带 LDL_DATA、LDL_ACK 和 LDL_EOM 的突发波形，传输时刻在业务设置阶段中决定。这些关键特性增加了短波信道条件下 LDL 数据报传输的稳健性。

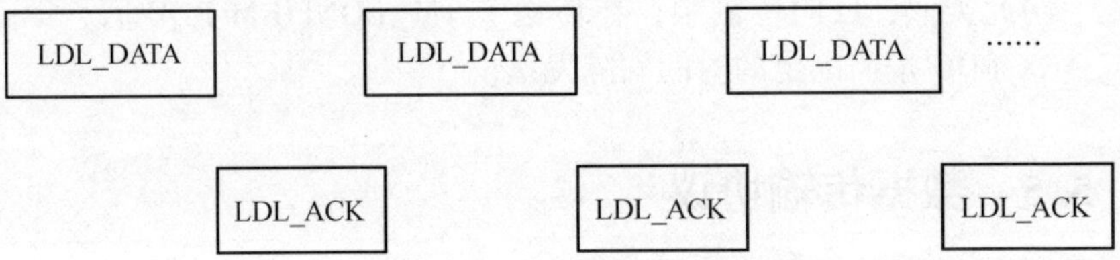

图 5－31　LDL 数据传输示意图

当发送方传送完包含全部数据的 LDL_DATA PDU，并且接收方正确接收全部报文并应答之后，数据传输结束。若发送方收到 LDL_ACK PDU，表明所有的数据报已成功接收，发送方将在下一个 LDL_DATA PDU 发送时隙内尽可能多地重复发送 LDL_EOM PDU，向接收方表示数据传送即将结束，或者开始传输下一个 LDL_DATA PDU。图 5－32 描述了 LDL 链路终止过程。

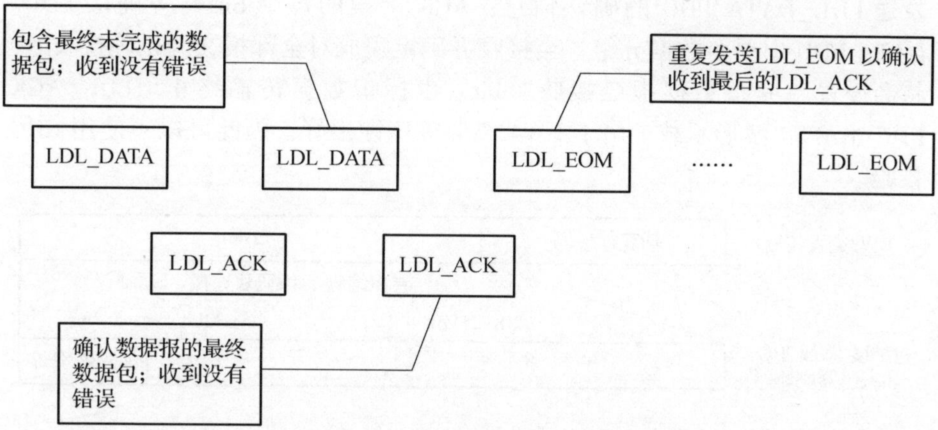

图 5－32　LDL 链路终止场景示意图

1. 低速数据链路协议数据单元（LDL PDU）

图 5－33 描述了 LDL PDU 的格式和内容。每个 LDL_DATA PDU 承载单个数据分组（用户数据长度为 $N\times32$ 个字节，N 从 1～16 中取值），数据分组后紧跟着 17bit 的序列号和 LDL 协议中 8bit 控制字段（目前未使用）。在业务建立阶段，用户进程决定每个 LDL_DATA PDU 承载的数据字节数，如果数据报长度较短还可缩短 LDL_Data PDU。一旦确定，在业务建立阶段，每个 LDL_DATA PDU 数据字节数被告知接收方。这样，每次传输的 LDL_DATA PDU 都包含同样数量的数据字节，直到全部数据报传送完毕。

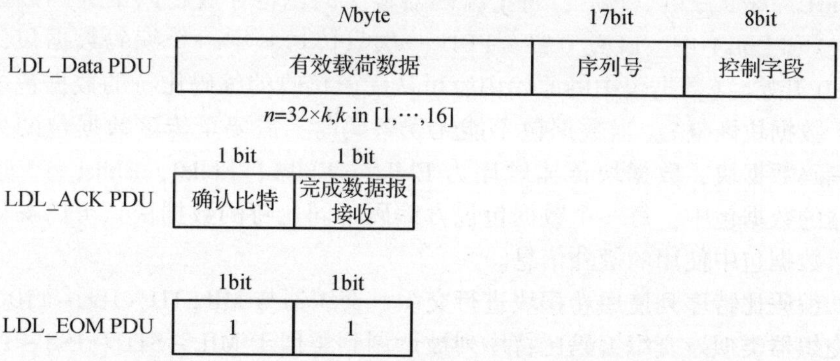

图 5－33　LDL PDU

图 5－34 描述了基于 BW3 波形编码和调制的 LDL_DATA PDU。LDL_ACK PDU 用于接收方对发送方报文进行应答。每个 LDL_ACK PDU 包含对

发送 LDL_DATA PDU 的确认信息；ACK 字段的每个 bit 响应确认 LDL_DATA PDU 中单个数据分组。当接收方确定完成对全部报文的正确接收后，将会设置“完整数据报已接收”bit，也标识数据传输终止。LDL_ACK PDU 由 BW4 波形承载。由于 BW4 波形鲁棒性很好，因此可以不使用 CRC 校验。

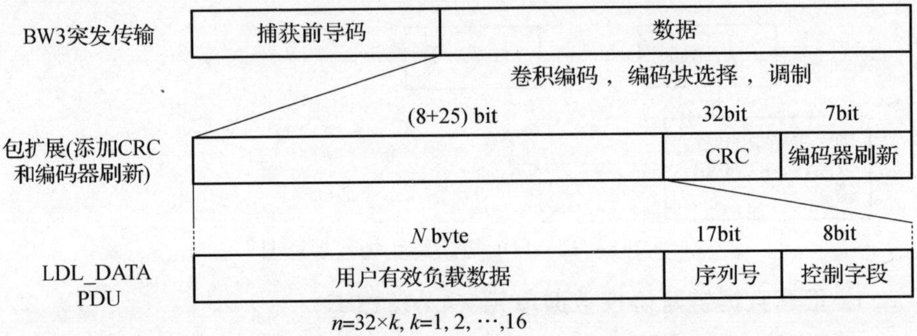

图 5-34　BW3 波形编码调制 LDL_DATA PDU

当发送方接收到无误的 LDL_ACK PDU，将采用 BW4 波形发送 LDL_EOM PDU，表明用户的整个报文已经准确无误发送给接收方。

2. 低速数据链路 ARQ 处理流程

LDL_DATA PDU 通过增加 32bit 的 CRC 码进行扩展，后面跟着包含 7 个“0”比特的编码器序列。生成的数据序列采用 1/2 速率卷积编码的 FEC 编码。对于每个输入 bit 而言，编码器输出 2 个 bit，分别为 Bitout0 和 Bitout1。每个分组编码后，每个编码器输出的比特存放在两个编码数据块 Eblk0 和 Eblk1 中。LDL_DATA PDU 一次只传送其中一个编码数据包，从 Eblk0 开始。(数据包中的原始内容可从无误接收的编码比特的数据包中的单个数据块恢复)。当数据包不能无误解码时，需要重传该数据包的另一个编码数据块，数据块传输顺序为 Eblk0，Eblk1，Eblk0，Eblk1…。连续传输的数据包中，每一个数据包包含编码不同比特的数据块，可以提供在解码数据包中使用的额外信息。

编码比特序列使用卷积块进行交织，交织器与 MILSTD-188-110C 中的交织器类似。交织编码比特序列被调制到类似于 MIL-STD-188-110C 标准中定义的串行音波形上，每秒 75bit。编码调制的结果是一个十六进制正交 Walsh 帧序列，每帧由 16PSK 符号承载，每个十六进制 Walsh 帧表示从交织器中取得的 4 个 bit。

640 个 8PSK 符号的同步头序列被放置在 Walsh 帧序列之前。这个同步头序列用于初始信道估计、频率偏移估计和精确时间校准同步，以便最佳适应信道的多径效应。同步头因为使用的是 BW3 波形，建立业务传输的握手阶段就进行了数据链路时间同步，因此每次传输的时间是确知的。

5.5.2　高速数据链路协议

高速数据链路协议（HDL）是一种选择重传 ARQ 协议，可为已建立短波链路的收发站点间的数据包传输提供确认机制。利用 HDL 协议传输的数据包是一个有序序列，最高可达 7634944 个字节。在较好或一般的短波信道条件下，HDL 协议适合传输较大的数据报。相比而言，LDL 协议在一般和较差的短波信道条件下，对所有长度数据报均有较好性能，或者在所有信道条件下对于短报文传输都性能较好。

在业务建立阶段所有站点建立数据链路连接后，HDL 中的数据开始传输。此时 HDL 决定了用于每一个 HDL_DATA PDU 中的数据包数量和数据链路传输的精准时间同步（与 LDL 和其他机制不同）。

在 HDL 数据传输中，发送方和接收方交替发送，如图 5－35 所示。

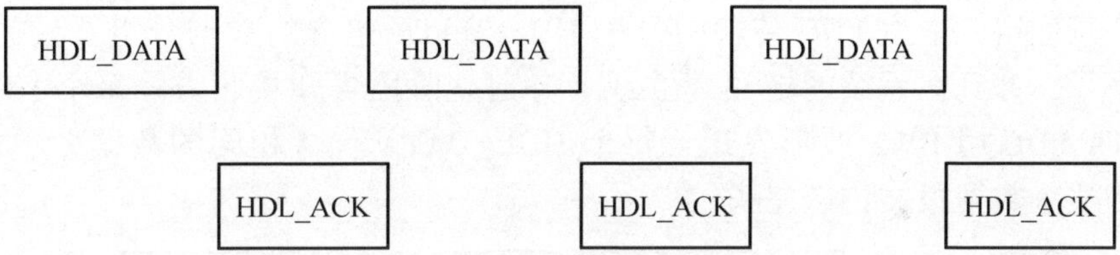

图 5－35　HDL 数据传输

发送方发送包含数据分组 HDL_DATA PDU，接收方回复对当前 HDL_DATA PDU 确认无误接收的 HDL_ACK。如果双方在超时之前没有接收到对方的 PDU，它将发送下一个 PDU，如同成功接收到 PDU 一样。突发波形发送 HDL_DATA、HDL_ACK 和 HDL_EOM PDU 的时机在 FLSU 或 RLSU 的初始数据链路时间中已经确定。当发送方已发送完包含所有数据的 HDL_DATA PDU，并且接收方已回复全部报文无误接收，数据传输结束。当发送方收到一个 HDL_ACK PDU 表明全部数据成功接收，则在下一个 HDL_DATA PDU 传输的时隙内尽可能多地重复发送 HDL_EOM PDU，表明数据传输结束。图 5－36 描述了 HDL 链路发送完毕的过程。

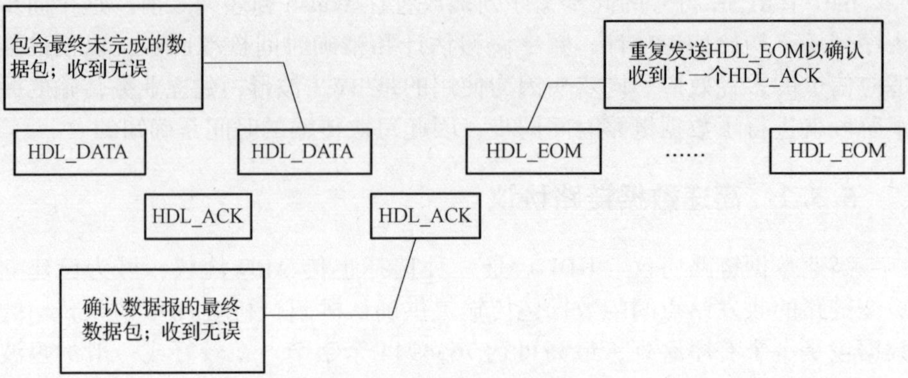

图 5－36　HDL 终止数据传输场景示意图

1. 高速数据链路协议数据单元

HDL PDU 的格式和内容如图 5－37 所示。每个 HDL_DATA PDU 由 24 个、12 个、6 个或 3 个数据分组组成。每个数据分组包含 1881bit 的载荷数据（其中用户数据 1864bit，17bit 的流水序列号由协议添加）。在链路/业务建立阶段，会话管理进程决定每个 HDL_DATA PDU 的数据分组数量以更加有效地传递用户数据，当 PDU 缩短时数据包的长度相应缩短。PDU 长度一旦确定，本次 PDU 传输中每个 HDL_DATA 包含的数据分组数量就定下来了，并且在后续的链路建立或业务建立阶段告知接收方。每个 HDL_DATA PDU 用 BW2 波形发送，每个 HDL_DATA 包含相同的数据分组数，直到整个数据报文传送完毕。

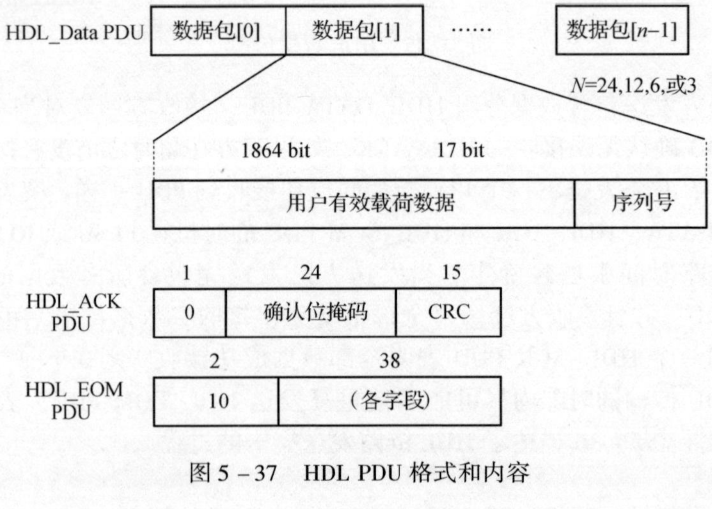

图 5－37　HDL PDU 格式和内容

HDL_ACK PDU 用于接收方对接收到的数据进行确认。每个 HDL_ACK PDU 包含当前正在处理 HDL_DATA 的应答信息；HDL_ACK 比特掩码（bit-mask）中的每一个比特信息，用于确认 HDL_DATA PDU 对应的数据分组。HDL_ACK PDU 内容受一个 16bitCRC 校验码保护。

HDL_EOM 是前向发送的 PDU，当接收方应答确认正确接收到全部报文时，发送方用 HDL_EOM 取代 HDL_DATA，表明整个用户数据报已传输完毕。

HDL_ACK 和 HDL_EOM PDU 都使用 BW1 波形传输。每个 PDU 开头的标记位用于区分这两种 PDU。

2. 高速数据链路 ARQ 处理流程

BW2 编码和调制 HDL_DATA 协议数据单元如图 5-38 所示。HDL_DATA PDU 中的每个分组都通过增加 32bit CRC 校验码进行扩展，后面还有一个含有 7 个“0”bit 的 17 位流水序列号。被扩展数据包的输出序列采用 1/4 码率卷积码进行 FEC 编码。对应每个输入比特，编码器产生 4 个输出比特：Bitout0，…，Bitout3。数据包编码之后，每个编码器输出的比特积累为一个数据块，并产生 4 个编码块：Eblk0，…，Eblk3。HDL_DATA 发送一个分组时，1 次只发送 4 个码块中的一个，发送次序从 Eblk0 开始。（如果接收正确无误，分组内容可以从任意一个码块中恢复）。如果不能正确解码，就必须重传另一码块，顺序为 Eblk0，Eblk1，Eblk2，Eblk3，Eblk0…。在数据包的连续传输中，数据包包含不同的编码块可以为数据包的解码提供额外的信息。

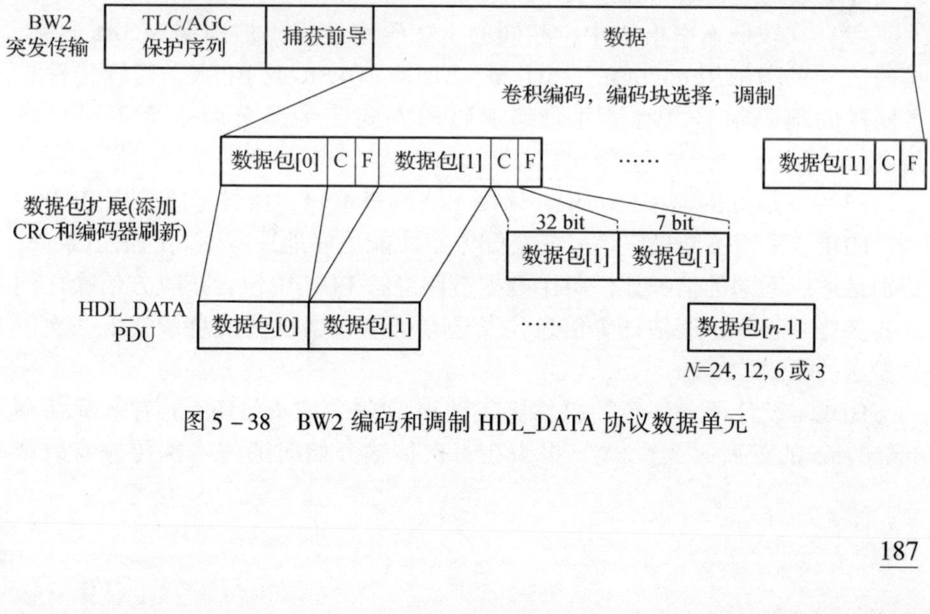

图 5-38 BW2 编码和调制 HDL_DATA 协议数据单元

编码比特序列调制过程与 188－110A 串行波形类似，每秒 4800bit。序列是未知/已知符号帧组成的序列，每帧包括 32 个未知符号（8PSK 符号承载 3bit，灰色编码），后面是 16 个已知符号。帧首还要添加一个传输层控制/自动增益控制（TLC/AGC）防护序列以及用于初始均衡器训练的 64 个已知符号序列。值得注意的是，BW2 波形不需要前导确认，因为一旦链路/业务建立握手且用于数据链路校时，每一个 BW2 波形传输到达的准确时间就已知。

5.5.3 HDL＋数据链路协议

随着 MIL－STD－188－110B 附录 C 和 STANAG 4539 中更高数据速率波形的出现，3G 协议家族也希望获得同等的数据率并由此提高数据吞吐量。HDL＋数据链路协议结合了 STANAG 4539 和 MIL－STD－188－110C 附件 C 中定义的高数据率波形第Ⅱ类混合 ARQ 技术。HDL＋在各种信道条件下都有较好的数据传输吞吐量，在高斯白噪声和高信噪比的条件下，3kHz 信道数据传输速率高达 10000bps。HDL＋被纳入到北约标准 STANAG 4538 协议框架中。在初始链路建立或业务管理握手阶段，站点在开始数据传输时需明确数据传输使用的协议类型（LDL、HDL 或 HDL＋）。

HDL＋是一种自适应协议，采用可变编码码率格式，能在各种信道条件下实现最佳数据吞吐量。

（1）在最高速率格式中，将 64QAM 信号星座与 1/2 码率的卷积码（$k=7$）相结合；但每次传输一个分组时只包含该分组两个编码中的一个，最终形成编码组合增量冗余技术。

（2）在较低速率格式中，相同的 1/2 码率卷积码被削弱为 3/4 码率，编码信号星座采用 64QAM、16QAM、8PSK、QPSK 或 BPSK。连续传输包含同样的编码信号，增量冗余编解码的方式变为差分组合而不是编码组合。

（3）在最低的速率格式中，采用 1/2 码率编码，信号星座采用 BPSK。

HDL＋采用不同星座信号的搭配方案才能更好地适应不同的信道条件，特别是适应不同的信噪比。每个数据链路应答 PDU 中包含接收方信噪比估计和多普勒频率扩展估计等信息，发送方可以根据这些信息调整下一次信号发送的格式。

HDL＋设计了一种新的鲁棒突发波形 BW6，它有 51bit 的有效载荷和 386.67ms 的天波时延。BW6 报头在每次传输开始时通告本次传输有效载荷的分组数量和调制方式。BW6 也使用 ACK 应答机制和其他 HDL + 协议信令。由于 BW6 突发数据速率比 STANAG 4538 快速链路建立 BW5 波形数据速率要高，因此 HDL + 在低信噪比条件下使用性受到限制，一定程度上降低了该突发方式的鲁棒性（低信噪比条件下，LDL 协议更适用）。尽管典型天波信道的吞吐量较低，但 HDL + 协议设计的微小开销却允许它在较好或一般信道条件下的最大吞吐量可超过 10000bps。

当前，HDL + 已成为 STANAG 4538 第二版的一部分，哈里斯公司相关产品已证实 HDL + 相当实用，但受限于知识产权，HDL + 仅在哈里斯公司生产的短波电台产品 Falcon II ®系列中进行了应用。

5.6　3G 与 2G 短波通信技术的比较

第三代短波通信同步技术体制（3G）在美军 20 世纪 90 年代制定的 MIL – STD – 188 – 141B 标准中提出，该标准支持同步和异步两种工作方式，与第二代异步通信技术体制相比，尤其是同步技术体制，在链路建立、网络规模、业务处理等方面性能更加优越。

1. 自动链路性能更优

在 3G 同步技术体制中，由于采用了呼叫信道同步搜索、驻留组结构、载波监听访问协议以及突发波形传输等技术，使得 3G – ALE 在改善自动链路沟通性能方面取得了重大进展。从 2G – ALE 系统与第三代链路自动建立的性能比较可以得出，这两代系统之间具有很大的差别：2G – ALE 不能在较低信噪比条件下建立链路；3G – ALE 有 6 ~ 9dB 的性能改善，能够在更低的信噪比工作。

另外，同步技术体制在无线链路上采用同步扫描选频技术，设计了地址、频率、时间一一对应的函数关系，通信时只需输入对方的通信地址，电台就能根据同步时间和通信对象的频率图谱，准确计算出对方当前驻留频率，并在该频率上发起呼叫。如果信道质量符合通信要求，即可实时、快速、自动建立通信链路。

因此，在相同的链路条件下，同步技术体制能够更快找到合适信道并建链通信，自动链路建立性能更优。

2. 组网规模更大

2G 异步体制网络中，电台地址容量非常小，一个网只能容纳几十个电台。3G 系统内最多容纳 32 个组，每个组内最多允许有 60 个成员（从

111100 至 111111 为保留地址），所以每个网中最多可容纳 1920 个成员。为了发挥 3G－ALE 的地址机制优势，应尽量将站点分到多个不同的组中，这样可将呼叫平均分布在各个频率上。

首先，同步技术体制采用了驻留组的网络设计，网络中成员被划分成组，不同的组在每个扫描的驻留时间内能够监听不同的信道。这样，呼叫在时间上和频率上就被分开，降低了呼叫信道拥塞的可能性。在同一时间监听同一信道的组称为一个驻留组。这样，网络电台地址采用驻留组号＋成员号的编码方式，相对于异步而言，网内电台地址数量大大增加。

其次，同步技术体制采用了同步信道扫描技术，网内所有电台在标准时钟控制下进行同步扫描，这种机制使同一频率集在进行“正交”处理后，便可为多个网络或电台组提供服务。虽然这些子网的频率集相同，但在同步时钟的控制下，每个子网在同一时刻扫描的频点是不同的，不会出现频率碰撞现象。相同频率集经过正交处理后可以为多个网络或电台组使用，使短波通信的频谱利用率和容量大大提高。

3. 频率利用率更高

2G 异步体制网络中，“专网专频、专台专用”的用频策略带来了频率利用率低的问题。3G 网络中，同步工作模式对频率使用进行了改进，一是支持大规模组网，二是降低了对链路的质量要求。因此，组网时采用“组大网、共用频率”策略，进一步提高了频率利用率。

同步技术体制采用了新的建链与自适应技术，降低了对高质量信道的要求；网络化组织、多路由接入和信道共用，提高了短波建链的可靠性。因此，同步技术建立了公共频率集，按一定规律构建频率图案，可在一般短波信道中快速可靠建链。

同步技术体制采用频率共用机制，提高了频率利用率。首先，网内所有台站在时钟控制下基于频率正交图案同步扫描。所谓“正交”是为了避免频率碰撞，不同频率图案在同一时间横轴上不能出现频率重叠。其次，所有电台使用的频率集虽然相同，但使用顺序不同，同一个时刻扫描的频率是不同的。因此，在任一时刻，均不会发生频率碰撞。理论上讲，一个频率集内有多少个频率点就可以构成多少个正交的扫描频率图案。相同频率集经过正交处理后可以为多个网络或电台组使用，进一步提高了短波通信的频谱利用率。

4. 业务处理能力更强

2G 短波通信采用呼叫信道和业务信道共用的模式，网络业务流量大时，阻塞率较高。3G 网络基于 2G 进行了改进，呼叫信道和业务信道实现了分离，并保持业务与呼叫信道相邻，以使它们在传输特性上相近。通信时电台在呼叫信道上选频呼叫，建链后自动切换到对应的业务信道，进行业务传输的同时释放呼叫信道供其他用户使用。由于在呼叫信道上停留的时间相对较短，因此避免了大业务量引起的冲突，保证了链路建立的可靠性和快速性。这种技术起到了数据量分流作用，在高负荷的网络中，保证了信息传送的高效率，进一步提升了网络的业务处理能力。

5.7　小结

相对第二代短波自动链路建立系统，第三代短波自动链路建立系统进行了许多改进，主要体现在：更快的链路建立、可在更低信噪比情况下建链、提高了信道利用率、自适应控制和数据业务使用了同一类的波形、对长和短消息有更高的吞吐量、更好地支持因特网协议和应用。带来以上性能改进的新技术包括：采用 PSK 调制解调方式、呼叫信道的同步扫描、将各站划分为驻留组、呼叫和业务信道分离、带有呼叫优先权的多时隙信道接入和载波监听多点接入冲突避免（CSMA/CA）的信道接入规程等。目前，3G 短波电台已广泛部署，特别在战术网络中，3G 短波网络能在较低的信噪比下传输数据，射频能耗更低，已得到实际验证和推广应用。

第6章 第四代短波通信建链与传输技术

当前，短波高速数据传输需求日显突出。随着认知无线电、软件定义无线电技术的发展，以第四代短波建链与传输（美军标 MIL-STD-188-141D、110D）标准颁布为标志，高于 3kHz 带宽的宽带短波（Wideband High Frequency，WBHF）波形研究成为当前技术研究的发展趋势。本章分析了短波高速数据传输需求，阐述了短波宽带建链流程，详细讨论了短波宽带化链路建立波形和数据传输波形，为新一代短波通信技术研究提供了参考。

6.1 短波宽带通信需求

20 世纪 90 年代，在短波中实现宽带通信主要采取直接序列扩频（DSSS）与高速差分跳频（CHESS）两种方式。美国 SANDER 公司和 SICOM 公司分别研究了信道带宽为 1MHz 以上的 CHESS 与 DSSS 宽带通信方案，其中，CHESS 系统在 2.56MHz 带宽内实现了 5000 跳/s、19.2kbps 的传输速率；DSSS 在 1.5MHz 带宽内实现了 57.6kbps 的传输速率。另外，在军事短波通信中通过分配 2 个（甚至 4 个）相邻信道用于独立边带（ISB）操作，以提升数据速率和通信可靠性。例如，美军 LINK-11 战术数据链在两个相邻的短波信道中发送相同的战术消息，接收机采用频率分集合并处理，利用两个信道的不完全相关性，提升通信可靠性，这些措施仍然难以满足日益增长的战场态势、图像、视频等业务传输需求。本节主要介绍短波宽带化的应用场景，利用较高数据传输速率在任务性能方面提供质的改进。

6.1.1　大文件传输

使用较高数据速率波形使短波通信应用发生了革命性变化，图像、文电等大文件通过短波通信传输将改变战场游戏规则。陆空协同作战中，假设地面指挥所与空中作战飞机建立短波通信数据链路，地面指挥所通过短波固定台站（天线高于地面 9m），向高度 9000m、速度 900km/h 的飞机发送数据。当飞机在地面短波电台的通信范围内时，可以建立地空短波链路进行数据传输，该链路维持时间决定了可以传输的文件大小。因此，较高的数据速率可传送更大的文件（例如，图像与文电），即短波宽带通信系统比窄带通信系统在有限时间内能够发送更多的数据。有实验证明，对于 12kHz 短波通信系统，该数据传输速率是 3kHz 系统的 2.6 ~2.9 倍；而对于 24kHz 系统，传输文件大小上升到 3.8 ~4.5 倍。因此，短波宽带系统的高速率传输将有效缓解短波通信对大文件传输的局限性。

6.1.2　视频图像传输

战场视频图像传输是未来信息化战争的重要业务。为实现高质量图像数据传输，战场视频监视业务传输需要的数据速率至少为 38kbps（如，采用 H.264 压缩视频流，每秒 15 帧，分辨率为 160 ×120），这比传统短波通信 2.4kbps 的数据速率能力要高得多。虽然通过短波地波传输视频业务也具有显著价值，但是更高数据速率波形必须适用于远距离天波衰落和多径失真路径，这样才能在更广范围内为更多用户提供视频服务。随着智能无人系统及相关技术的发展，无人机（UAV）作战作为未来战争中的重要作战样式，通常其指挥控制指令和视频业务主要通过卫星通信或超短波/微波视距通信来进行传输。更高的短波数据速率为无人机地空通信提供了新的手段，即通过短波天波超视距通信达成无人机指挥控制和视频图像传输。当然，在无人机上为短波发射机供电并实现高效的天线效率是一项严峻挑战。在山区或人口密集的城市地形中，由于无法满足超短波、微波所需视线通信传输条件，可以采用短波近垂直入射天波（NVIS）路径，通过越过障碍物来传送视频。

6.1.3　战场态势传输

战场态势共享是信息化战争的重要能力需求。短波地波实现点对多点通信可用于提供海战场通用作战图（COP），并支持在海军战斗舰（群）

之间的作战协同，该应用模式得益于宽带短波波形提供的更高数据速率。通过良好的海面波信道使短波信号传播具备覆盖范围广、信号损耗低的路径特性，短波宽带信道提供的更高数据速率允许使用通用 IP 网络，该短波网络中的节点使用令牌传递信道访问协议，通过共享信道实现持续数据传输、ACK 确认和令牌传递。短波海面波信道提供的较高数据速率降低了传输时间延迟，增加了舰船之间的共享数据量。

6.1.4　高可靠语音通信

短波宽带波形提供以非常低的 SNR 条件下超视距数字语音通信。北约标准化组织 STANAG 4591 增强混合激励线性预测（MELP）声码器标准，规范了 2400bps、1200bps 和 600bps 三种低数据速率条件下语音编码算法，适用于 Windows、Linux、Android 和 iOS 操作系统，在误码率达到约 10^{-2} 时，仍可提供高质量的语音清晰度。当非常健壮的 Walsh 编码 600bps 波形用于 24kHz 信道时，能够在远低于本地噪声的信号水平上可靠地进行语音通信。

6.2　短波宽带化建链技术

为让更多用户共享非常有限的短波频谱资源，大多数双向通信（非广播）仅分配了 3kHz 的带宽进行语音和数据通信。下一代短波通信的一个发展趋势是宽带化传输，即通过使用大于 3kHz 的宽带信道实现高速数据通信。在美军颁布的 MIL－STD－188－110B 标准中，建议采用两个独立边带（2－ISB），共 6kHz 的信道实现 19.2kbps 的速率。2011 年颁布的MIL－STD－188－110C 标准附录 D 中建议采用 3～24kHz 的信道（以 3kHz 为间隔）传输，系统中的短波电台可采用自适应技术自动选择通信信道及带宽，以建立和维持链路，且在 24kHz 高质量信道采用 256－QAM 调制方式可以达到 120kbps 的传输速率。美国哈里斯公司开发了支持 110C 标准附录 D（宽带波形传输与建链）的 RF－7800H－MP 电台，在 24kHz 带宽的平均速率为 76.8kbps，最高可达 120kbps。美国柯林斯公司也提出了支持 110C 标准附录 D 宽带波形的技术方案并进行了测试。在最新的 141D 和 110D 标准中，将信道带宽进一步提高到了 48kHz。本节将介绍第四代短波自动链路建立 4G－ALE 的建链波形，主要包括宽带自动链路建立基础、宽带波形调制和建链协议。

6.2.1　WALE 链路建立基础

第四代短波自动链路建立也称作宽带自动链路建立（WALE）。本小节主要介绍 WALE 协议数据单元、WALE 编址、扫描与凝视、链路建立与信道评估、数据存储结构等。

1. WALE 协议数据单元

短波 WALE 系统的协议数据单元（PDU）具有固定大小（96bit），通过 WALE 波形（包括“深度波形”和“快速波形”）在短波信道上完成呼叫建链和业务传输，支持信道质量评估、选择性呼叫、业务带宽协商，以及数据和文本消息的传递等功能。4G 短波通信系统 PDU 结构如图 6－1 所示。

3	5	72	16
协议	协议说明	有效载荷	CRC

图 6－1　4G 短波通信系统 PDU 结构

4G 短波通信系统 PDU 可以使用任一 WALE 波形发送，PDU 中的 8bit 字节按照从上到下的顺序发送，每字节中的比特位按从右到左的顺序发送（最低有效位优先）。PDU 中的协议字段表示特定的应用类型，如表 6－1 所示。

表 6－1　4G 短波 WALE PDU 中的协议字段定义

协议字段	协议	备注
000	文本消息	传送可读的消息
001	二进制消息	传送二进制数据
010	链路建立	传送建链消息
011	公用 PDU	传送公用协议
其他	（保留，未使用）	—

在 4G 短波 WALE 波形协议中，PDU 使用统一的格式，其中的循环冗余校验（CRC）字段是使用多项式 $x^{16}+x^{15}+x^{12}+x^{11}+x^{8}+x^{6}+x^{3}+1$ 计算的 16 位码。当使用移位寄存器方法计算该 CRC 时，移位寄存器全部初始

化为1，并且CRC在传输前全部取反。将CRC位映射到PDU中的CRC字段，方法是将CRC的最高有效位放入CRC字段第一个8bit字节的最低有效位，将CRC的最低有效位放入CRC字段第二个8bit字节的最高有效位，这样能够首先发送CRC的最高有效字节（MSB），然后再降序发送剩余的位。

2. WALE地址

4G短波通信系统WALE地址主要用于建链时对各个台站进行标识。WALE系统支持两种地址形式：用户进程地址和PDU地址。用户进程地址包含3~15个可打印ASCII字符的字母（数字）地址，主要通过设备前面板显示器、计算机应用程序等用户界面显示。PDU地址是16bit的二进制数，用于指定各台站本地地址和网络地址。本地地址对应一个台站（PU）；网络地址与2G ALE中的网络地址类似，表示预先编程的多个台站的集合。

需要说明的是，在北约4G短波通过WALE地址建立网络时，16bit的网络号并非直接发送，而是与每个本地地址或网络地址相关联，通过链路保护处理措施与WALE PDU结合，被呼网络号与密钥变量一起用于链路保护，网络号的最高有效位表示为N_0，密钥的最高有效位表示为K_0，下一个最高有效位表示为N_1和K_1，依此类推，密钥K_i的每一位与位$N_{i \bmod 16}$配对。实际上用于加密和解密WALE PDU的密钥变量KV是将成对比特模2加的结果：$KV_i = K_i + N_{i \bmod 16}$。

北约4G短波通信系统WALE寻址模式如图6－2所示。

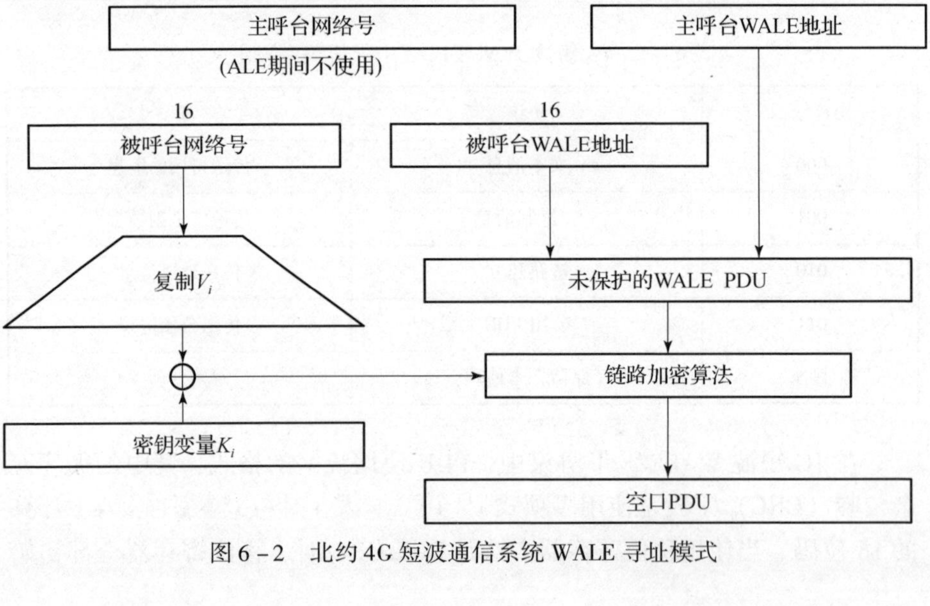

图6－2　北约4G短波通信系统WALE寻址模式

3. WALE 扫描与凝视

短波 WALE 系统能够持续扫描呼叫信号，探测信号的信道列表（扫描频率集）。每个台站按呼叫信道 ID 顺序从低向高扫描该呼叫信道列表。扫描时，台站记录呼叫频率的占用率，并对所有接收到的发射信号进行评估。系统提供同步和异步扫描模式，且扫描模式和驻留时间可通过初始网络化参数（Initial Net Parameter，INP）进行配置。

异步扫描时，系统应在每个信道上驻留 INP 定义的最短时间，最短驻留时间为 200ms，但在评估输入信号时，驻留时间可能会延长。

同步扫描时，驻留周期应与全球定位系统（GPS）提供的历元时间同步，并使用当前时间来计算合适的驻留信道 ID，以便保持驻留同步。其中，快速波形 WALE 驻留时间可为 450ms，深度波形和快速波形 WALE 驻留时间可为 675ms，同步驻留速度如表 6－2 所示。

表 6－2　同步驻留速度

同步驻留速度（SDS）	驻留时间 D/s	应用
1	1.350	混合 3G/4G 网络，以 3G 速度扫描
2	0.675	既支持快速 WALE，又支持深度 WALE
3	0.450	对于强调高速数据的网络，仅支持快速 WALE

注：表中驻留时间 $D = 1.35\text{s}/\text{SDS}$。

由表 6－2 可知，当网络时间和相关初始化网络参数（INP）已知时，可以计算出当前任意台站正在监听的呼叫信道 ID（当它确实在监听呼叫时）：

T = 午夜 0 时后的秒数（网络时间）；

D = 驻留时间（s）；

C = 扫描频率集中的信道个数（信道 ID 范围为 $0 \sim (C-1)$）；

当前呼叫信道 ID = $[\text{trunc}(T/D)] \bmod C$；

其中，函数 $\text{trunc}(x)$ 表示小于或等于 x 的最大整数。同步驻留时间 D 根据同步驻留速度来确定。

在这里，4G 短波通信提出一种可选的扫描模式，即凝视模式。所谓凝视即并行信道扫描接收，在凝视模式下工作的系统，能够同时且连续在多个信道（凝视频率集）上监听呼叫。这种操作可以提高链路建立速度和系统对其信道上其他业务的感知。

4. WALE 链路建立与信道评估

针对用户建链与传输业务需求，4G 短波通信系统选择执行合适的建链协议，通过指定呼叫信道来替换自动信道选择模式。系统测量并记录所有正在传输的 WALE PDU 的信噪比（SNR）。系统在扫描或监听时，记录扫描频率集或凝视频率集中各频点的最近占用情况。在链路建立握手期间，系统自动测量并报告与呼叫信道相关的宽带频谱占用率。系统自动发射 ALE 探测信号，用于检测正在使用的信道，并避免干扰此类信道。然而，电台杂散发射和其他干扰可能导致系统在某一信道上不能传输，需要使系统（加大功率）进入“覆盖模式”，从而使之能够在此信道上传输。

5. WALE 数据存储结构

在短波窄带通信系统中，信道参考频率是载波或抑制载波的频率，信道被定义为相对于该参考频率的上边带或下边带。单信道是以指定频率为中心的单个指定频带；双信道是指两个不同的指定频带，每个频带以指定的频率为中心。由于在短波宽带化传输过程中，将信道拓展到了 48kHz，与传统的短波通信系统信道带宽不同，需要信道存储器，来对短波宽带信道的带宽进行管理。

1）信道存储器

短波 WALE 利用信道存储器管理高达 48kHz 的连续带宽信道，在 WALE PDU 中使用 16bit 的子信道矢量来描述。对于 48kHz 信道带宽的系统，一个子信道矢量用于标识 3kHz 子信道；对于其他带宽系统，一个子信道矢量标识 1.5kHz 子信道。例如，16 个 1.5kHz 子信道矢量可标识 24kHz 的范围，以指定频率为信道中心，元素 0 标识的是低于中心频率 10.5～12kHz 的 1.5kHz 子信道。基于 1.5kHz 子信道矢量描述如图 6－3 所示。

图 6－3 说明了如何使用子信道矢量来表示短波宽带信道的带宽。示例中，信道带宽中分配的每个子信道用比特 1 标识，未使用的子信道用比特 0 标识。因此，16 个 3kHz 子信道矢量可标识 48kHz 的范围，元素 0 标识低于指定频率 21～24kHz 的 3kHz 子信道。

（1）如果系统分配的信道带宽是 3kHz 的偶数倍（例如，6kHz 或 12kHz），则指定频率落在子信道矢量的元素 7 和 8 之间，如图 6－4 所示。

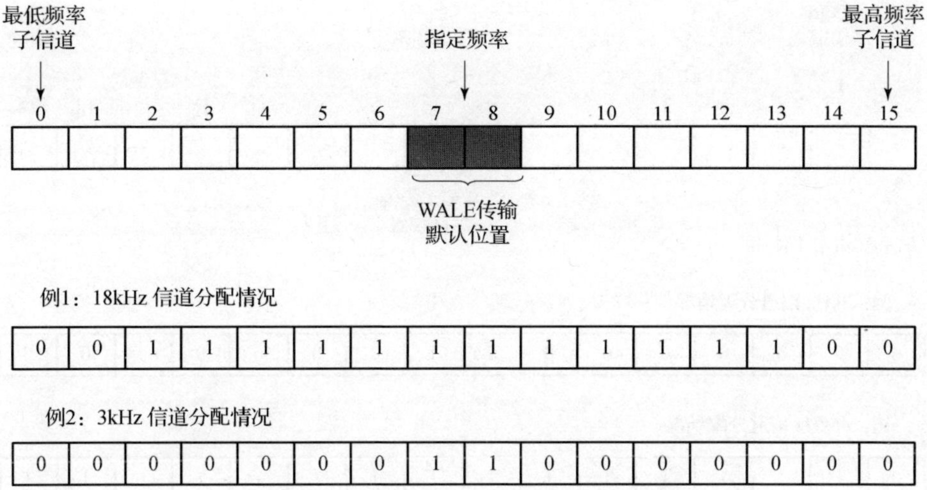

图 6－3　基于 1. 5kHz 子信道的 WALE 子信道矢量描述

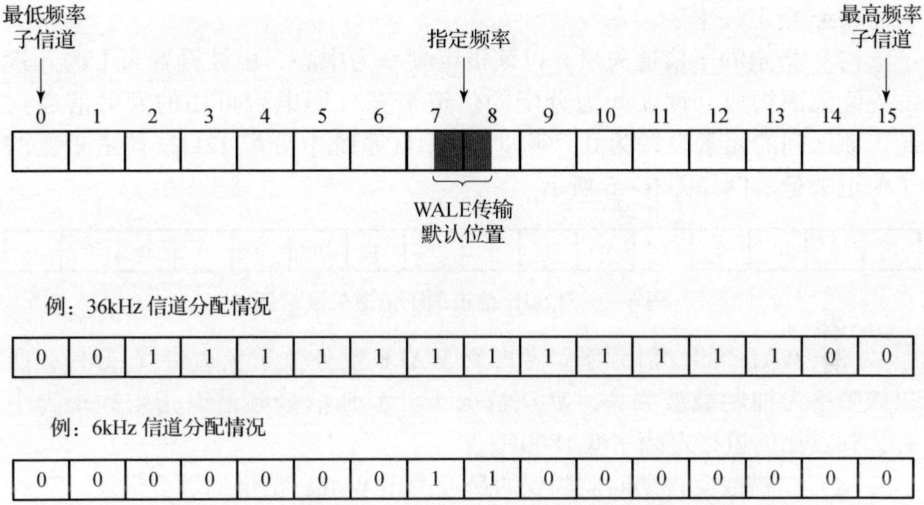

图 6－4　偶数倍 3kHz 子信道的 WALE 子信道矢量描述

（2）如果系统分配的信道带宽是 3kHz 的奇数倍（例如，3kHz 或 9kHz），则指定频率落在子信道 8 的中心，子信道 0 不使用，如图 6－5 所示。

4G 短波 WALE 传输，通常使用以指定频率为中心的 3kHz 信道发送 3kHz 波形进行建链。WALE 系统能够存储、检索和使用至少 100 条信道记录。信道记录通常包括以下信息：

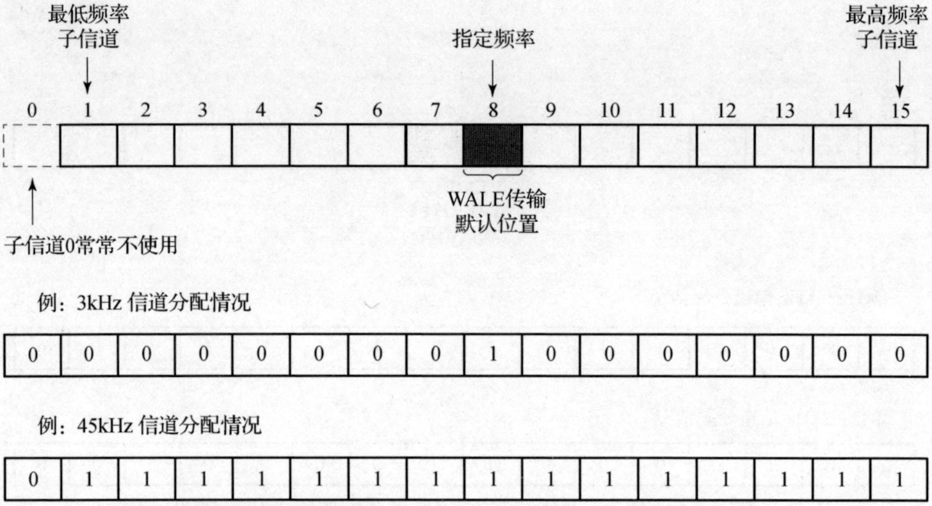

图 6－5　奇数倍 3kHz 子信道的 WALE 子信道矢量描述

（1）指定频率。

（2）指定的子信道矢量。以该指定频率为中心，由被设置为 1 的元素的连续范围构成，该区间为分配的信道带宽（即电台可用的发射信道），超出该区间的元素设置为 0。例如，48kHz 系统中分配 12kHz 信道带宽的子信道矢量示例如图 6－6 所示。

0	0	0	0	0	0	1	1	1	1	0	0	0	0	0	0

图 6－6　12kHz 信道的子信道矢量示例

（3）WALE 的发射频率。考虑到 WALE 业务位于上边带（USB），所以该频率为抑制载波频率。默认情况下，ALE 信号频谱以指定频率为中心，频点比信道指定频率低 1800Hz。

（4）扫描或凝视期间监测到的最近占用 WALE 信道的历史记录。

（5）设计目标（DO）。标识扫描或凝视期间监测到的每个指定子信道的最近占用情况。

短波 WALE 系统需要存储、检索和使用至少一个信道记录列表，用作扫描频率集或凝视频率集。

2）本地存储器

短波 WALE 系统仅需存储本地地址记录列表，该列表需包含以下字段：

(1) 用户进程地址。

(2) 本地地址。

(3) 0个或多个网络地址（或多点地址）。

(4) 对于每个多点地址，该地址多点呼叫响应对应的时隙号（设置为0表示禁止响应）。

(5) 北约网络号（如果未使用，则全部为0）。

3）其他台站列表

短波WALE系统应在网络中存储其他站点列表，该列表需包含各站点以下参数：

(1) 用户进程地址。

(2) WALE地址。

(3) 北约网络号（如果未使用，则全部为0）。

(4) 该台站的扫描模式（异步、同步或凝视）。

(5) 在用信道的链路质量分析（LQA）数据。

其他台站记录需至少保存100份。

4）初始化网络参数

初始化网络参数（INP）需通过本地用户接口、外部数据接口或空中数据接口进行编程，初始化网络参数列表如表6-3所示。

表6-3　初始化网络参数

初始化网络参数	默认值	范围
在用的扫描频率集或凝视频率集	—	—
扫描模式：异步扫描、同步扫描或凝视	—	—
同步驻留速度SDS（同步驻留时间 $D=1.35\text{s/SDS}$）	3	1、2或3
异步扫描最短驻留时间 d_{min}	200ms	>100ms
发射前监听（LBT）时间，t_{LBT}	400ms	—
响应前监听（LBR）时间，t_{LBR}	400ms	—
发射电平控制稳定时间 T_{TLC}	13.33ms	$n\times13.33$
网络最大调谐时间 T_{tune}	40ms	—
不确定性最大网络时间 T_{sync}	36ms	—

续表

初始化网络参数	默认值	范围
等待响应时间 $T_{response}$	2s	—
等待业务时间 $T_{traffic}$	10s	—
活动超时 $T_{activity}$	30s	—
网络控制台（WALE 地址）	0x0000	—
是否忽略广播呼叫？	No	—
是否接受并响应 2G 呼叫？	Yes	—
是否接受并响应 3G 呼叫？	Yes	—

6. WALE 与 2G、3G－ALE 的互操作

4G 短波 WALE 系统与 3G 短波通信体制一样，能够兼容 2G 短波异步呼叫模式。WALE 与 2G－ALE 的互操作包括：点对点、点对多点（网络呼叫），以及自动报文显示（AMD），能够识别处理由 1～15 个 Basic－38 ASCII 字符组成的地址，通过系统设置也可禁用对 2G 短波呼叫的响应。WALE 系统与 3G－ALE 的互操作主要是指兼容北约 STANAG 4538 中规定的 3G 短波快速链路建立（FLSU）协议，通过系统设置也可禁用对 3G 短波呼叫的响应。

6.2.2 WALE 波形调制

在 4G 短波通信技术标准中，WALE 波形分为深度 WALE 波形和快速 WALE 波形。这两种波形由同步头中的最后四个符号区分，一次信号发射过程中需使用相同类型的波形。

1. WALE 波形帧结构

短波 WALE 的波形结构依次由发射电平控制（TLC）序列（或探针序列）、同步头、数据 PDU 块及微型探针组成，其波形格式如图 6－7 所示。

TLC序列(*n*块)或探针序列	同步头	数据PDU(*n*块)及微型探针

图 6－7　短波 WALE 波形格式

短波 WALE 波形的传输符号速率为 2400 符号/s，载波为 1800Hz；WALE 波形匹配的 TLC 序列为长度为 256 的 8PSK 符号，进行数据传输时视情况采用长度为32的整数倍的符号序列，WALE波形匹配的探针序列为长度96的已知8PSK符号。若站点在信道扫描过程中探测到探针符号序列，则跳出扫频阶段开始接收数据PDU信息。

1）TLC部分

短波WALE波形中（异步建链呼叫和终止除外）的第一部分是发射电平控制（TLC），由0个或多个已知伪随机序列符号块组成，主要用于设置短波电台和调制解调器的发射电平控制和自动增益控制（AGC）电路参数，为同步头输入之前达到平稳状态提供了前提。每个TLC块由32个8PSK符号组成，从tlc［0］开始，如果需要则到末尾后周而复始，TLC符号如表6－4所示。

表6－4　TLC符号

int tlc[256] =																															
2	4	0	0	6	2	1	4	6	1	0	5	7	3	4	1	2	6	1	7	0	7	3	2	2	2	3	2	4	6	3	6
6	3	7	5	4	7	5	6	7	4	0	2	6	1	5	3	0	4	2	4	6	4	5	2	5	4	5	3	1	5	4	5
6	5	1	0	7	1	0	1	0	5	3	5	2	2	4	5	4	0	6	4	1	4	0	3	3	0	0	3	3	7	3	4
2	7	4	4	4	0	3	4	7	6	4	2	6	2	0	3	5	3	2	2	4	5	2	0	0	3	5	0	3	2	6	6
1	4	2	3	6	1	3	0	3	3	2	4	2	2	6	5	5	3	6	7	6	5	6	6	5	2	5	4	2	3	3	3
5	7	5	5	3	7	0	4	7	0	4	1	6	2	3	5	5	6	2	6	4	6	3	4	0	7	0	0	5	2	1	5
4	3	4	5	7	0	5	3	7	6	6	6	4	5	6	0	2	0	4	2	3	4	4	0	7	6	6	2	0	0	3	3
0	5	2	4	2	2	4	5	4	6	6	6	3	2	1	0	3	2	6	0	0	2	4	0	6	4	1	3	3	5	3	6

2）捕获探针

短波WALE异步建链呼叫或链路终止的第一部分为捕获探针序列。捕获探针类似于短波2G或3G－ALE的扫描呼叫部分，由扫描接收机可识别的已知符号块组成，以便各被呼台停止信道扫描并接收后续的WALE PDU。每个捕获探针块由96个8PSK符号序列组成，如表6－5所示。

表6－5　捕获探针符号

int capture[96] =																															
1	1	4	6	5	5	5	2	4	7	6	7	7	3	3	0	5	5	7	4	2	7	2	5	2	7	2	6	6	6	0	4
6	1	0	7	1	2	1	6	3	2	0	2	5	5	2	7	3	1	0	4	7	7	7	7	2	6	5	6	6	7	0	2
0	1	2	5	6	1	7	7	4	0	4	7	4	5	4	4	1	4	2	2	2	4	6	7	3	4	5	5	1	0	3	0

3）WALE 同步头

同步头用于快速初始同步，提供时间和频率对准。在深度 WALE 波形和快速 WALE 波形中，同步头使用 4 元正交 Walsh 调制，Walsh 序列如表 6-6 所示。

表 6-6　WALE 预编码的 Walsh 序列

Di-bit	Walsh 序列
a. 标准集的映射	
0（00）	（0000）重复 8 次
1（01）	（0404）重复 8 次
2（10）	（0044）重复 8 次
3（11）	（0440）重复 8 次
b. 扩展集的映射	
0（00）	（0000 4444）重复 4 次
1（01）	（0404 4040）重复 4 次
2（10）	（0044 4400）重复 4 次
3（11）	（0440 4004）重复 4 次

其中，深度波形和快速波形的同步头长度不同，分别被映射成不同的 8PSK 符号。

（1）同步头中的固定符号使用 4 元素“标准集”序列进行映射，重复 8 次以形成 32 个码片 Walsh 序列。

（2）最后 4 个同步前导符号使用 8 元素“扩展集”序列进行映射，重复 4 次以形成 32 个码片 Walsh 序列。

同步头中的每 32 个码片 Walsh 序列与下面指定的 8PSK 符号序列之间执行模 8 加法来进行加扰。

U8 nScramble [32] = {7,1,1,3,7,3,1,5,5,1,1,6,7,1,5,4,1,7,1,6,3,6,1,0,4,1,0,7,5,5,2,6}

2. 纠错编码

短波 WALE 建链波形中纠错编码采用（2,1,9）卷积码，即约束长度为 9、码率为 1/2 的卷积码。应用于 PDU 的 96bit，产生 192bit 编码块。多项式表示如下：

（b_0）$T_1 = x^8 + x^6 + x^5 + x^4 + 1$

（b_1）$T_2 = x^8 + x^7 + x^6 + x^5 + x^3 + x + 1$

卷积编码器设计示意图如图 6－8 所示。

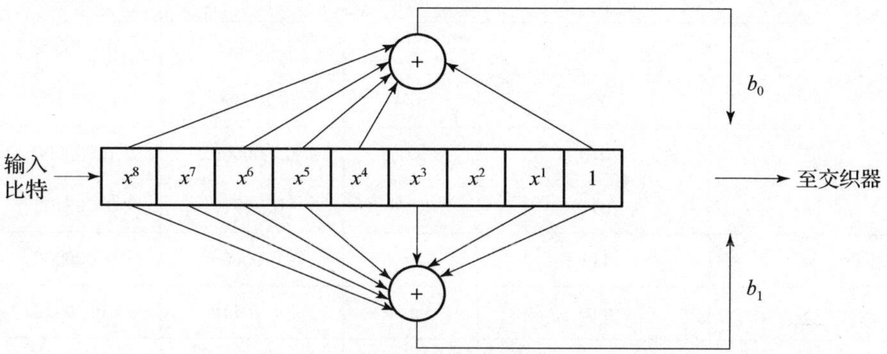

图 6－8　(2,1,9)卷积码编码器示意图

图 6－8 中，符号“＋”表示两个节点模 2 求和。对于输入到编码器的每一位，从编码器中输出两位，首先取多项式 $T_1(x)$ 生成的上输出位 b_0。

在对每个 PDU 进行编码时，编码器通过对前 8 个 PDU 位进行移位，此时不产生任何输出位，只是来进行预加载，这 8 个 PDU 位应临时保存，用于“刷新”编码器。其中，前两个编码输出位在第 9 位移位后取得，并定义为结果块码的前两位。在对最后一个 PDU 位进行编码后，再对这 8 个“保存”的数据位进行编码，持续编码后最终产生输出比特序列。

3. 交织

交织器由从 0～191 的一维数组组成，交织方法是将块码位加载到从位置 0 开始的交织器阵列中，交织深度为 25，即通过将该位索引号乘 25 后模 192 来获得。例如，将块码初始位定义为 A(0)，则 A(n)的加载位置可由以下公式得出：

$$\text{Load Location} = (n \times 25) \bmod 192 \qquad (6-1)$$

填充后的交织器阵列定义为 B[0]到 B[191]，其比特序列按照 B[0]、B[1]、B[2]…依次发送到调制器。

4. 建链波形调制

短波 WALE 波形传输速率为 2400 符号/s，采用 1800Hz 子载波进行 8PSK 调制，子载波频率和符号速率需精确到 10ppm（parts per million）以内（即误差率应小于0.001%）。对于使用8PSK的波形，传输编码通过把符号映射到一组3bit连续数据位（Tribit）来实现。其同相分量和正交分量如表6-7所示。

表6-7　8PSK符号映射

符号编号	（三位）Tribit	相位	同相	正交
0	001	0	1.000000	0.000000
1	000	π/4	0.707107	0.707107
2	010	π/2	0.000000	1.000000
3	011	3π/4	-0.707107	0.707107
4	111	π	-1.000000	0.000000
5	110	5π/4	-0.707107	-0.707107
6	100	3π/2	0.000000	-1.000000
7	101	7π/4	0.707107	-0.707107

表中复数符号值为 $\exp[jn\pi/4]$，其中 n 是符号。

用于8PSK的星座点如图6-9所示。

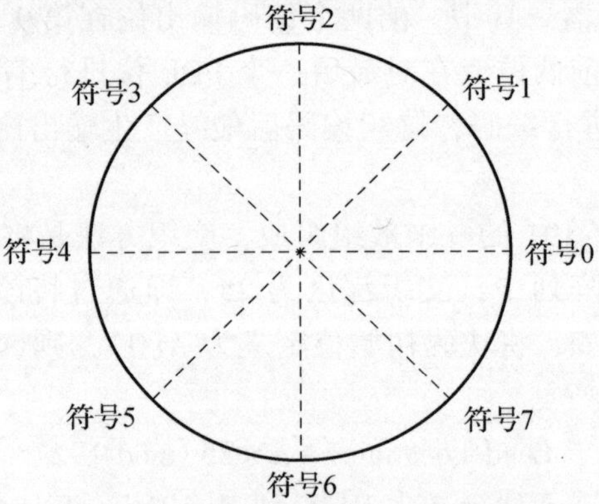

图6-9　8PSK信号星座和符号映射

5. 调制滤波器

发射波形在频谱上需要限制在规定的带宽范围内。由于理想低通滤波器是物理不可实现的，实际应用中只能做到在边缘“滚降”，目前使用最广泛的是升余弦滤波器，具有尾部衰减快、可以降低码间干扰以及频带利用率高的特点。

短波 WALE 波形成形采用的是平方根升余弦滤波器。发端的平方根升余弦滤波器主要起到脉冲成型的作用，因为原始数据进行编码调制后数据仍是有限的离散状态，在时域上反映出来就是一个又一个的方波，由无限高的高频分量组成，在通信系统中是物理不可实现的，平方根升余弦滤波器具有余弦函数性质，其频域响应代替了方形频响，将高频的方波“滚降”到物理可实现的余弦波形。对于收端的平方根升余弦滤波器，则充当了一个匹配滤波器的作用，即在输入信噪比一定的条件下提高了输出信噪比。收发两端采用一对相同的平方根升余弦滤波器，组成一个升余弦滚降滤波器，滤波器的滚降系数会对波形产生一定的影响，即以扩展信号带宽为代价加快时域衰减。

对于 WALE 系统，滚降系数越小频域带宽压得越窄，越大则越接近原始信号带宽，通常使用的平方根升余弦滤波器的滚降系数（多余带宽）为 0.35，滚降系数对频率响应的影响如图 6－10 所示。

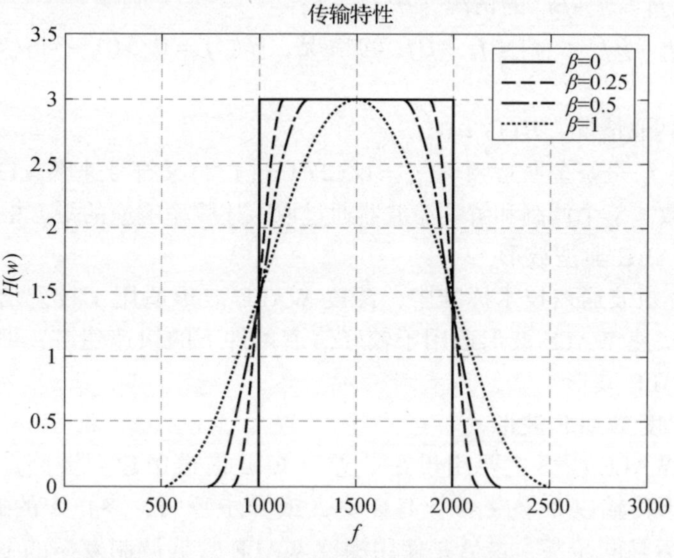

图 6－10　滚降系数对频率响应的影响

滚降系数 β 为在无码间串扰条件下所需带宽 W 和符号传输速率 Rs 的比值（即奈奎斯特频率）。

（1）当 $\beta=0$ 时，就是理想奈奎斯特滤波器，此时的传输带宽是理想奈奎斯特滤波器的最小带宽，但当$\beta>0$时，系统传输带宽就超过了奈奎斯特最小带宽，这时符号传输速率R_s就小于2倍带宽，如果解调器在每个符号间隔内仅做一次采样，那么会因为采样点过少而不能可靠恢复模拟波形，产生失真。

（2）但是数字通信系统不需要恢复模拟波形，只需要在取样时刻无码间串扰就行，而升余弦系列滤波器在取样时刻具有无码间串扰特性。因此，仍符合奈奎斯特第一准则，它所实现的频谱效率要比理论最高效率下降一个滚降系数β倍。

（3）滚降系数β影响着频谱效率，β越小，频谱效率就越高，但β过小时，升余弦滚降滤波器的设计和实现比较困难，而且当传输过程中发生线性失真时产生的符号间干扰也比较严重。在实际工程中，β的范围一般定在0.15~0.5之间。

利用该滤波器作为调制滤波器和解调滤波器，可以最大化信噪比并最小化符号间干扰。组合调制和解调滤波器将具有以下频率响应（对称于0Hz左右）：

对于$|f|\leqslant f_n-\beta f_n$的情况，$H(f)=1$；

对于$f_n-\beta f_n<|f|\leqslant f_n+\beta f_n$的情况，$H(f)=0.5(1-\sin(f-f_n\times\pi/2pf_n))$；

对于其他情况，$H(f)=0$。

其中，f_n是奈奎斯特频率($f_n=1/(2T)=(1/2)\times$符号速率$=1200\text{Hz}$)，β是滚降系数。单个调制和解调滤波器通过取上述频率响应的平方根来实现。

6. WALE 典型波形

在4G短波通信技术标准中，深度 WALE 波形适用于较差信道中的稳健通信；快速 WALE 波形适用于较好信道条件下的快速建链，但稳健性不如深度 WALE 波形。

1）深度 WALE 波形

深度 WALE 波形主要用于在“差”短波信道中建立链路。每个深度 WALE 波形传输以0个或多个 TLC 块（或异步呼叫、终止中的捕获探针）开始，随后是同步头，最后是使用深度 WALE 数据调制发送的1个或多个编码并交织的 WALE PDU，如图6-11所示。

TLC序列(*n*块)或探针序列	同步头	数据PDU(*n*块)

图6-11　深度 WALE 波形帧结构

深度 WALE 波形的同步头（240ms）由 18 个正交 Walsh 调制信道符号组成。前 14 个双位固定，为 {0，1，2，1，0，0，2，3，1，3，3，1，2，0}，根据表 6－6 映射为标准集。

最后 4 个双位映射为扩展集，其中：

（1）第 15 个双位为 0 时，用于标识深度 WALE 波形。

（2）第 16 个双位参考数据 PDU 中的首个 VM 字段中的 M 位设置，M 位值为 1 时，表示传输中有多个数据 PDU，当 M 位值为 0 时，表示为最后一个数据 PDU。

（3）第 17、18 个双位用于提供一个同步头计数器。构成此计数器的双位为 C_1 和 C_0，其中 C_0 是最后发送的双位。C_1 编码为 b_3 和 b_2，b_3 为最高有效位，C_0 编码为 b_1 和 b_0，b_0 为最低有效位。计数器初始值设置为同步头数值减 1，每次同步头发射时，计数器递减 1，值为 0 时表示这是发射中的最后一个同步头。如果要发送 16 个以上的同步头，则应将计数器值设置为 15，并且直到剩余的同步头少于 15 个时才递减，以便在发送最后的同步头时计数器达到 0。

对于深度波形的符号映射，编码并交织后的 PDU 比特应一次发送四个。每组四位（Quad－bit）映射为表 6－8 中的一个 Walsh 序列（交织器 4bit 中的第一位在左侧）。

表 6－8　深度 WALE 数据块的 Walsh 序列

四位（Quad－bit）	Walsh 序列
0000	0000000000000000
0001	0404040404040404
0010	0044004400440044
0011	0440044004400440
0100	0000444400004444
0101	0404404004044040
0110	0044440000444400
0111	0440400404404004
1000	0000000044444444
1001	0404040440404040

续表

四位（Quad－bit）	Walsh 序列
1010	0044004444004400
1011	0440044040044004
1100	0000444444440000
1101	0404404040400404
1110	0044440044000044
1111	0440400440040440

所选的 16 符号 Walsh 序列重复 4 次可以产生 64 符号 Walsh 序列。例如，如果 4bit 是 0001，则重复序列 0404040404040404 可生成：

0，4，0，4，0，4，0，4，0，4，0，4，0，4，0，4，0，4，0，4，0，4，0，4，0，4，0，4，0，4，0，4，0，4，0，4，0，4，0，4，0，4，0，4，0，4，0，4，0，4，0，4，0，4，0，4，0，4，0，4，0，4，0，4.

每个 64 符号 Walsh 序列使用 159 位移位寄存器生成的加扰序列进行加扰，移位寄存器在第 31bit 之后有一个抽头。

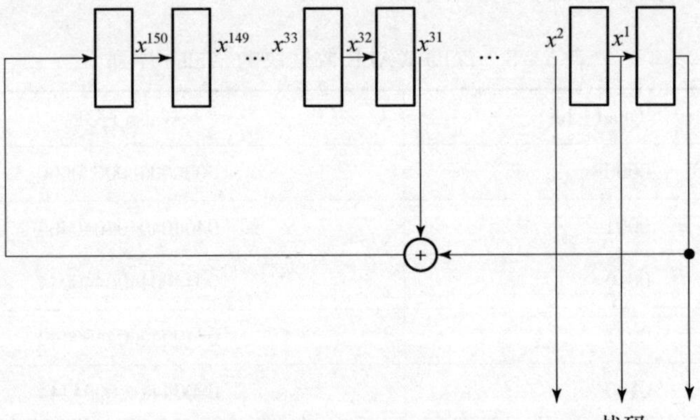

图 6－12　深度 WALE 数据符号的置乱序列发生器

对于每次传输，移位寄存器应初始化为以下状态（并且在传输中对于所有 PDU 计算时无需重新进行初始化）：

int bitshift[159] = {0,0,0,1,0,0,1,1,0,1,1,0,0,1,0,1,1,1,1,1,0,1,0,0,1,0,0,0,0,0,0,0,1,0,1,1,0,0,1,1,0,0,1,0,1,1,1,0,1,1,1,0,0,0,

1,1,0,0,0,1,0,0,0,0,1,0,0,0,0,0,1,0,0,0,0,0,1,1,0,1,0,1,1,1,1,0,1,0,1,0,0,0,1,1,1,1,1,1,0,0,1,1,0,1,0,1,1,1,1,1,0,1,1,1,1,0,0,0,1,1,0,0,0,1,1,0,1,0,1,1,1,0,0,1,1,1,0,0,0,1,1,0,0,0,1,0,0,1,0,0,0,1,1,0,1,0,0,1,1}。

2）快速 WALE 波形

快速 WALE 波形主要用于在相对较好的信道中快速建立链路。每个快速 WALE 信号发射应以 0 个或多个 TLC 块（或者是异步呼叫或终止模式中的捕获探针）开始，然后是同步头，最后是使用快速 WALE 数据调制发送的一个或多个经编码并交织后的 WALE PDU，每个 WALE PDU 由未知符号（PDU）块和已知符号块（微型探针）组成，如图 6－13 所示。

	9×32=288	32	96	32	96	32
TLC或探针序列	同步头	微型探针 K	交织数据 U	微型探针 K	交织数据 U	微型探针 K

图 6－13　快速 WALE 波形帧结构

快速 WALE 波形的同步头（120ms）由 9 个正交 Walsh 调制信道符号组成，并进行加扰。前 5 个固定双位为{3,3,1,2,0}，根据表 6－6 将其映射为标准集。

最后四个双位映射为扩展集，其中：

（1）第 6 个双位为 1 时，表示快速 WALE 波形。

（2）第 7 个双位参考数据 PDU 的首个 VM 字段中的 M 位，M 位设置为 1 时，表示传输中有多个 PDU，如是最后一个 PDU，则置为 0。

（3）第 8、9 个双位在快速波形中未使用，应设置为 0。

已知符号块（微型探针）应在同步头后，以及 96bit 数据经编码交织后形成的未知符号块末尾发送。每个已知符号块由以下 16 个 8PSK 符号序列组成：{0,0,0,0,0,2,4,6,0,4,0,4,0,6,4,2}，发送两次且不加扰。

快速波形使用 BPSK 发送 PDU 数据的每一位，转码为 8PSK 符号，如表 6－9 所示。

表 6－9　快速数据符号的转码

比特	符号
0	0
1	4

表中的符号通过置乱序列发生器进行模 8 加扰，置乱序列发生器的生成多项式为：x^9+x^4+1，且发生器在每个数据帧开始时初始化为 1。在每个数据符号被加扰后，发生器需移位 3 次以产生所有新比特，用于加扰下一个符号，置乱序列发生器如图 6－14 所示。

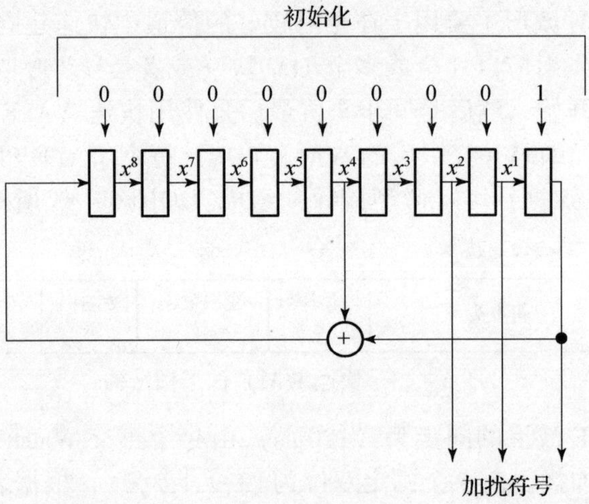

图 6－14　快速 WALE 数据符号的置乱序列发生器

深度波形与快速波形的主要区别在于：一是同步头的长度不一样，深度波形同步头长度是快速波形（9 个正交 Walsh 调制信道符号）的两倍；二是数据 PDU 的映射方式不一样，深度波形通过 Walsh 序列映射重复四次产生 8PSK 符号，而快速波形则直接转码为 8PSK 符号，快速波形用于在条件较好的信道中传输，其映射方式较为简单。

6.2.3　WALE 链路建立协议

短波 WALE 链路建立协议主要用于建立和管理第四代短波通信链路。

1. 链路建立与终止 PDU

短波 WALE 系统的协议数据单元（PDU）具有固定大小（96bit），其 PDU 结构如表 6－10 ~ 表 6－14 所示，链路建立请求、确认与终止等特定 PDU 类型按照协议规定使用。

表 6 - 10　链路建立请求（双向）PDU

<table>
<tr><th>序号</th><th>字段名称</th><th colspan="3">字段内容</th></tr>
<tr><td rowspan="2">1</td><td rowspan="2">LSU_Req</td><td>010</td><td>000</td><td>VM</td></tr>
<tr><td colspan="2">Traf Type</td><td>EC</td></tr>
<tr><td>2</td><td>主呼地址</td><td colspan="3">MSB - - - - - - - -
- - - - - - - - LSB</td></tr>
<tr><td>3</td><td>被呼地址</td><td colspan="3">MSB - - - - - - - -
- - - - - - - - LSB</td></tr>
<tr><td>4</td><td>分配的子信道</td><td colspan="3">bin15 - - - - - - - -
- - - - - - - - bin0</td></tr>
<tr><td>5</td><td>占用的子信道</td><td colspan="3">bin15 - - - - - - - -
- - - - - - - - bin0</td></tr>
<tr><td>6</td><td>CRC</td><td colspan="3">- - - - - - - - MSB
LSB - - - - - - - -</td></tr>
</table>

表 6 - 11　链路建立确认 PDU

<table>
<tr><td rowspan="2">序号</td><td rowspan="2">LSU_Conf</td><td>010</td><td>001</td><td>VM</td></tr>
<tr><td colspan="2">SNR</td><td>EC</td></tr>
<tr><td>1</td><td>主呼地址</td><td colspan="3">MSB - - - - - - - -
- - - - - - - - LSB</td></tr>
<tr><td>2</td><td>被呼地址</td><td colspan="3">MSB - - - - - - - -
- - - - - - - - LSB</td></tr>
<tr><td>3</td><td>发送的子信道</td><td colspan="3">bin15 - - - - - - - -
- - - - - - - - bin0</td></tr>
<tr><td>4</td><td>接收的子信道</td><td colspan="3">bin15 - - - - - - - -
- - - - - - - - bin0</td></tr>
<tr><td>5</td><td>CRC</td><td colspan="3">- - - - - - - - MSB
LSB - - - - - - - -</td></tr>
</table>

表 6-12　链路终止 PDU

<table>
<tr><td rowspan="2">序号</td><td rowspan="2">LSU_Term</td><td>010</td><td>010</td><td>VM</td></tr>
<tr><td colspan="2">Reason</td><td>00</td></tr>
<tr><td>1</td><td>主呼地址</td><td colspan="3">MSB - - - - - - -
- - - - - - - - LSB</td></tr>
<tr><td>2</td><td>被呼地址</td><td colspan="3">MSB - - - - - - -
- - - - - - - - LSB</td></tr>
<tr><td>3</td><td>备用</td><td colspan="3">0 0 0 0 0 0 0 0
0 0 0 0 0 0 0 0
0 0 0 0 0 0 0 0
0 0 0 0 0 0 0 0</td></tr>
<tr><td>4</td><td>CRC</td><td colspan="3">- - - - - - - - MSB
LSB - - - - - - -</td></tr>
</table>

表 6-13　链路建立请求（单向）PDU

<table>
<tr><td rowspan="2">序号</td><td rowspan="2">LSU_Req1</td><td>010</td><td>100</td><td>VM</td></tr>
<tr><td colspan="2">Traf Type</td><td>EC</td></tr>
<tr><td>1</td><td>主呼地址</td><td colspan="3">MSB - - - - - - -
- - - - - - - - LSB</td></tr>
<tr><td>2</td><td>被呼地址</td><td colspan="3">MSB - - - - - - -
- - - - - - - - LSB</td></tr>
<tr><td>3</td><td>发送的子信道</td><td colspan="3">bin15 - - - - - - -
- - - - - - - - bin0</td></tr>
<tr><td>4</td><td>备用</td><td colspan="3">0 0 0 0 0 0 0 0
0 0 0 0 0 0 0 0</td></tr>
<tr><td>5</td><td>CRC</td><td colspan="3">- - - - - - - - MSB
LSB - - - - - - -</td></tr>
</table>

表 6-14　探测和状态报告 PDU

序号	LSU_Status	010	111	VM
		Status		EC
1	主呼地址	MSB - - - - - - - - - - - - - - - - - LSB		
2	计数	MSB - - - - - - - LSB		
3	备用	0 0 0 0 0 0 0 0		
4	分配的子信道	bin15 - - - - - - - - - - - - - - - - - bin0		
5	备用	0 0 0 0 0 0 0 0 0 0 0 0 0 0 0 0		
6	CRC	- - - - - - - - - MSB LSB - - - - - - - -		

上述表中，每个 PDU 的 8bit 字节按从上到下的顺序发送，每个字节位按照从右到左顺序发送。

1）运行模式与传输状态字段设置

协议数据单元中 VM 字段，用于表示当前站点的运行模式和 PDU 传输状态，VM 字段中最高位是“V”位，若将其设置为 1，则表示发送此 PDU 的站点运行于“覆盖”模式。最低位是“M”位，若将其设置为 1，则表示该 PDU 后仍存在后续 PDU；如果此 PDU 是传输中的最后一个，则 M 位应设置为 0。

2）业务类型字段设置

协议数据单元中 Traf Type 字段表示“业务类型”，在链路建立请求 PDU 中使用，以用于明确呼叫方将在链路建立后所发送的业务类型，此字段使用的业务类型代码如表 6-15 所示。

表 6-15　业务类型代码

Traf Type	业务类型
0	没有要发送的业务

续表

Traf Type	业务类型
1	模拟语音
2	低延迟，固定速率 600bps
3	低延迟，固定速率 1200bps
4	低延迟，固定速率 2400bps
5	最佳吞吐量（容忍一些错误）
6	低错误率
7 ~ 15	保留，不使用
16	STANAG4415（自动检测交织器大小）
17	STANAG4539（仅 3kHz；自动检测码率和交织器）
18	STANAG5069（宽带，自动检测码率和交织器）
19 ~ 23	保留，不使用
24	自适应速率数据≥19.2kbps
25	自适应速率数据≥38.4kbps
26	自适应速率数据≥50kbps
27	自适应速率数据≥64kbps
28 ~ 50	保留，不使用
51 ~ 60	保留供厂家使用（不可互操作）
61	同步检查
62	LQA 交换
63	TOD

3）设备能力字段设置

协议数据单元中 EC 字段表示设备能力（Equipment Capability），用于指示该站点的设备宽带能力，该字段信息如表 6 – 16 所示。

表6-16　设备能力字段

EC代码	设备能力	MIL-STD-188-110 D附录D等效标准
00	仅3kHz	区块1（宽带高频频块1要求）
01	高达12kHz	区块2（宽带高频频块2要求）
10	高达24kHz	区块3（宽带高频频块3要求）
11	高达48kHz	—

4）地址与子信道矢量字段设置

短波WALE建链请求、确认、终止等PDU中的主呼地址和被呼叫地址分别是16bit二进制数。需要协商确定的子信道矢量有4种类型，其基本定义如下：

（1）指定子信道矢量。链路建立请求（LSU_Req）PDU、探测和状态PDU中携带有“指定子信道矢量”，用于明确主呼台所使用的发射子信道，矢量中的每个元素都是1bit，值1表示已分配该子信道，而0表示未分配该子信道。

（2）占用子信道矢量。链路建立请求（LSU_Req）PDU中携带有“占用子信道矢量”，用于明确主呼台发射建链请求时检测到的子信道的占用情况，矢量中的每个元素都是1bit，值1表示该子信道已被占用，0表示未被占用。

（3）发射子信道矢量。链路建立确认（LSU_Conf）PDU、链路建立请求（单向）PDU中携带有“发射子信道矢量”，表示该站点（被呼台）计划在哪些子信道上发送数据，如果指定的子信道未被占用或设置为“覆盖”模式，则这些子信道的值为1；否则，该值为0。

（4）接收子信道矢量。链路建立确认（LSU_Conf）PDU携带有“接收子信道矢量”，如果站点回复确认时希望在某些子信道上接收宽带传输业务，则这些子信道的比特值为1，否则比特值设置为0。在选择接收子信道的时候，被呼站点需要综合考虑在业务信道上传输的业务类型、从对方接收的最新WALE PDU测量的SNR，以及在该子信道上测量的噪声和干扰。

5）信噪比字段设置

链路建立确认（LSU_Conf）PDU中的SNR字段，用于明确从对方接收的最新WALE PDU期间测量的3kHz SNR。SNR字段值单位为dB，计算如下：

$$\text{SNR field value} = \text{measured SNR(in dB)} + 10(\text{dB}) \tag{6-2}$$

其中，小于 -10dB 的测量信噪比编码为 0，大于 53dB 的测量信噪比编码为 63。

6）链路终止原因字段设置

链路终止（LSU_Term）PDU 中的“Reason”字段，用于明确链路终止的原因，使用的代码如表 6-17 所示。

表 6-17　原因代码

原因代码	意义
000000	不再有业务
000001	没有回应
000010	未装备
000011	重新建链
000100	响应优先
lxxxxx	保留供厂家使用（不可互操作）
（其他）	保留，未使用

7）链路状态字段设置

探测和状态报告（LSU_Status）PDU 中的 Status 字段，用于明确发送方电台状态，该状态将在当前 PDU 传输之后占主导地位，使用的代码如表 6-18 所示。

表 6-18　状态代码

状态码	电台状态
000000	停止
000001	仅接收（例如，EM-CON）
000011	正常状态
lxxxxx	保留供厂家使用（不可互操作）
（其他）	保留，未使用

2. 基本握手

使用 WALE 协议时，收发台之间在 3kHz 建链信道上通过握手建立链路。WALE 链路建立基本步骤如下：

(1) 在通过自动信道选择 (ACS) 功能选择呼叫信道后，主呼台需确定两件事：一是 ALE 信道是否被占用，二是与该 ALE 信道相关联的指定频带中有多少带宽可用于业务传输。对于具体应用，主呼台应在指定信道上发射前侦听 (LBT)，处于凝视状态的台站在知道信道占用情况时则不需要发射前侦听。

(2) 如果 ALE 信道被占用，则在此信道上的呼叫尝试失败，可以选择另一个信道重试。如果 ALE 信道未被占用，则主呼台应发送建链请求 (LSU - Req) PDU，该 PDU 包含主呼台和被呼台的地址、主呼台的可用频谱 (由分配和占用子信道矢量来确定)、主呼台的设备能力 (EC) 以及它想要发送的业务类型。

(3) 被呼台应在指定信道上侦听并评估信道的干扰特性。处于凝视模式的站点无需响应前侦听 (LBR)。

(4) 如果被呼台发现 ALE 信道未被占用，则应使用建链确认 PDU (包括 EC、Tx 和 Rx 子信道矢量，接收信号的 SNR 测量值) 来响应。否则不予答复。

(5) 如果其中一方没有及时收到对其 PDU 的响应，则意味着在该信道上建链失败，需要该站点发送一个或多个链路终止 PDU 来终止链路。同样，如果主呼台确认可用子信道太少，则应终止该信道呼叫。

3. 宽带业务信道协商

主呼台和被呼台短波宽带业务信道协商可分为双向业务信道协商、三向业务信道协商和覆盖模式下的业务信道协商。

1) 双向业务信道协商

在主呼台和被呼台完成双向握手之后，双方应计算链路每个方向的业务信道，如下所示：

$$\text{Usable}_{\text{CallerToResponder}} = (\text{Assigned}_{\text{Caller}}\ \text{AND}\ ((\text{NOT Occupied}_{\text{Caller}})\ \text{OR Override}_{\text{Caller}}))\ \text{AND}\ \text{Rx}_{\text{Responder}} \tag{6-3}$$

$$\text{Usable}_{\text{ResponderToCaller}} = \text{Tx}_{\text{Responder}}\ \text{AND}\ (\text{NOT Occupied}_{\text{Caller}}) \tag{6-4}$$

其中，$\text{Usable}_{\text{CallerToResponder}}$表示主呼台到被呼台方向可用的业务信道，计算方法是覆盖模式下可用子信道 (分配且未占用) 与响应方期望的子信道相与取交集。$\text{Usable}_{\text{ResponderToCaller}}$表示被呼台到主呼台方向可用的业务信道，计算方法是未占用的子信道与发送方期望的子信道相与取交集。

每个方向上的业务信道应为最宽的连续可用范围，即 3kHz 的整数倍。如果有一个以上的此类范围可用，则应使用此类范围的最低频率。例如，假设通信双方都有 48kHz 的宽带业务能力，且不使用覆盖模式，因此任何一方受到的干扰都会影响收发两个方向上使用频谱，如图 6-15 所示。

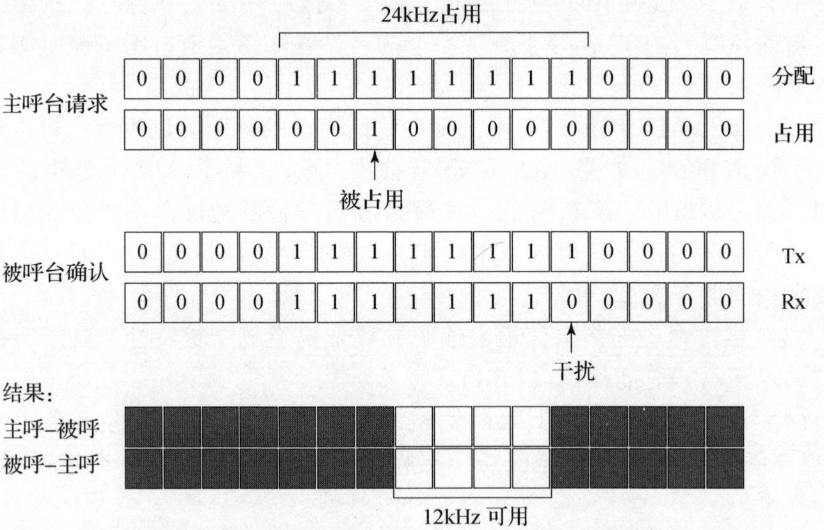

图 6-15 业务信道计算示例：双向握手，无覆盖

2）三向业务信道协商

当发送链路建立请求 PDU 时，主呼台是能够测量其分配的子信道中的占用率的，但通常不知道来到对方接收的信号是否足够强，以压制某些子信道中的低电平本地干扰。

在收到建链确认 PDU 明确的子信道 SNR 之后，主呼台可以评估其最初报告为被占用的子信道上是否有足够的 SNR 来进行业务传输。此时，主呼台可进行第三次握手，发送呼叫确认 PDU，用接收（Rx）子信道矢量字段值来进一步明确从被呼台到主呼台的更宽的可用业务信道，如图 6-16 所示。

在完成三次握手之后，各站点计算链路每个方向的业务信道。对于每个子信道，计算每个方向的可用性，如下所示：

$$\text{Usable}_{\text{CallerToResponder}} = \text{Tx}_{\text{Caller}} \text{ AND } \text{Rx}_{\text{Responder}} \tag{6-5}$$

$$\text{Usable}_{\text{ResponderToCaller}} = \text{Tx}_{\text{Responder}} \text{ AND } \text{Rx}_{\text{Caller}} \tag{6-6}$$

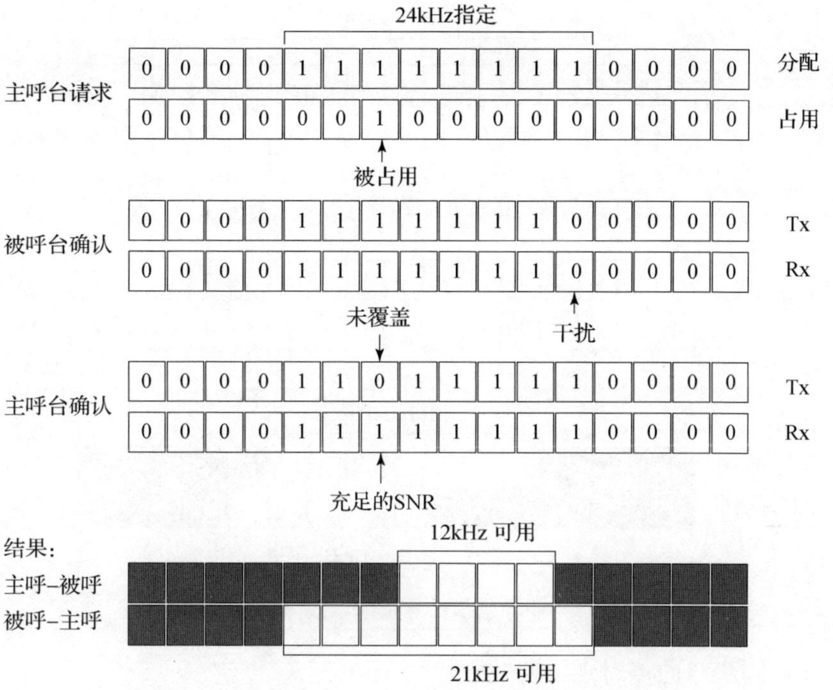

图 6 – 16　业务信道计算示例：3 次握手，无覆盖

与双向握手情况相同，每个方向上的业务信道应是最宽的连续可用范围，即 3kHz 的整数倍。如果有一个以上的此类频谱空间可用，则使用该范围的最低频率。

3）覆盖模式下的业务信道协商

上述分析是基于 WBHF 信道在理想情况下的分配使用情况（即所有 24kHz 分配都可用）。然而，由于分配的部分带宽可能存在干扰，这种理想情况在实际应用中并不总是能够实现。部分频带干扰可能会使得整体 SNR 受到影响，数据速率也要降低。此时，可以使用“覆盖”模式进行业务信道协商，如图 6 – 17 所示。

图 6 – 17 中，覆盖模式体现了在与上述相同的干扰条件下，从主呼台到被呼台的 21kHz 信道中，以及从被呼台到主呼台的 15kHz 信道中，为了业务传输（在双向握手之后）而压制覆盖本地干扰的能力和方法。

4. 双向点对点链路建立

双向点对点链路建立包括同步和异步建链两种方式。

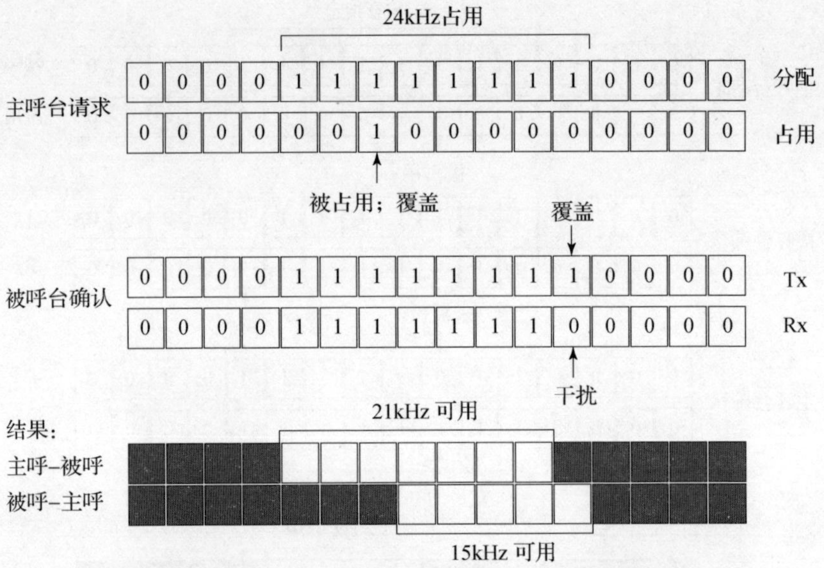

图 6-17　业务信道计算示例：双向、覆盖模式

1）同步双向点对点链路建立

处于同步扫描模式的用户网络，采用同步协议建立点对点（PTP）链路。给定将要进行呼叫的信道，主呼台在被呼台即将驻留该信道时刻之前，需检查该信道的占用情况（例如，从时间 $T-D$ 开始，其中 D 是同步驻留时间），如果该信道可用，则应在驻留时间 T 内发送建链请求 PDU。

同步运行时，主呼台发送链路建立请求 PDU，以在驻留时间开始后的 $T_{\text{Tx OffsetTLC}}$ 后传输。关于 $T_{\text{Tx OffsetTLC}}$ 时间的计算参见后续描述。

如果被呼台接收到建链请求 PDU，需执行以下操作：

（1）记录该接收信号的 SNR，测量在建链请求 PDU 中主呼台指定的子信道受到的干扰。

（2）在 T_{Confirm} 延迟后开始发送建链确认 PDU。

（3）如果主呼台在其建链请求 PDU 结束后的 $t_{\text{response}}+t_{\text{tune}}$ 时间内没有收到对方建链确认 PDU，则应发送链路终止（LSU_Term）PDU，并返回到扫描状态。

（4）如果被呼台已发送建链确认 PDU，但没有收到主呼台的 WALE_PDU，并且在 PDU 结束后的时间 t_{traffic} 内仍然没有开始业务，则被呼台应发送链路终止 PDU，并返回扫描状态。

同步双向点对点链路建立过程如图 6 - 18 所示，网络中的所有站点同步扫描指定的频率集。

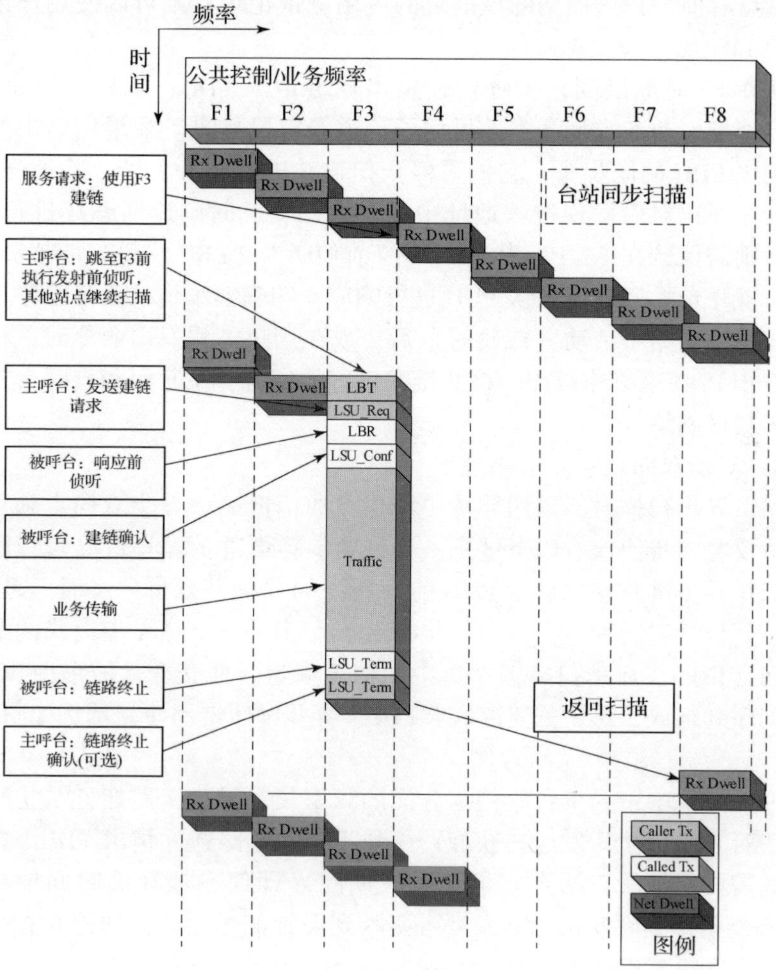

图 6 - 18　同步双向点对点链路建立示例

图 6 - 18 中，假设某电台驻留在频率 F4 时，用户此时要求电台在 F3 上建立与某被呼台的点对点链路。此时，主呼台需继续扫描，直到网络驻留在呼叫频率 F3 之前，即扫描频率 F2 时，执行发射前侦听（LBT），判断信道 F3 是否可用，并明确业务发送时所需的频谱带宽。在此期间，主呼台仍然可以响应更高和同等优先级的已接收呼叫，并将原先预定的呼叫推迟。

如果指定 F3 的服务请求刚好是在电台正驻留 F3 时发出的，则在当前扫描周期内不能进行 LBT，并且呼叫必须延迟到下一个扫描周期。当然，如果站点有前一扫描周期的该信道的占用测量记录，则可以使用该记录代替当前 LBT 测量并立即呼叫。

所在 F3 时隙期间，主呼台需发出建链请求 PDU，承载主呼台地址、被呼台地址、业务类型和本地可用子信道等字段信息。如果网络中的站点检测到该 PDU 的同步头，它们需停止扫描并进行业务处理。除被呼台外，其他台站经比对后发现被呼地址中不是自己，此时则返回继续进行扫描。被呼台则需保持在 F3 上，执行“响应前侦听”（LBR）和宽带频谱感知。然后，被呼台发送建链确认 PDU 进行响应，明确继续请求业务服务。

在发生链路不活动（或超时）后，或在用户进程发出命令时，将使用链路终止 PDU 来终止链路。终止链接后释放资源，主呼台和被呼台重新加入同步扫描网络。

2）异步双向点对点链路建立

站点异步扫描时，采用异步协议建立通信链路。异步双向点到点链路建立协议与同步协议有以下区别：一是异步链路建立请求 PDU 可以随时发送；二是异步链路建立请求 PDU 前面需添加“捕获探针”（而不是 TLC）序列，其持续时间为 $t_{capture} \geqslant d_{min} \times (C+2)$。其中 d_{min} 是异步模式的最小驻留时间（INP），C 是扫描频率集中的信道数量。捕获探针波形由 40ms 已知数据序列组成，然后是建链请求 PDU。异步呼叫链路建立示例如图 6－19 所示。

图 6－19 中，异步台站扫描分配的频率集。异步链路建立从主呼台发射前侦听开始，然后发送捕获探针、同步头和链路建立请求 PDU。探测持续时间需要保证所有站点在异步呼叫期间（即使在最坏的时间偏移条件下）都能扫描到呼叫信道。被呼台接收到探针信号后，立即停止扫描并等待主呼台发送建链请求 PDU，在接收到有效的建链请求 PDU 后，被呼台发送建链确认 PDU 给予响应，后续所有步骤均与同步建链协议相同。

5. 凝视链路建立

凝视扫描是一种宽带并行扫描机制，在凝视状态下，并行扫描接收机持续侦听所分配的信道（凝视频率集），并记录整个宽带信道的占用情况，可以消除 2G－ALE 系统扫描中固有的各种延迟，如下：

（1）短波异步网络中，需要主呼台进行足够长的扫描呼叫（或捕获探针）来捕获被呼台。

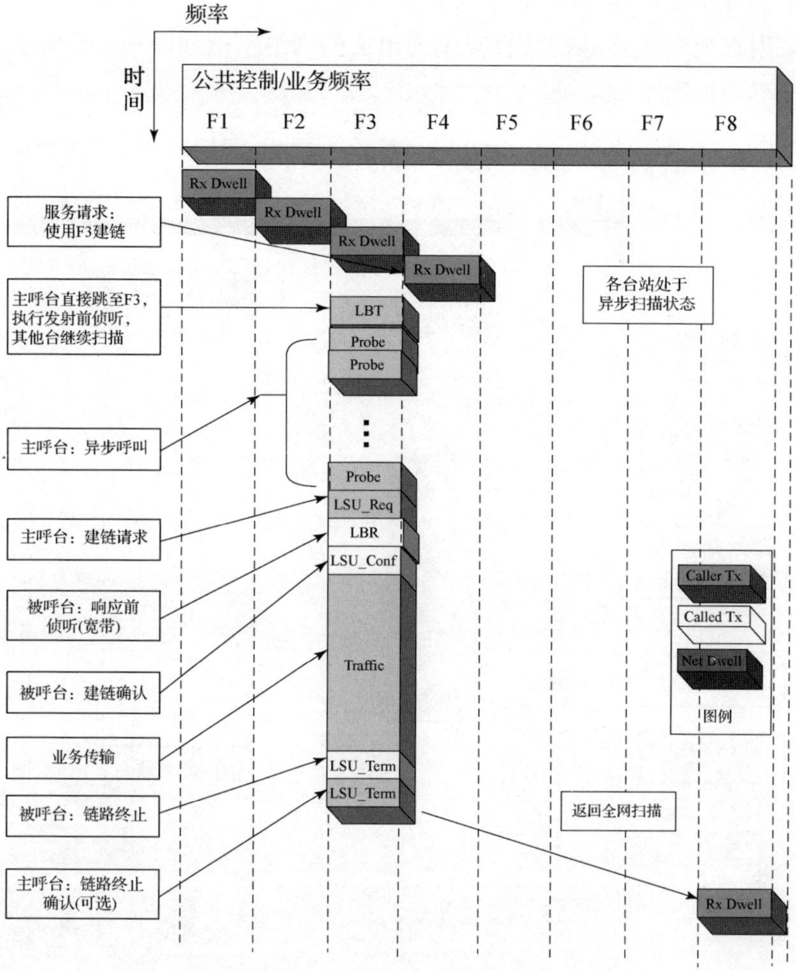

图 6－19　异步双向点对点链路建立示例

（2）短波同步网络中，主呼台呼叫可能很短，但只有在被呼台侦听所选信道时才能发送呼叫。

（3）上述情况下，由于主呼台通常不知道当前信道占用情况，需要在发出呼叫前进行侦听。

（4）被呼台在发送建链确认 PDU 前，需要了解业务信道宽带占用情况，需要 LBR 收集当前信道状态。

通过对信道状态的持续了解，凝视台站可以消除所有上述延迟，从而更快地建立链路。凝视链路建立协议与相应的同步链路建立协议相同，但消除了 LBT 和 LBR 时间，且不需要进行同步。

采用凝视（宽带并行接收）模式组成的网络示例如图 6－20 所示。

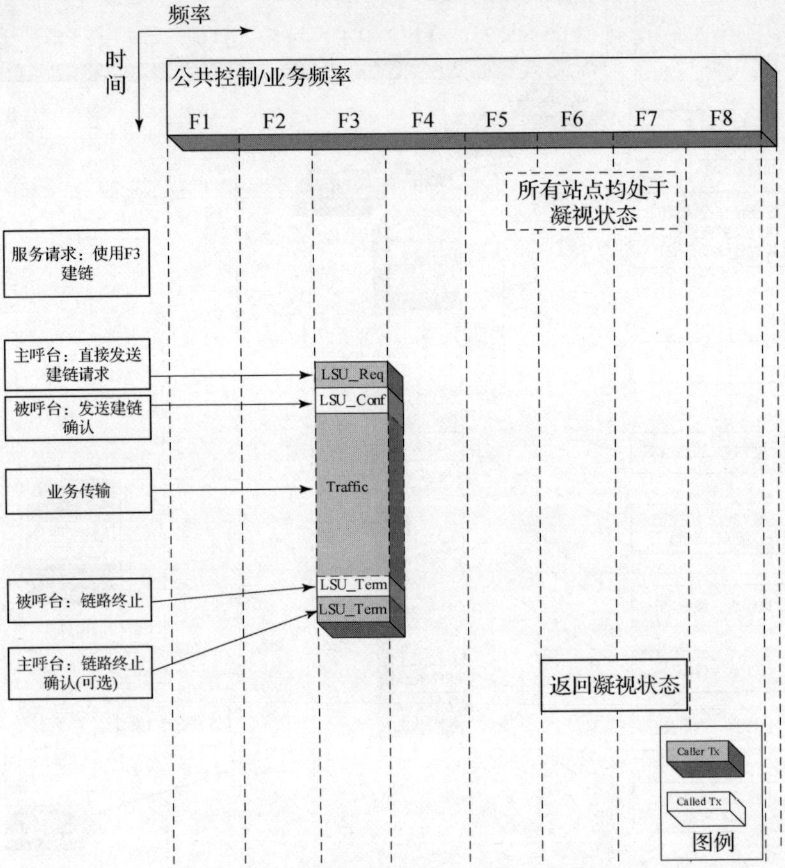

图 6－20　凝视模式点对点链路建立示例

图 6－20 中，凝视网络中各台站可同时监视 8 个信道，实时了解所有信道的占用情况，并不需要 LBT 或 LBR 时间，当系统用户要求在 F3 上进行建链时，主呼台可立即调谐并发送建链请求 PDU；被呼台可立即调谐并发送建链确认 PDU，同时启动业务传输，完毕后链路终止并返回凝视状态。

6. 点对多点链路建立

点对多点（PTM）链路建立，用于支持对预先编程的站点集合建立一对多链路。与短波 2G－ALE 中的网络呼叫类似，点对多点呼叫使用与点对点呼叫相同的建链请求 PDU（单向或双向），前提是各台站需通过预先编程的多点（网络）呼叫地址来识别 PTM 呼叫。

被呼台在建链请求之后的公共 LBR 期间进行响应前侦听。然后每个被呼台在预先编程中规定的时隙使用建链确认 PDU 进行响应。建链确认 PDU 与建链请求 PDU 需使用相同的波形（快速波形或深度波形），承载所对应的本地地址和目的地址。主呼台应综合考虑信号的信噪比情况，确定要使用的业务信道，并发送建链确认 PDU 指定待用的业务信道。点对多点建链也分为同步和异步两种模式。

1）同步点对多点链路建立协议

建链请求 PDU 之后的同步 PTM 链路建立协议定时步骤如下：①LBR 在紧接 LSU_Req 请求之后的第一次完全驻留期间进行。②被叫台建链响应应在 LBR 之后的时隙处开始，快速 WALE 时长为 450ms，深度 WALE 时长为 1.8 s。同步点对多点链路建立示例如图 6－21 所示。

图 6－21 中的点对多点场景与点对点场景相同，在主呼台 LSU_Req 中，源地址是本地地址，目的地址是多点（网络）地址。这种类型的呼叫要求各被呼台按指定的顺序依次在其分配的时隙内用建链确认 PDU 进行响应。任何台站都可以发布链路终止 PDU，宣布离开该链接。如果主呼台使用多点（网络）地址发出链路终止 PDU，则所有台站均退出链路返回扫描模式。如果需要继续呼叫，则需在每个站点确认链路终止之后再重新进行。

2）异步点对多点链路建立协议

异步点对多点链路建立需首先发送捕获探针，步骤与异步点对点链路建立相同。在建链请求 PDU 之后的异步 PTM 呼叫的步骤如下：①所有被呼台应在建链请求后立即在 t_{LBR}（由网络初始化参数确定）进行响应前侦听（LBR）。②各被呼台响应时隙在 LBR 时段结束时开始，快速 WALE 波形的持续时间应为 450ms，深度 WALE 波形的持续时间应为 1.8s。

异步点对多点链路建立示例如图 6－22 所示。

7. 单向链路建立

单向链路建立协议可用于建立点对点链路、多播或广播。在 LBT 之后，主呼台发送单向建链请求 PDU。被呼地址可以是单点地址、多播（网络）地址或者广播地址。被呼地址全 1 时表示广播呼叫，接收广播呼叫的所有台站应进入该链路，除非在编程时设置为“忽略广播”。被呼台不响应单向呼叫，只是静默接收业务。

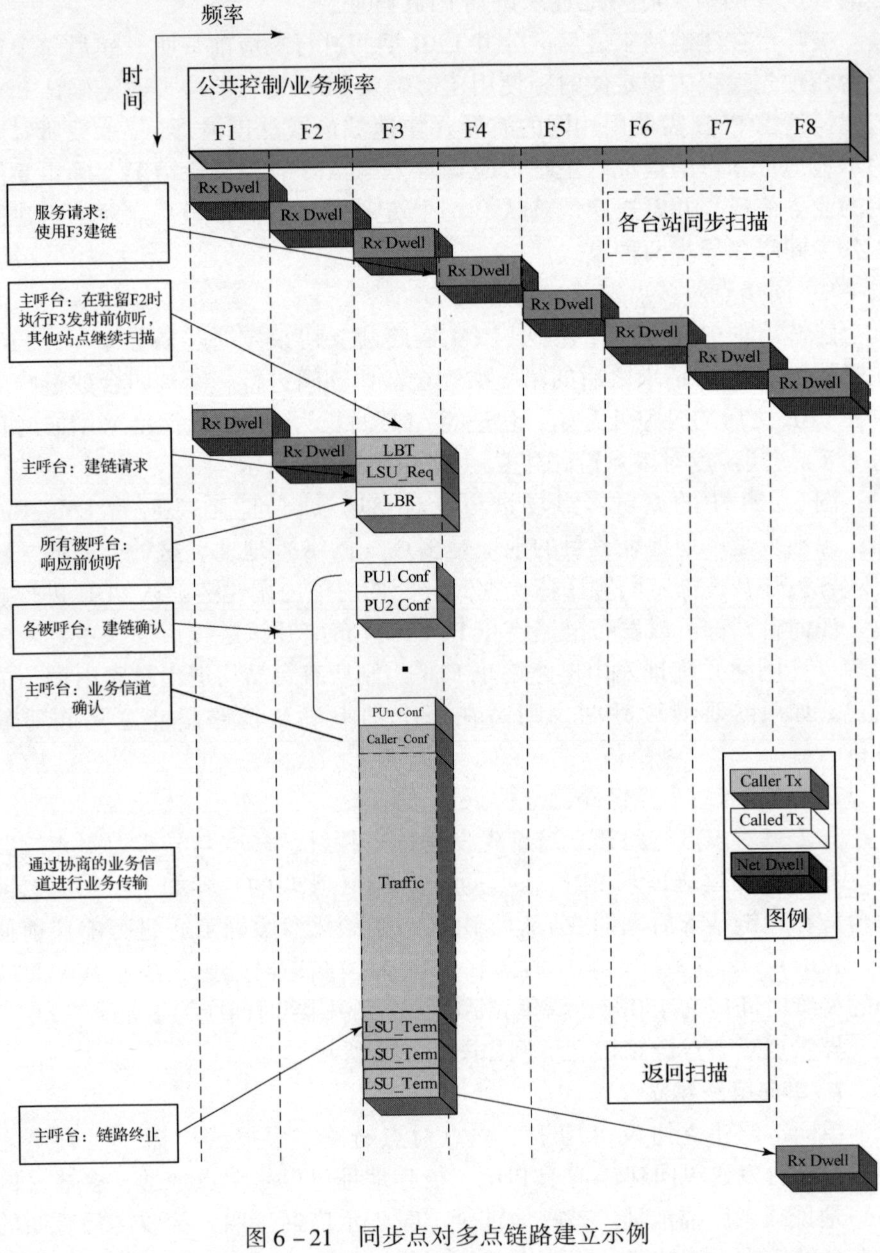

图 6-21　同步点对多点链路建立示例

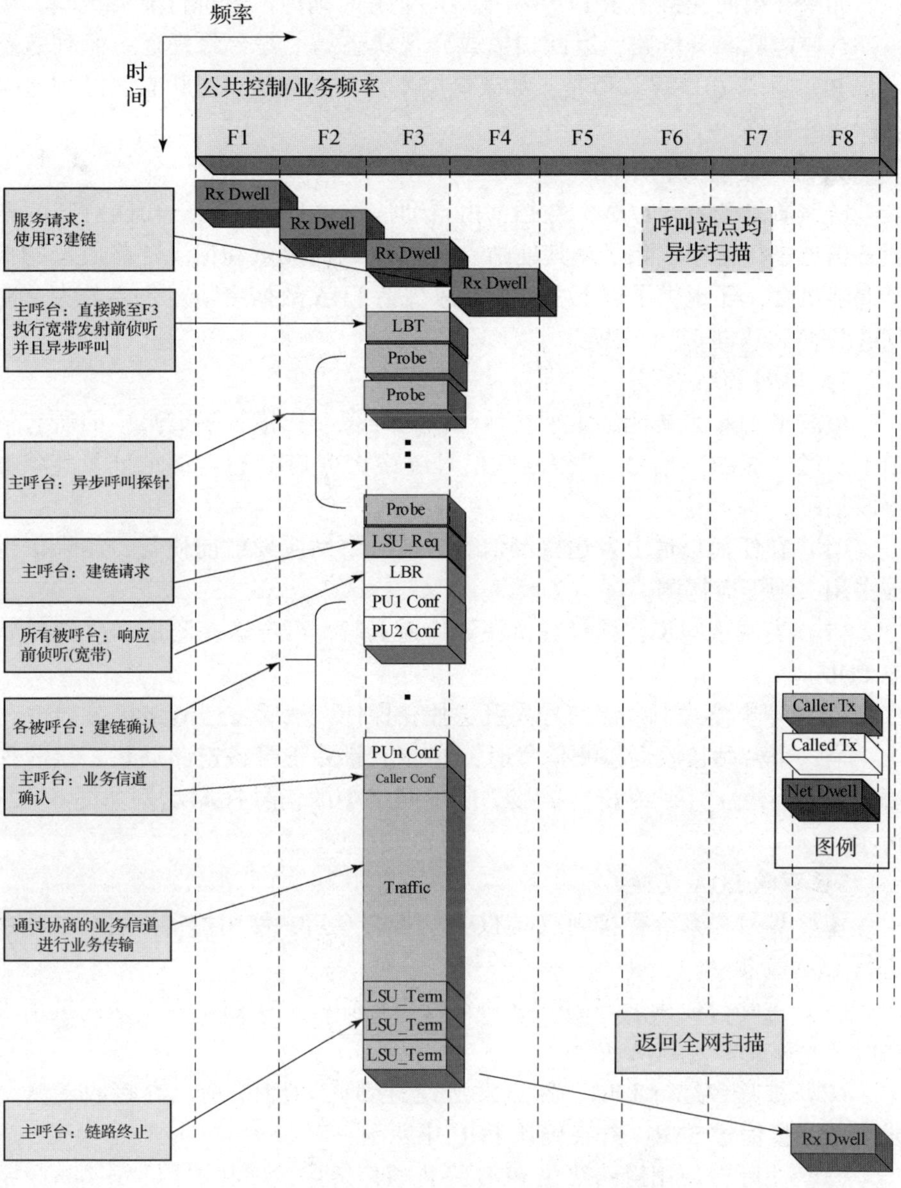

图 6－22　异步点对多点链路建立示例

计划使用的业务信道在单向建链请求 PDU 中由发射子信道矢量进行标识。如果在单向建链请求 PDU 结束后的业务时间内没有进行业务传输，则被呼台应静默离开链路，返回扫描或凝视状态。主呼台将发送一系列链路终止 PDU 来终止链路。但是，如果链路不活动或处于超时状态，被呼台可静默离开链路。

8. 链路质量分析

链路质量分析（LQA）数据，由自动信道选择（ACS）功能对呼叫和业务信道进行排序。除了从其他站点接收 PDU 时测量和记录链路质量的被动偶然机会，还提供了以下主动机制来保持 LQA 数据更新。主要分为单向 LQA 探测和双向 LQA 交换。

1）单向 LQA 探测

短波 WALE 系统能够定期在活动信道列表（扫描频率集）中的所有信道上发送“探测”信号。“探测”信号链路状态 PDU 包含源地址及其状态字段信息。

（1）在任何信道上发送探测信号之前，台站应发射前侦听，如果信道被占用，则不应探测。

（2）当网络同步扫描且驻留在该信道上时，可发送探测信号（链路状态 PDU）。

（3）异步模式下探测信号先发送捕获探针，然后发送链路状态 PDU。

当一个台站接收到探测信号时，它应测量并记录该链路质量。接收探测信号并不建立（或终止）链接。同步网络中的信号探测示例如图 6－23 所示。

2）双向 LQA 交换

短波 WALE 系统在接到双向 LQA 交换命令后，使用指定信道与被呼台进行 LQA 交换。

（1）主呼台使用适当的 PTP 协议呼叫被呼台，在 LBT 后发送建链请求 PDU，业务类型为 LQA 交换。

（2）被呼台进行 LBR，然后发送建链确认 PDU 响应，在接收建链请求期间测量信号 SNR，并在确认 PDU 中明确。

（3）主呼台使用链路终止 PDU 终止通信链路，终止原因“reason”字段设置为没有更多业务。

收发双方都应测量并存储此次握手的 LQA 测量值。

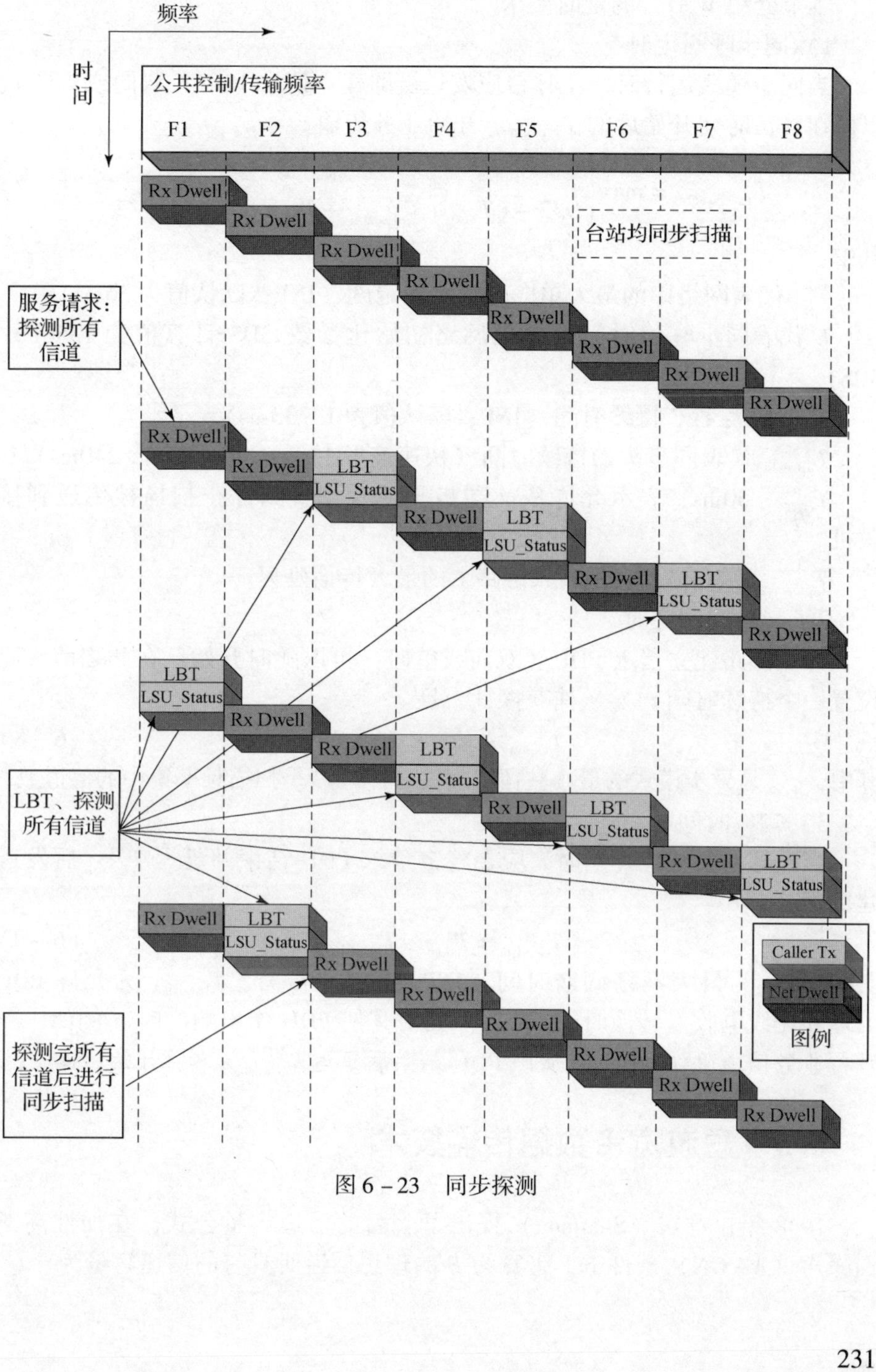
频率
时间
公共控制/传输频率
F1
F2
F3
F4
F5
F6
F7
F8
Rx Dwell
台站均同步扫描
服务请求：探测所有信道
LBT
LSU_Status
LBT、探测所有信道
探测完所有信道后进行同步扫描
Caller Tx
Net Dwell
图例

图 6 – 23　同步探测

9. WALE 定时

本节介绍 WALE 的定时要求。

1）同步呼叫定时

当同步模式运行时，主呼台应发送链路建立请求 PDU （双向或单向），以便在驻留时间开始后的 $T_{TxOffsetTLC}$ 开始业务传输。

$$T_{TxOffsetTLC}=\max\begin{cases}2T_{sync}\\ D/2-(T_{TLC}+T_{preamble}+T_{ODT}+2T_{propmax})/2\end{cases} \quad (6-7)$$

其中：

T_{sync} 代表网络中的最大单向时间不确定度（INP；默认值为 36ms）。

D 代表同步驻留时间（根据网络初始化参数 SDS 计算值为 1350ms/SDS）。

TLC 代表 TLC 持续时间（INP；默认值为 13. 33ms）。

$T_{preamble}$ 代表同步头的持续时间（快速波形 120ms，深度波形 240ms）。

T_{ODT} 为 50ms，表示允许从前同步码的检测直到停止扫描被传送到接收机。

$T_{propmax}$ 为 80ms，表示高频链路上的最大传播延迟。

2）异步呼叫定时

异步链路建立请求 PDU（双向或单向）可以随时开始。在此之前，应设置一个持续时间 t_c 发送捕获探针，且

$$T_{capture}\geqslant d_{min}\times(C+2) \quad (6-8)$$

其中，d_{min} 是异步模式的最小驻留时间（INP），C 是扫描频率集中的信道数。

3）响应时间

当被呼台要响应呼叫时，应在建链请求 PDU 结束并延迟 $T_{confirm}$ 后发送建链确认 PDU：

$$T_{confirm}=T_{tune}+T_{handshake} \quad (6-9)$$

其中，T_{tune} 为最大网络调谐时间（INP；默认 40ms），$T_{handshake}$ 为允许 PDU 处理和无线电收发转换时间 100ms。当对其他 PDU 作出响应时（例如，主呼台业务信道确认时），应从该 PDU 结束后延迟 $T_{handshake}$ 之后开始传输。

6.3 短波宽带数据传输技术

1948 年，香农（Shannon）提出了著名的信道容量公式，在加性高斯白噪声（AWGN）条件下，带宽为 B 的理想信道所具有的信道容量为

$$C = B\log_2(1 + S/N) \tag{6-10}$$

其中，S/N 为信道信噪比，C 为信道容量，单位为 bit/s。

根据香农公式，信号带宽加大，相同信噪比下可获得更高的无差错传输数据速率；在相同数据速率下，短波宽带通信所需信噪比更低，实际通信效果更好。在发射功率受限情况下，若仍在窄带 3kHz 内采用高阶调制方式来提高速率，通信将变得更加困难。因此，人们开始研究能否在短波信道上分配 3kHz 以上带宽，以满足短波通信链路上高速数据传输的需求，这种理念称之为宽带化短波（WBHF）。

6.3.1　短波宽带数据传输方法

一般来说，短波宽带化数据传输至少有三种可能的方法：一是在传统 3kHz 带宽上利用新波形来提高数据速率；二是使用多个连续或非连续 3kHz 信道来提高数据速率；三是使用更宽的连续带宽波形来提高数据速率。

1. 3kHz 波形

在固定分配的 3kHz 带宽内主要采用前向纠错编码（FEC）和提高调制密度的方法来提高波形数据速率。回顾第 3 章可知，在提高数据速率方面，高于 8PSK 的 MPSK 星座方法在功率上非常低效，MQAM 星座则具有功率效率更高的优势。当 MQAM 星座大小加倍时，星座中包含的信息可以增加 1bit 位，信噪比（SNR）要求会有大约 3dB 的损失。作为一种带宽利用率较高的调制方式，MQAM 同样需要遵循香农容量曲线，通过成倍增加功率以实现数据吞吐量的线性增长。

使用与信噪比相关的一种测量方法：信号功率与噪声密度比（SPNDR）E_b/n_0。SPNDR 是指 1Hz 带宽中包含的总信号功率与噪声功率之比，可用于比较不同噪声带宽的波形。数据速率、星座大小、在 3kHz AWGN 信道条件下误码率为 $\mathrm{BER} = 10^{-4}$ 时所需的 SNR、SPNDR 之间的关系，如表 6－19 所示。

表 6－19　数据速率、星座大小所需的 SNR 和 SPNDR

数据速率/bps	星座大小	3kHz 的 SNR/dB	SPNDR/dB
3200	4PSK	9	43.8
4800	8PSK	12	46.8
6400	16QAM	14	48.8

续表

数据速率/(bps)	星座大小	3kHz 的 SNR/dB	SPNDR/dB
8000	32QAM	17	51.8
9600	64QAM	20	54.8
11200	128QAM	23	57.8
12800	256QAM	26	60.8
14400	512QAM	29	63.8
16000	1024QAM	32	66.8
17600	2048QAM	35	69.8
19200	4096QAM	38	72.8

表中，将数据速率从9600bps增加到19200bps时，所需的信噪比提高了18dB。除了高信噪比的代价，整个系统所需的动态范围和波形峰均比（PAR）也会增加，随着星座大小的增加，耗费的整体成本也会更大。此外，高阶星座更容易受到多径和衰落的影响，这使得在和64QAM调制相同的多径和衰落信道条件下，4096QAM星座都无法处理。不采用4096QAM和如此高的信噪比，也有其他的选择来实现19200bps，但是基于香农定理的容量推理，成本同样很高。

近年来，多输入多输出（MIMO）系统也常常被应用于无线通信中，用于在固定带宽条件下提高数据速率。MIMO系统的基本理念是通过多个发射（TX）天线发射数据，并使用多个接收（RX）天线接收数据，不同发射天线上发射的信号共享相同的频带，在不增加发射功率的情况下，使信道容量随着收发天线数目中的较小者线性增长。当然，接收机需要特殊的MIMO处理来同时解调所有的发射/接收信号对。如果发射天线数目为n，接收天线数目大于或等于n，则系统的数据速率可以增加n倍（假设系统中有足够多路径支持n通道）。目前该技术主要应用于在2GHz或更高频率运行的系统（由于波长较短，所需天线间距较小）。然而，由于短波波长较长，天线尺寸较大，在短波通信中，MIMO系统一般只适用于较少短波台站之间的通信，这些台站需要有足够的资源支持多个大型短波天线实现信号收发。

因此，如果短波信道带宽不允许超过3kHz，那么真正实现更高的数据速率显然具有重大挑战。

2. 多信道波形

当前，在遵循无线电设备带宽分配的前提下，可以利用多信道波形来提高短波数据速率。基本思想是简单地并行使用多个 3kHz 信道，进而实现数据速率随可用信道数量而线性增加，此时，调制解调器只需处理线性增加带来的计算复杂度，实现对多个通道的调制解调。以 24kHz 带宽为例，可以分为 8 个 3kHz 子信道，若每个子信道传输 2400bps 数据，那么总数据速率将达到 19.2kbps。多信道并行传输技术是一种频分复用技术，每个信道频谱互不重叠，这一思想在现有标准中已有体现，如：美军标 110B 利用上下两个独立边带同时传输数据，速率可达 19.2kbps；北约标准 STANAG 4539 则通过 2 ~ 6 个离散 3kHz 信道并行传输。由于每个信道载波频率不同，系统需要多路调制解调，实现复杂度较高。

1）使用独立边带调制解调器的多信道操作

当独立边带（ISB）电台分配的信道频率可用时，其上、下两个边带信道具有相似的信道特性，并且可以支持相似的数据速率。调制解调器充分利用这一性能传输编码符号，数据传输流程如图 6 – 24 所示（链路层信道加密可选）。其中，独立边带调制解调器对应两个不同的信道。

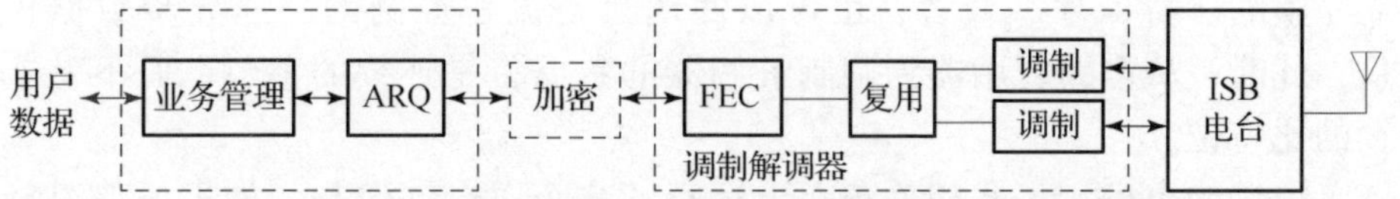

图 6 – 24　独立边带调制解调器多信道操作数据传输流程

2）使用多个调制解调器的多信道操作

当 ISB 电台分配的信道频率可用，但没有与之相匹配的独立边带调制解调器时，可以使用多个调制解调器代替，数据传输流程如图 6 – 25 所示。

图 6 – 25 中，图（a）采用链路层信道加密，图（b）采用应用层端到端信源加密。

其信息流程是：拟发送数据的第 1 位传送到与最高频率相关的调制解调器，随后的数据位将传送到频率递减的调制解调器。当 M 个调制解调器绑定到 1 个独立边带无线电台时，所有调制解调器应在同一数据速率下运行，调制解调器 $i(i=0,2,\cdots,M-1)$ 应携带编号为第 $i+n\times M$ 个比特位 $(n=0,1,\cdots)$。在发送端，多路复用器和调制解调器共享一个公共时钟，

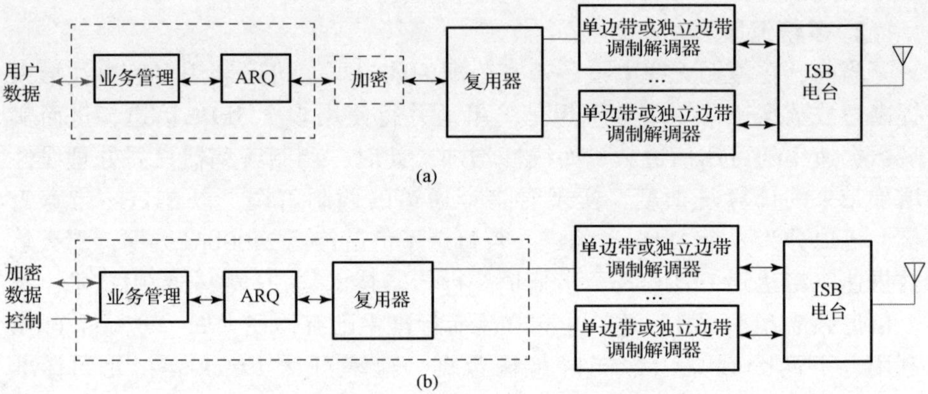

图 6－25　单边带调制解调器的多信道操作数据传输流程

多路复用器在有效载荷数据传输之前，向每个调制解调器提供短同步报头。该同步报头对于自动请求重传（ARQ）或调制解调器用户进程是透明的。

由于调制解调器位同步接口通常并不能保证接收端接收到的第 1 位就是发送端发送的第 1 位，因此，在接收端需要多路复用器使用同步报头建立完整的比特流序。或者，也可以使用具备流程控制的高速异步数据接口，此时，从多路复用器到调制解调器的数据将是连续的字节，而不是连续的比特位。

该结构也可用于非相关频率上运行的多个电台。但是，如果各信道特性不足够相似，则难以支持共同的最大数据速率，此时多信道并行传输的性能会大打折扣。

3）使用并行自动重发请求的多信道操作

当多个调制解调器、多个电台多信道运行的任意组合情况下，数据传输流程如图 6－26 所示。

图 6－26 中，图（a）采用链路层信道加密，图（b）采用应用层端到端信源加密。业务管理器用于动态地将数据包分配给与不同调制解调器相关联的单独 ARQ 协议进程中。根据当前信道条件，每个 ARQ 进程调整其调制解调器数据速率；业务管理器基于 ARQ 进程的完成情况，调整其分配给该等进程的数据速率。报文重组依赖于数据包报头中的数据包偏移字段完成重组。

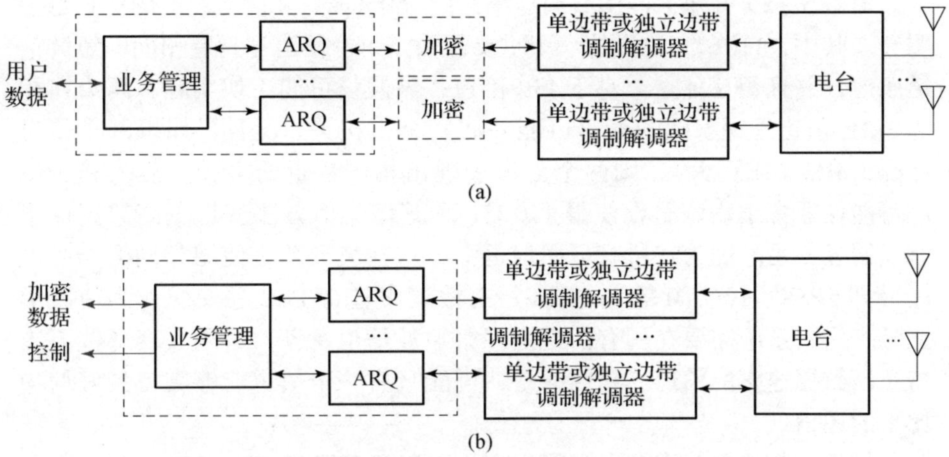

图 6 – 26　并行 ARQ 信道的多信道操作数据传输流程

4）110B/C 和 110B/F 两种波形比较

MIL – STD – 188 – 110B 附录 F（记为 110B/F）波形已在美国海军得到应用部署，但这很大程度上依赖现有的 ISB 频率分配方案和 ISB 电台设备。通过将美军标 MIL – STD – 188 – 110B 附录 C（记为 110B/C）中的 9600bps 波形性能与 110B/F 中的 9600bps 独立边带（ISB）波形（使用 4800bps@3kHz 信道）进行比较来说明此方法。

为了公平比较两种方法，假定两种波形的总发射功率相同。此外，由于使用了峰值功率限制放大器（线性放大器），还必须考虑波形的 PAR 差异。例如，在 AWGN 信道上要达到 10^{-4} 的误码率，110B/C 所需的信噪比是 19dB；对于 110B/F 独立边带波形，每个边带信道所需的信噪比为 11dB，这将产生 8dB 的优势，说明使用 110B/F 更具优势。在 STANAG 4539 定义的 3 种测试信道条件下，误码率为 BER = 10^{-4} 时所需的信噪比（SNR），如表 6 – 20 所示。

表 6 – 20　110 B/C 和 110 B/F 标准中 9600bps 波形的比较

信道	110B/C/dB	110B/F/dB/信道	110B/F 总优势/dB
AWGN	19	11	8
差	27	17	10
莱斯	27	14	13

由表6-20可知，即使数据速率达到9600bps，多信道波形的优势也很明显。其中，110B/F波形的一个重要假设是每个信道都具有相同的短波信道条件，并且相互独立。对于ISB信道，该假设可能不切实际，因为在相邻3kHz信道上观察到的衰落可能并非完全不相关。况且，如果两个信道相隔1MHz（或更大），则两个信道表现出相同数量的多径、衰落和SNR的可能性非常小。该假设使得110B/F和其他类似方法获得更高数据速率有了明显不足。因为在所有可用信道上，这些波形总是使用相同的符号星座（即8PSK、16QAM等），并在所有信道中进行FEC并交织。为使波形正常工作，系统需要在所有信道上观察短波信道特性，必须丢弃那些不支持更高数据速率的信道。糟糕的是，可能只有一个信道能够支持良好信噪比下的通信。

另外，其他多信道波形方案还有：①制定多信道ARQ协议，最大限度提高每个信道的数据速率，利用标准的调制解调器、波形和电台设备，获取尽可能高的多信道数据速率；②采用STANAG 4538规定的多信道短波ARQ协议。

使用多信道波形来提高数据速率，除了需要多部电台、天线、调制解调器等之外，还需要分配更多的3kHz短波信道，并且需要用户愿意为实现多信道波形付出更高的代价。

3. 连续带宽波形

信道带宽对短波高速数据速率波形设计和性能实现具有关键作用。鉴于实际短波信道2400bps通信效果常常难以保证，在发射功率受限情况下，若仍在3kHz内采用高阶调制方式来提高速率，通信将变得更加困难。由香农公式可知，由于信号带宽加大，相同信噪比下可获得更高数据速率；相同数据速率下，短波宽带通信所需信噪比更低，实际通信效果更好。因此，突破传统3kHz带宽，研究短波宽带通信更具有可行性。

美军标110D附录D规定了带宽为3kHz、6kHz、9kHz、12kHz、15kHz、18kHz、21kHz、24kHz、30kHz、36kHz、42kHz和48kHz的一系列宽带高频无线电（WBHF）调制解调器波形和编码规范，支持75~240kbps的数据速率。使用块交织器确定0.12~10.24s的4个交织长度，基于约束长度7或9卷积编码，以及各种打孔和重复编码方案，实现从1/16~9/10的一系列码率。发送端发射波形同步头中需明确波形数据速率、编码器约束长度和交织器设置，接收端调制解调器需要在接收同步期间，确定当前数据速率、编码器约束长度和交织器设置，为短波信道利用高效的自动重发请求协议奠定了基础。

如上节所述，当需要提供9600bps的数据速率时，ISB波形（6kHz）比SSB波形（3kHz）具有显著的性能优势。若数据速率超过9600bps，这种优势就会更大；随着数据速率的降低，该优势变得越来越小。在中纬度扰动信道上满足110C/C波形功能，实现10^{-4}误码率的各种数据速率所需的信号功率与噪声密度比（SPNDR），如表6－21所示。

表6－21　ITU中纬度扰动信道条件下获得10^{-4}误码率所需的SPNDR

数据速率/bps	带宽/kHz	SPNDR/dB
9600	3	62
	12	55
19200	3	>78
	24	58
32000	3	>90
	40	60
64000	3	>100
	80	63

从表6－21中可以看出，支持3kHz@9600bps和支持80kHz@64000bps所需的SPNDR几乎相同。如果考虑功率峰平比（PAR），将进一步增加宽频带波形的优势。因此，允许波形增加带宽将会产生PAR更高的波形。

在上述三种方案中，采用更广泛的连续带宽波形方法具有最佳性能。连续带宽波形的信号功率峰平比（PAR）与3kHz波形相同；在单个无线电台中，由于功率放大器前的多信道合并增加了PAR，使得多信道波形方法的实现变得困难。因此，我们更倾向使用连续带宽方法来提高短波数据速率。

6.3.2　WBHF波形帧结构

美军标110D附录D中，规定了短波宽带传输波形WID1～WID13的帧结构，如图6－27所示。

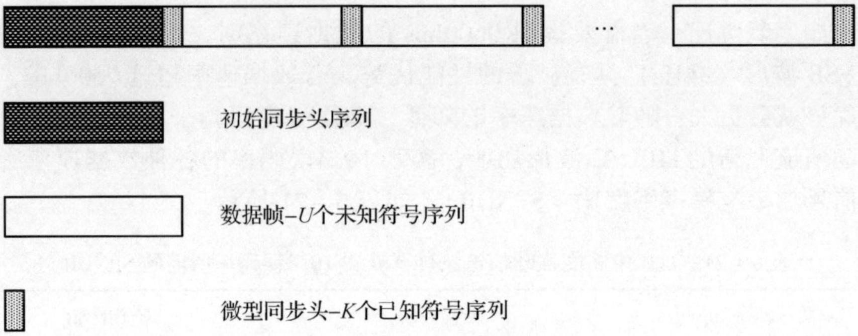

图 6－27　波形 1～13 的帧结构

与 2G、3G 短波标准波形一样，短波宽带波形信号的发射开始于发射电平控制（TLC）序列，TLC 不携带任何信息。TLC 在发送或接收同步头之前，只允许设置无线电发射增益控制（TGC）、发射机自动电平控制（ALC）和接收机自动增益控制（AGC）环路，TLC 长度可根据实际情况进行更改。

初始同步头为可变长度序列，紧随 TLC 之后，用于在信息开始传输时进行可靠同步和自动编码。可变长度特性允许用户根据预期信道条件和应用需求来选择同步头长度。例如，短波海面波信道可能采用非常短的同步头，而天波多径衰落信道可能需要特别长的同步头才行。同步头后面是交替的数据帧（未知）和微型探测帧（已知），每个数据帧由 U 个数据符号组成，随后的微型探测帧由 K 个已知符号组成。

需要说明的是，标准中规定的波形 WID0 在同步头之后采用了不同的结构，其中数据帧由 32 符号的 Walsh 序列组成，每个符号对应一个编码后的双比特位，不发送探测符号，因此经 Walsh 编码的数据符号在同步头之后会连续发送。

3～48kHz 之间，有 12 种不同带宽的频带可以使用，在 3～24kHz 之间以 3kHz 递增，在 24～48kHz 之间以 6kHz 递增。各个带宽提供多达 13 种不同的数据速率，调制范围从 BPSK 到 256QAM，每个带宽的最低数据速率（例如，波形 WID0）基于北约 STANAG 4415 中的 Walsh 正交调制。需要注意的是，波形 WID13 仅定义了 3kHz 带宽，是一种新型的 2400bps 波形，工作于比传统 3kHz@2400bps 波形更低的信噪比条件下。不同带宽的子载波频率和符号速率如表 6－22 所示。

表6－22　短波带宽、子载波频率和符号速率之间的关系

带宽/kHz	子载波频率/Hz	符号速率/(符号/s)
3	1800	2400
6	3300	4800
9	4800	7200
12	6300	9600
15	7800	12000
18	9300	14400
21	10800	16800
24	12300	19200
30	15300	24000
36	18300	28800
42	21300	33600
48	24300	38400

短波宽带波形的调制方式、带宽和数据速率之间具有一定关系，如表6－23所示。其中，填充“－”的波形在特定带宽上不使用，波形WID11和WID12通常用于地波传输。

1. 同步头

初始同步头用于快速实现初始同步，并提供时间和频率对准。严格意义上讲，同步头由发射电平控制（TLC）段和同步段两部分组成。其中，同步段由重复的同步超帧构成，如图6－28所示。

出于对同步要求高可靠性的考虑，同步段采用波形WID0中使用的4元Walsh正交调制。每个信道符号的长度取决于所选调制解调器波形的带宽：3kHz带宽时同步头中Walsh序列长度为32个符号，6kHz带宽时同步头中Walsh序列长度为64个符号，即每3kHz的波形带宽为32个符号，依此类推。

表 6-23　短波调制方式、带宽和数据速率的关系

带宽 /kHz	0 Walsh	1 BPSK	2 BPSK	3 BPSK	4 BPSK	5 BPSK	6 QPSK	7 8PSK	8 16QAM	9 32QAM	10 64QAM	11 64QAM	12 256QAM	13 QPSK
3	75	150	300	600	1200	1600	3200	4800	6400	8000	9600	12000	16000	2400
6	150	300	600	1200	2400	3200	6400	9600	12800	16000	19200	24000	32000	—
9	300	600	1200	2400	—	4800	9600	14400	19200	24000	28800	36000	48000	—
12	300	600	1200	2400	4800	6400	12800	19200	25600	32000	38400	48000	64000	—
15	300	600	1200	2400	4800	8000	16000	24000	32000	40000	48000	57600	76800	—
18	600	1200	2400	4800	—	9600	19200	28800	38400	48000	57600	72000	90000	—
21	300	600	1200	2400	4800	9600	19200	28800	38400	48000	57600	76800	115200	—
24	600	1200	2400	4800	9600	12800	25600	38400	51200	64000	76800	96000	120000	—
30	600	1200	2400	4800	9600	16000	32000	48000	64000	80000	96000	120000	160000	—
36	1200	2400	4800	9600	12800	19200	38400	57600	76800	96000	115200	144000	192000	—
42	1200	2400	4800	9600	14400	19200	38400	57600	76800	96000	115200	160000	192000	—
48	1200	2400	4800	9600	16000	24000	48000	72000	96000	120000	144000	192000	240000	—

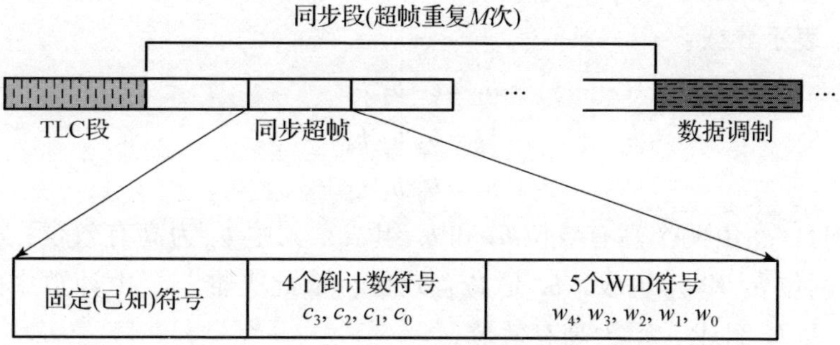

图 6-28　同步头结构

1）TLC 段

TLC 段是同步头的第一部分，专为电台和调制解调器时间增益控制和自动增益控制提供，由 N 个 8PSK 数据块组成。8PSK 符号中每个数据块的长度取决于后面传输中要使用的带宽，N 的值可配置范围是从 0 到 255。其中，$N=0$ 时，表示 TLC 部分不发送。

2）同步段

同步段是同步头中的第二部分，由重复的超帧组成，分为固定块、倒计数块和波形 ID 块三个部分。对于每个分段，使用不同的加扰序列对扩展的 Walsh 序列进行加扰。

（1）固定块。

每个超帧的固定块专门用于同步和去除多普勒偏移，由 1 个或 9 个正交 Walsh 调制符号组成，每个符号的长度取决于所选调制解调器波形的带宽。对于单个 Walsh 符号，双位值应为 3（即二进制 11），且超帧只传输一次（$M=1$）。对于 9 个 Walsh 符号，双位序列是 $\{0,0,2,1,2,1,0,2,3\}$，3 是传送的最后一个双比特数。

（2）倒计数块。

倒计数块由 4 个正交 Walsh 调制的双位组成，记为 c_3，c_2，c_1，c_0，每个双位送 2bit 信息，表示 5bit 递减计数和 3bit 奇偶校验。超帧递减计数初始化值为 $M-1$，M 是超帧的重复次数，并随同步超帧每一次重复后递减，直到调制数据开始之前的最后一个超帧时计数为 0。递减计数二进制表示为 $b_4b_3b_2b_1b_0$，其中 b_4 是最高有效位（MSB），b_0 是最低有效位（LSB）。

b_7、b_6 和 b_5 由通过 $b_4b_3b_2b_1b_0$ 计算的奇偶校验位组成，如下所示，其中符号“^”表示异或：

$$b_7 = b_1\hat{}b_2\hat{}b_3$$

$$b_6 = b_2\hat{}b_3\hat{}b_4$$

$$b_5 = b_0\hat{}b_1\hat{}b_2$$

此时，c_3 由两个高有效位 b_7 和 b_6 组成，其中 b_7 为高有效位；c_2 由接下来的两位 b_5 和 b_4 组成，b_5 是高有效位，依此类推。c_0 由计数中的最后两位 b_1 和 b_0 组成，b_1 为高有效位。

（3）波形 ID 块。

同步超帧中的最后一部分由 5 个正交 Walsh 调制双比特符号组成，每个符号携带 2bit 信息。这些双比特位记为 w_4，w_3，w_2，w_1 和 w_0。这 10bit 标记为 $d_9 \sim d_0$，用于代表一个波形 ID，包含波形编号、交织选项、卷积码长度和奇偶校验等信息。其中 w_4 由 d_9 和 d_8 组成，d_9 是最高有效位；w_3 由 d_7 和 d_6 组成；以此类推，直到 w_0，由 d_1 和 d_0 组成。3 个低有效位 d_2，d_1 和 d_0 由 $d_9d_8d_7d_6d_5d_4d_3$ 计算的 3 位校验和组成，如下所示：

$$d_2 = d_9\hat{}d_8\hat{}d_7$$

$$d_1 = d_7\hat{}d_6\hat{}d_5$$

$$d_0 = d_5\hat{}d_4\hat{}d_3$$

（1）波形 ID 号由 w_4 和 w_3 编码为 4bit 表示（保留值 14 和 15，不发送）。

（2）交织器由 w_2 编码 2bit 表示：值 0 为超短交织，1 为短交织，2 为中等交织，3 为长交织。

（3）卷积码约束长度由 w_1 的最高有效位表示：0 表示约束长度 7，1 表示约束长度 9。w_1 的最低有效位总是 0。

2. 数据帧和微型探测帧

每个数据帧由一个具有 U 个未知数据符号的数据块构成，其后跟随一个由 K 个已知符号组成的微型探测帧。

已知探测符号用于跟踪时变多径信道，未知数据符号携带用户数据（编码和交织后），U 和 K 随使用的带宽和数据速率而变化。例如，3kHz 和 12kHz 带宽的示例值如表 6－24 所示，其他带宽的数据帧和微型探测帧长度参见 110D 标准。

表 6－24　3kHz 和 12kHz 的数据帧和微型探测帧长度

波形 ID	调制	3kHz			12kHz		
		数据速率	U	K	数据速率	U	K
1	BPSK	150	48	48	600	192	192
2	BPSK	300	48	48	1200	192	192
3	BPSK	600	96	32	1200	384	128
4	BPSK	1200	96	32	2400	384	128
5	BPSK	1600	256	32	4800	1024	128
6	QPSK	3200	256	32	6400	1024	128
7	8PSK	4800	256	32	12800	1024	128
8	16QAM	6400	256	32	19200	1024	128
9	32QAM	8000	256	32	25600	1024	128
10	64QAM	9600	256	32	38400	1024	128
11	64QAM	12000	360	24	48000	1080	72
12	256QAM	16000	260	24	64000	1080	72
13	QPSK	2400	256	32	—	—	—

对于所有非基于 Walsh 的调制（即除波形 0 以外的所有调制），将微型探测帧插入到每个数据块以及同步头的末尾。为了支持该标准的各种比特率和带宽选项，使用了 14 种不同的微型探测序列，每个微型探测帧由循环扩展至所需长度的基本序列组成。

微型探测帧还用于识别长交织块的边界，通过在长交织帧的第二个到最后一个数据块之后，发送循环的微型探测帧来实现。无论实际选择了哪种交织，该循环移位的微型探测帧的位置都保持不变。由于所有交织器都排列在长交织器块的边界上，此特征可用于广播传输同步。当接收机预先知道波形标识 ID 字段时，并提供延期进入功能。表 6－25 和表 6－26 提供了3～48kHz 中波形 1～12 的未知数据帧和已知微型探测帧符号的数量。需要注意的是，波形 0 在同步头之后使用了与波形 1～12 不同的帧结构。

表6-25 数据帧中未知符号的数量

带宽	0	1	2	3	4	5	6	7	8	9	10	11	12	13
/kHz	Walsh	BPSK	BPSK	BPSK	BPSK	BPSK	QPSK	8PSK	16QAM	32QAM	64QAM	64QAM	256QAM	QPSK
3	N/A	48	48	96	96	256	256	256	256	256	256	360	360	256
6	N/A	96	96	204	204	544	544	544	544	544	544	540	540	—
9	N/A	288	288	288	—	768	768	768	768	768	768	1080	1080	—
12	N/A	192	192	384	384	1024	1024	1024	1024	1024	1024	1080	1080	—
15	N/A	288	288	288	288	1280	1280	1280	1280	1280	1280	1152	1152	—
18	N/A	448	448	448	—	1536	1536	1536	1536	1536	1536	1920	1920	—
21	N/A	320	320	320	320	1344	1344	1344	1344	1344	1344	2560	2560	—
24	N/A	272	272	816	816	2176	2176	2176	2176	2176	2176	1920	1920	—
30	N/A	576	576	576	576	2560	2560	2560	2560	2560	2560	2700	2700	—
36	N/A	1152	1152	1152	3072	3072	3072	3072	3072	3072	3072	3240	3240	—
42	N/A	768	768	768	3456	3456	3456	3456	3456	3456	3456	3840	3840	—
48	N/A	512	512	512	2560	2560	2560	2560	2560	2560	2560	2880	2880	—

表 6－26　微型探测帧中已知符号的数量

带宽/kHz	0 Walsh	1 BPSK	2 BPSK	3 BPSK	4 BPSK	5 BPSK	6 QPSK	7 8PSK	8 16QAM	9 32QAM	10 64QAM	11 64QAM	12 256QAM	13 QPSK
3	N/A	48	48	32	32	32	32	32	32	32	32	24	24	32
6	N/A	96	96	68	68	68	68	68	68	68	68	36	36	—
9	N/A	144	144	144	—	96	96	96	96	96	96	72	72	—
12	N/A	192	192	128	128	128	128	128	128	128	128	72	72	—
15	N/A	192	192	192	192	160	160	160	160	160	160	128	128	—
18	N/A	224	224	224	—	192	192	192	192	192	192	128	128	—
21	N/A	240	240	240	240	224	224	224	224	224	224	128	128	—
24	N/A	272	272	272	272	272	272	272	272	272	272	128	128	—
30	N/A	384	384	384	384	320	320	320	320	320	320	180	180	—
36	N/A	576	576	576	384	384	384	384	384	384	384	216	216	—
42	N/A	576	576	576	576	576	576	576	576	576	576	192	192	—
48	N/A	512	512	512	512	512	512	512	512	512	512	192	192	—

表6-27定义了用于生成完整微型探测帧的探测帧长度、基本序列，以及交织器边界循环移位。

表6-27 微型探测帧长度和基本序列

微型探测帧长度	基本序列	交织器边界的循环移位	微型探测帧长度	基本序列	交织器边界的循环移位
24	13	6	180	100	50
32	16	8	192	100	50
36	19	9	216	121	60
48	25	12	224	121	60
64	36	18	240	121	60
68	36	18	272	144	72
72	36	18	320	169	85
96	49	24	384	196	98
128	64	32	512	256	128
144	81	40	576	289	145
160	81	40	—	—	—

6.3.3 纠错编码

由于110D标准制定中要求不包含任何知识产权，因此在新的短波宽带波形编码中未使用迭代码（Turbo码是专利技术），而是选择使用了（2,1,7）卷积码，并增加了（2,1,7）卷积码，以增加计算复杂性为代价提供附加编码保护。(2,1,7）卷积码已在110A和110B标准中使用了20多年，为提高通用性，实现多种数据速率，可以通过重复编码（复用）和删余（打孔）来创建更加广泛的编码选项。

1. 全截尾编码

对于约束长度为7的卷积码，为了开始对每个输入数据块进行编码，应通过移入前6bit输入数据位，而不取任何输出位来预加载编码器。同时，该6bit输入位应暂时保存，以便用于“刷新”编码器。当第7位移入后采集前两个编码输出位，并定义为生成码块的前两位。在最后一个输入数据位进行编码后，应对前 6 个“已保存”数据位进行编码。请注意，在对这些保存位进行编码之前，不能更改编码器移位寄存器，即它应该用最后 7 个输入数据位进行填充。这 6 个“已保存”的数据位从最早的 1bit 开始，一次 1 个地移入编码器进行编码。当这 6bit 位中的最后 1bit 被移入时，获得 2 个输出位为最终（未打孔）码块的最终位。因此，在打孔之前，产生的码块的位数正好是输入信息位数的两倍。在将这些输出比特位发送到交织器之前，应将码率为 1/2 的编码打孔到所需的码率。

2. 打孔和重复

为了从较低码率获得较高码率，需对编码器的输出进行打孔，不发送编码器的所有输出位。定义打孔掩码以确定具体传送哪些比特位。例如，当将码率为 1/2 的编码调升到码率为 3/4 时，需打孔将每 3bit 中的 1bit 不予发送。此时，可通过使用打孔掩码“111 001”来执行打孔。其中，1 表示该比特位发送，0 表示该比特位不发送；111 表示 T_1 分支保留的位，001 表示 T_2 分支保留的位。对于编码器生成的序列为

$$T_1(k)、T_2(k)、T_1(k+1)、T_2(k+1)、T_1(k+2)、T_2(k+2)\cdots$$

发送序列应为

$$T_1(k),T_2(k),T_1(k+1),P,P,T_2(k+2)\cdots$$

将 $T_1(0)$、$T_2(0)$定义为生成码块的前两位，则上述序列中的 k 值应为 3 的整数倍。编码块在被输入到交织器之前应该以此方式打孔。

为了从较高码率中获得较低的码率，则可以使用重复。例如，将码率为 1/2 的编码降低到码率为 1/4 时，假设编码器 2bit 生成序列如下：

$$T_1(k),T_2(k),T_1(k+1),T_2(k+1)$$

对输入的双比特位重复后产生码率为 1/4 新序列如下：

$$T_1(k)、T_2(k)、T_1(k)、T_2(k)、T_1(k+1)、T_2(k+1)、T_1(k+1)、T_2(k+1)。$$

对于需要重复和打孔相结合的情况，首先重复码字，然后进行打孔。例如，将码率为 1/2 的编码降低到码率为 1/3 时，首先将 $T_1(k)$，$T_2(k)$位重复两次产生如下序列：

$$T_1(k)、T_2(k)、T_1(k)、T_2(k)、T_1(k+1)、T_2(k+1)、T_1(k+1)、T_2(k+1)$$

然后打孔模式应用两次，则产生码率为 1/3 的新序列：

$$T_1(k)、T_2(k)、T_1(k)、P、T_1(k+1)、T_2(k+1)、T_1(k+1)、P$$

表 6－28 提供了用于每个调制和带宽的编码速率，表 6－29 提供了打孔和复用模式。填充“—”的条目表示该组合未使用。

表 6-28　调制、带宽与码率之间的关系

带宽/kHz	0 Walsh	1 BPSK	2 BPSK	3 BPSK	4 BPSK	5 BPSK	6 QPSK	7 8PSK	8 16QAM	9 32QAM	10 64QAM	11 64QAM	12 256QAM	13 QPSK
3	1/2	1/8	1/4	1/3	2/3	3/4	3/4	3/4	3/4	3/4	3/4	8/9	8/9	9/16
6	1/2	1/8	1/4	1/3	2/3	3/4	3/4	3/4	3/4	3/4	3/4	8/9	8/9	—
9	2/3	1/8	1/4	1/2	—	3/4	3/4	3/4	3/4	3/4	3/4	8/9	8/9	—
12	1/2	1/8	1/4	1/3	2/3	3/4	3/4	3/4	3/4	3/4	3/4	8/9	8/9	—
15	2/5	1/12	1/6	1/3	2/3	3/4	3/4	3/4	3/4	3/4	3/4	8/9	8/9	—
18	2/3	1/8	1/4	1/2	—	3/4	3/4	3/4	3/4	3/4	3/4	8/9	5/6	—
21	2/7	1/16	1/8	1/4	1/2	2/3	2/3	2/3	2/3	2/3	2/3	4/5	9/10	—
24	1/2	1/8	1/4	1/3	2/3	3/4	3/4	3/4	3/4	3/4	3/4	8/9	5/6	—
30	2/5	1/12	1/6	1/3	2/3	3/4	3/4	3/4	3/4	3/4	3/4	8/9	8/9	—
36	2/3	1/8	1/4	1/2	1/2	3/4	3/4	3/4	3/4	3/4	3/4	8/9	8/9	—
42	4/7	1/8	1/4	1/2	1/2	2/3	2/3	2/3	2/3	2/3	2/3	5/6	3/4	—
48	1/2	1/8	1/4	1/2	1/2	3/4	3/4	3/4	3/4	3/4	3/4	8/9	5/6	—

表 6－29　打孔和复用模式

编码速率	$K=7$ 打孔模式	$K=9$ 打孔模式	重复次数
9/10	111101110 100010001	111000101 100111010	n/a
8/9	11110100 10001011	11100000 10011111	n/a
5/6	11010 10101	10110 11001	n/a
4/5	1111 1000	1101 1010	n/a
3/4	110 101	111 100	n/a
2/3	11 10	11 10	n/a
9/16	111101111 111111011	111101111 111111011	n/a
1/2	n/a	n/a	n/a
2/5	1110 1010	1110 1010	1/2 重复 2 次
1/3	n/a	n/a	1/2 重复 2 次
2/7	1111 0111	111 0111	3/2 重复 2 次
1/4	n/a	n/a	1/2 重复 2 次
1/6	n/a	n/a	1/2 重复 3 次
1/8	n/a	n/a	1/2 重复 4 次
1/12	n/a	n/a	1/2 重复 6 次
1/16	n/a	n/a	1/2 重复 8 次

6.3.4 交织

信号传输错误结构在短波衰落信道和在加性高斯白噪声信道条件下是不同的。突发错误的存在是不可忽略的，当信道由于多径分量的相消干涉而呈现瞬时大衰落时，其差错概率会比在相长干涉时大得多。这些突发错误的纠正可使用专门的纠错编码来实现，也可通过交织来分散错误的突发结构实现。需要强调的是，交织只有与纠错编码结合时才会减少平均误比特率。对于一个没有纠错编码的系统，交织器虽然能够离散突发错误，但并不会减少平均误比特率。另外，使用交织会带来增加传输等待时间的问题。在话音通信中，需要保持等待时间低于50ms，此时可能会出现最大等待时间小于衰落深陷持续时间的情况，这会大大降低交织器的有效性。

交织器一般有两种基本结构：分组交织和卷积交织。在分组交织中，一次交织大小为 $N_{\text{interleav}}D_{\text{interleav}}$ 的数据分组，交织结构是一个矩阵：比特按照行顺序读入，按照列顺序读出。

原来相邻的比特现在相距 $D_{\text{interleav}}$，由交织引起的等待时间为 $N_{\text{interleav}}D_{\text{interleav}}T_{\text{B}}$。因为必须等到矩阵填满之后才能将比特读出，所以等待时间要比比特分开的间隔大得多。对于卷积交织，数据以连续流进行交织，与卷积编码类似。与分组交织相比，卷积交织减少了等待时间（相同比特间隔条件下）。一般情况下，分组交织与分组编码一起使用，卷积交织与卷积编码结合使用。

短波波形 WID 0 ~ WID 13 的交织器有四种大小，如表 6 – 30 所示。

表 6 – 30　交织器选项

交织器	时长/s
超短（US）	~0.12
短（S）	~0.48
中（M）	~1.92
长（L）	~7.68

其中，短、中、长三个可用于波形 WID 0。最小的交织器等待时间大约120ms，并且每个较大的交织大小是前一个交织长度的四倍。交织设计

是为了在交织跨度上尽可能地分散纠错编码数据块中的相邻位，其中最初彼此最接近的位将产生最大的间隔。块交织由从索引 0 开始到索引 $N-1$ 的单维数组组成（其中 N 是交织器的大小，以位为单位）。通过以下公式，将位 n 加载到交织器中：

$$\text{Load Location} = (n * \text{Interleaver\_Increment\_Value}) \text{ Modulo } (\text{Interleaver Size in Bits}) \quad (6-11)$$

式中，选择的交织器增量值 Interleaver_Increment_Value 使得在 FEC 解码器输入端的比特软判决相当均衡（即解交织后的相邻比特在 MPSK 或 MQAM 星座中不是同一比特位置）。

表 6-31 列出了增量值（用于 3kHz、6kHz、9kHz 波形）的一组示例。

表 6-31　3kHz、6kHz、9kHz 波形的交织器增量值

WID	3kHz 交织器尺寸				6kHz 交织器尺寸				9kHz 交织器尺寸			
	超短	短	中等	长	超短	短	中等	长	超短	短	中等	长
0	—	11	37	145	—	21	73	289	—	31	109	433
1	25	97	385	1543	49	193	769	3085	73	289	1153	4645
2	25	97	385	1543	49	193	769	3085	73	289	1153	4645
3	25	97	385	1549	53	205	817	3293	73	289	1153	4645
4	25	97	385	1549	53	205	817	3293	—	—	—	—
5	33	129	513	2081	69	273	1089	4421	97	385	1537	6241
6	65	257	1025	4161	137	545	2177	8841	193	769	3073	12481
7	97	385	1537	6241	205	817	3265	13261	289	1153	4609	18721
8	129	513	2049	8321	273	1089	4353	17681	385	1537	6145	24961
9	161	641	2561	10403	341	1361	5441	22103	481	1921	7681	31207
10	193	769	3073	12481	409	1633	6529	26521	577	2305	9217	37441
11	271	1081	4321	17551	409	1621	6481	26329	811	3241	13771	52651
12	361	1441	5761	23401	553	2161	8641	35113	1081	4321	18361	70201
13	65	257	1025	4161	—							

选择增量值是为了确保打孔的组合循环和使用的特定星座中每个符号位的位置分配相同，就好像没有交织。因为星座中的每个符号都有强位和弱位位置，对于波形 WID 7 ~ 12 而言很重要。强位位置是指在该位为 0 的所有星座点与最接近点为 1 的星座点之间具有较大平均距离的位置。通常，MSB 是强位，而 LSB 是弱位。如果不按这些位的出现方式进行均衡交错，则交织策略可能会降低性能。

对增量值的附加约束是，解交织后的相邻位必须尽可能通过空中已知/未知帧的几个交替块分开。交织尺寸越大，可以进行的分离越大，此约束有助于提高慢速衰落信道的性能。

6.3.5 调制符号生成

1. PSK 和 QAM 波形

短波宽带波形 WID1 ~ 7 和波形 WID13 采用的是 MPSK 调制，波形 WID8 ~ 12 使用了经过特别修改的 QAM 调制。如第 3 章所述，短波通信中通过拟合单位圆内的点来最小化 QAM 波形的 PAR，而没有采用其他制式中使用的更典型的方形 QAM 星座。用于 WBHF 的 QAM 星座如图 6 – 29 所示。

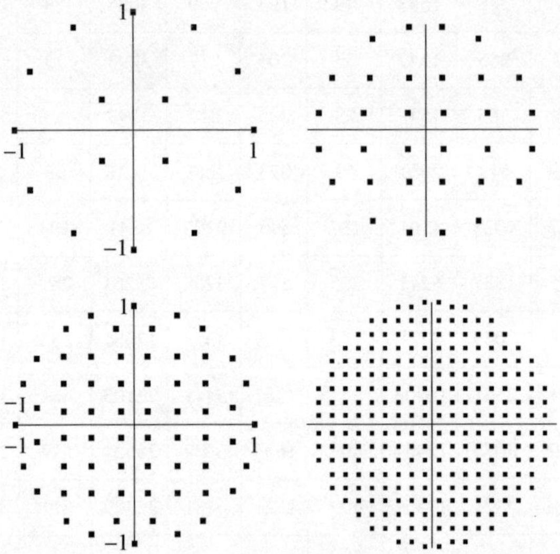

图 6 – 29　用于短波宽带波形的 QAM 星座

对于宽带波形 WID8 ~ 12（16QAM、32QAM、64QAM、64QAM 和 256QAM 调制），其数据符号使用异或（XOR）操作进行加扰，每个符号

（4、5、6 或 8 位）的数据位由加扰序列的相同比特位进行异或运算得来。对于波形 WID1 ~ 13，扰码序列发生器多项式是 $x^9 + x^4 + 1$，如图 6 - 30 所示。

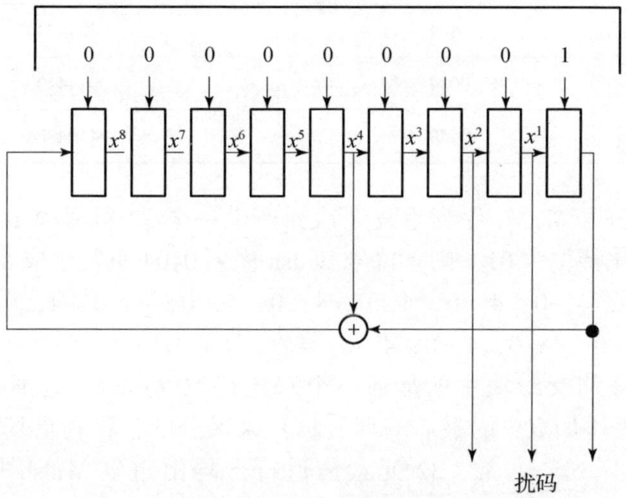

图 6 - 30　PSK/QAM 扰码序列发生器

图 6 - 30 中，显示有三个输出位，所有 PSK 波形均如此。对于 2^NQAM 波形，使用最右边的 N 位。生成器在每个数据帧开始时，初始值为 1。

每个数据符号加扰后，生成器将移动所需的次数，产生所有新的比特位，用于加扰下一个符号（如任意 PSK 波形三次迭代，16QAM 四次迭代等）。由于扰码器是在使用比特位之后进行迭代，所以每个数据帧的第一个数据符号总是使用初始化值 00000001 的适当位数来加扰。加扰序列长度为 511bit，对于每个符号 6bit 的 256 个符号数据块，加扰序列重复略多于三次，而符号方面不会重复，因为 511 相对于 3、4、5、6 和 8 而言是互质的。

2. Walsh 数据调制

波形 0 采用了与众不同的调制技术，即 Walsh 正交调制，这与 MIL - STD - 188 - 110 和 STANAG 4415 中使用的鲁棒 75bps 波形 Walsh 调制相类似。对于每对编码和交织数据位，该方法产生一个 32 符号重复 Walsh 序列。Walsh 正交调制采用双比特位（dibit），从表 6 - 32 的第二列中选择相应的 Walsh 序列产生。

表 6－32 Walsh 函数

双位	Walsh 序列	交替 Walsh 序列
00	0000	00004444
01	0404	04044040
10	0044	00444400
11	0440	04404004

选取 4 符号 Walsh 序列重复 8 次，产生一个 32 符号 Walsh 序列。例如，如果双比特位为 01，则 4 符号 Walsh 序列 0404 重复生成 8 次后如下：

0，4，0，4，0，4，0，4，0，4，0，4，0，4，0，4，0，4，0，4，0，4，0，4，0，4，0，4，0，4，0，4

然而，任何交织块中的最后一个双比特位（dibit）是通过使用交替 Walsh 序列集（如表中的最后一列所示）来区分的，将其重复四次以生成 32 个符号的序列。通常，32 元素信道符号均由重复 Walsh 序列与特殊 8PSK 扰码序列进行逐个符号模加 8 生成。

6.3.6 短波宽带波形调制与解调工作流程

短波宽带波形调制主要包括组帧、成形滤波、子载波正交调制等步骤，根据消息格式拼接形成的 8PSK 符号序列通过插值、匹配滤波与上载波流程后调制到中频，后续进行射频发射。短波宽带波形调制工作流程分解如图 6－31 所示。

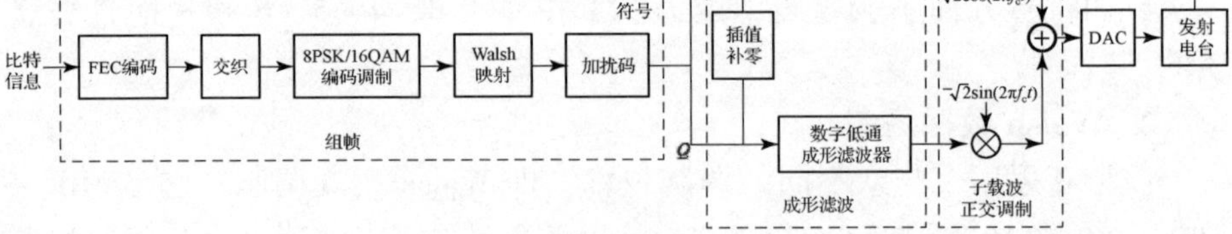

图 6－31 短波宽带波形调制流程

（1）数据帧组成：包括 FEC 编码、交织、MPSK/MQAM 编码调制、Walsh 扩频映射、加扰等步骤，用于用户比特信息到传输数字调制符号序列的生成。

（2）成形滤波：用于将传输符号序列转化为基带信号，在突发波形中采用平方根升余弦滤波器作为成形滤波器，可取滚降系数为 0.25。

（3）子载波正交调制：用于将基带信号搬移到中频，即可输出给大功率电台进行信号射频发射。

短波宽带波形解调工作流程主要包括子载波正交解调、匹配滤波、同步、采样、波形参数提取及自适应均衡、数据符号判决、解交织、译码等过程，在解调过程中还需要同步进行控制字段判决。短波宽带波形解调流程如图 6 – 32 所示。

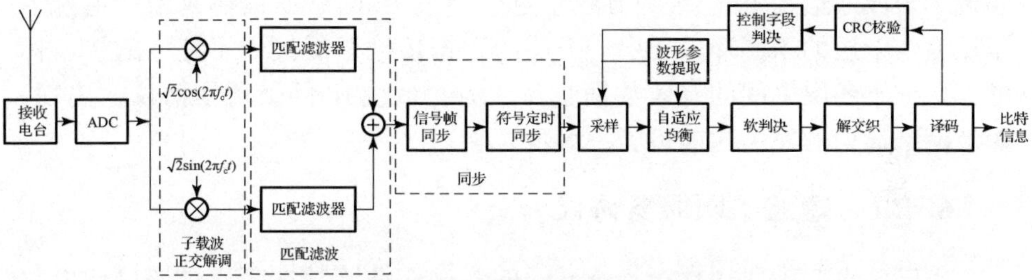

图 6 – 32　短波宽带波形解调流程

（1）子载波正交解调：用于将中频信号搬移到基带，用于接收端解调流程。

（2）匹配滤波：用于去除信号下载波解调后存在的高频段谐波干扰，获得基带 IQ 信号。

（3）同步：采用基于似然比函数区间更新的同步捕获技术，波形的同步头格式寻找传输信号起始位置，通过帧同步与符号定时同步确定报头帧及数据帧的起始时间。

（4）采样：依照各数据帧的起始位置以符号持续时间为采样间隔对 IQ 信号进行重采样，获得 IQ 符号采样序列。

（5）波形参数提取：根据同步头和内插探针符号等已知信息对信道传播特征参数进行估计，用于对频率偏移、相位偏移等通信不利因素的补偿。

（6）软判决：根据软判决方法，将解调得到的 IQ 符号相位信息判决为 FEC 译码器输入适配的软信息流。

（7）解交织：将软信息流按标准要求进行解交织处理，恢复为用户顺序的串行软信息比特。

（8）译码：将用户顺序的软信息流输入 FEC 译码器，获得波形携带的数据比特。

（9）控制字段判决：当解调端判定接收到终止码后，认为数据字段结束，停止本次数据波形接收。

6.4 4G 短波网络协议及互联网应用

21 世纪初，北约制定了短波 IP 网络通信协议，基于短波通信构建短波 IP 网络服务器，用户客户端通过服务器实现信息交互与数据可靠传输，实现了短波通信与 IP 网络的有效结合。短波 IP 网络通信协议中信道接入子层为与上层的子网接口子层、下层的数据传输子层提供了统一的接口标准，保证了各层之间的有效数据交互。随着短波 IP 网络通信协议的出现，短波网络通信的发展向前迈了一大步。

6.4.1 短波子网服务协议

不同站点要求应用程序具备良好的互操作性，其性能通过协议栈以及 HF 介质之间的协作程度来确定。为简化短波 IP 网络通信应用互操作性，建议将少量下层协议与应用协议一起使用：

（1）符合 MIL－STD－188－141 系列短波自动链路建立标准。

（2）第二代短波通信数据链路套件：符合自动链路建立（2G－ALE），以及符合北约 STANAG 5066 自动重传请求（ARQ）数据业务协议。

（3）第三代短波通信数据链路套件：3G－ALE、ARQ 和自动链路维护（ALM）协议。

（4）第四代短波通信数据链路套件：4G－ALE、ARQ 和自动链路维护（ALM）协议。

第 3 章典型数据传输协议指出，短波子网的应用程序客户端可使用 STANAG 5066 附件 A“子网接口子层”中指定的服务数据单元（SDU）与短波子网进行交互。提供以太网接口，用于与子网接口设备外部的客户端交换 SDUs。子网接口协议数据单元（S_PDU）通过指定的子网协议窗口传输。

客户端连接到子网接入点（SAP），多个客户端可同时连接到子网接口子层。每个 SAP 都具有其唯一的子网接入点标识符（SAP ID），SAP ID 范围为 0～15，因此，单个节点的子网接口子层最多可以连接客户端的数量为 16 个。无论客户端所执行的应用程序是什么类型，客户端和子网接口子层之间的数据交互必须采用统一的原语形式。衡量客户端重要性的标准是其优先级别，较高优先级的客户端提出的某些服务请求可能优先于较低优先级的客户端提出的请求。

客户端和子网接口子层之间的通信使用接口原语，这些原语的名称以"S_"为前缀，表示它们通过子网接口子层和子网客户端之间的接口进行交换，如 S_BIND_REQUEST 表示请求绑定。因为子网接口子层原语用来在服务器和客户端之间进行传输，实现子网客户端接入绑定等一系列功能，因此子网接口子层原语在协议中的作用尤为重要。

子网接口子层原语的帧结构如表 6 – 33 所示。

表 6 – 33　子网接口子层原语的帧结构

前导字段	版本号	原语长度	参数字段
16bit	8bit	16bit	*m*bit

前导字段用来进行原语帧同步，编码为 Maury – Style 序列，具体为 0000100111010111。版本号字段在此版本协议中编码为全 0。原语长度字段用来确认所需要读取的原语长度。

在不同节点中的相同类型子层称为对等子层。对等子网接口子层之间通过子网接口子层协议数据单元（S_PDU）的交换来相互通信。7 种类型的 S_PDU 如表 6 – 34 所示。

表 6 – 34　S_PDU 的分类

类型	版本号
0	DATA
1	DATA DELEVERY CONFIRM
2	DATA DELIVERY FAIL
3	HARD LINK ESTABLISHMENT REQUEST
4	HARD LINK ESTABLISHMENT CONFIRM
5	HARD LINK ESTABLISHMENT REJECTED
6	HARD LINK TERMINATE
7	HARD LINK TERMINATE CONFIRM

依靠不同类型的 S_PDU，可在本地节点子网接口子层和远端节点子网接口子层之间实现对等通信，完成硬连接的建立、中断以及用户数据传输等服务。

6.4.2 短波本地应用

通常，两个用户分别通过计算机来连接短波电台，然后通过应用程序进行可信通信。针对短波信道传输特性进行优化的应用协议可以提高短波通信网络性能。短波本地应用层协议和其他协议之间的关系如图 6－33 所示。

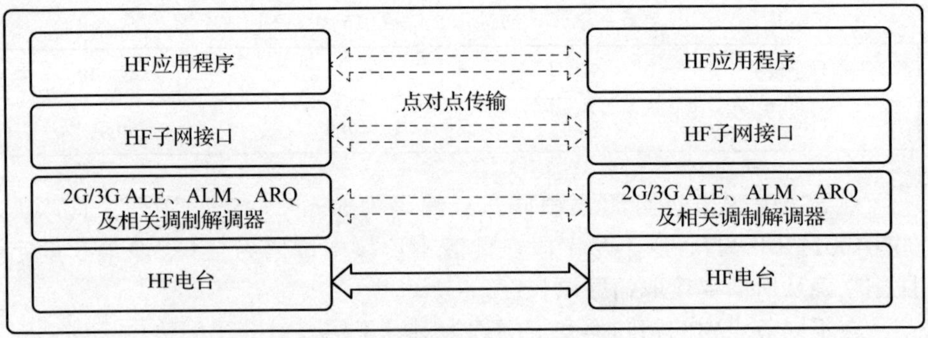

图 6－33　短波本地应用互操作性

6.4.3 短波互联网应用

近年来，随着计算机网络的不断发展，通过对 IP 网络和短波通信的研究，并将两者有效结合所建立的短波 IP 通信网络成为了新的研究热点。短波 IP 通信网络是基于短波信道，使用 IP 协议框架建立的互联综合网络，在实现信息正常传输的同时有效提升网络的抗毁和抗干扰能力。当然，由于短波通信自身特点，计算机网络 IP 技术并不完全适用于短波 IP 通信网络，所以需要构建适合短波信道特殊要求的 IP 网络结构和接口。

首先从短波协议栈思考如何支持通用互联网应用，短波通信子网接口上层有网络层、传输层和应用层：

（1）网络层协议主要由 IP 协议、互联网控制消息协议（ICMP）以及互联网群组管理协议（IGMP）组成。通常，它们要求短波子网尽力提供传输服务，与短波子网协议的交互不是很多。

（2）在传输层，短波子网很容易支持用户数据报协议（UDP），而传输控制协议（TCP）需要密切交互，与短波子网服务交互不多。

（3）应用层协议支持常见的互联网应用，如收发邮件、下载 Web 页、话音和视频流等。大多数应用都有通信交互，也就是说，用户希望看到操作及时得到响应。电子邮件应用与用户的期望有所不同：虽然电子邮件可以在数秒内送达，但也许要经历几分钟甚至几小时才能获知电子邮件被送达。在电子邮件应用中，用户可以接受这种偶尔的消息传送延时，所以电子邮件的分发天然地与短波通信子网服务的偶尔停摆相适合。由此，电子邮件业务是短波通信在现代数据网络中的“高级应用”。

在短波网络和非短波网络边界的应用系统网关允许在不同子网层使用不同的协议，如图 6－34 所示。

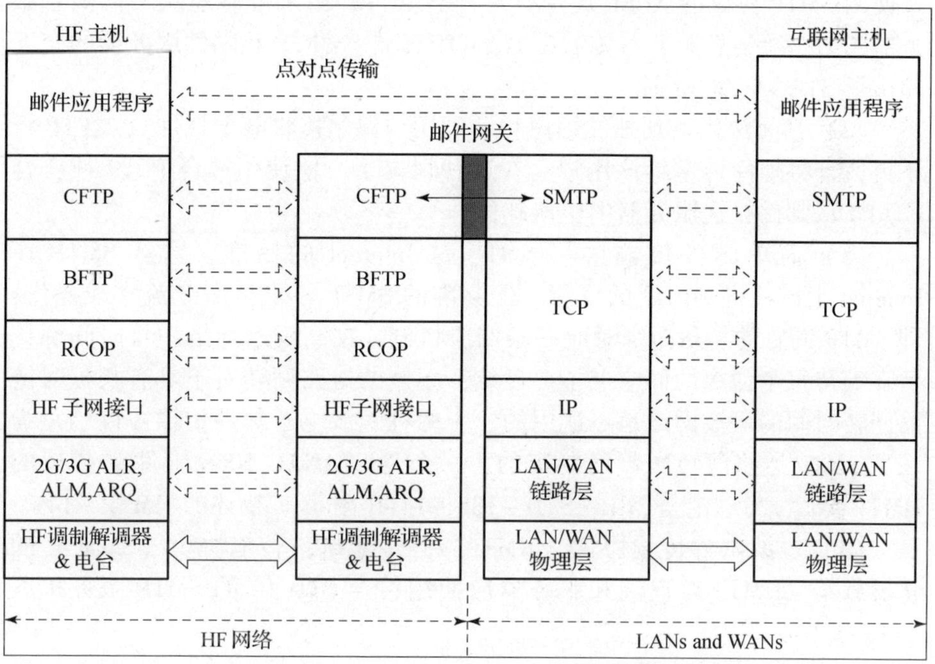

图 6－34　短波宽带通信应用层邮件网关

1. 短波电子邮件服务

电子邮件、文件传输、远程登录和有限的 Web 浏览等数据应用程序可以使用短波通信链路，实现与短波电台直接连接的主机之间的通信，或用于无线访问其他数据网络。

短波电子邮件传输必须要实现客户端和服务器压缩文件传输协议

(CFTP)，这是短波电子邮件的互操作模式，并且应该使用 CFTP 将电子邮件从一个邮件传输代理（MTA）“推送”到下一个。从服务器检索电子邮件时，应使用 POP3 或互联网邮件访问协议（IMAP4）。而对于短波网络内的电子邮件传递，可以将短波邮件传输协议（HMTP）当作 CFTP 的替代方法。电子邮件服务器应同时侦听并正确处理其支持的任何协议中的传入电子邮件请求。

（1）压缩文件传输协议通过短波链路，使用文件传输协议而不是邮件传输协议发送压缩电子邮件，应按照 STANAG 5066 附件 F 中短波子网客户端要求的规定来实施 CFTP。CFTP 提供传输基本 SMTP 消息的协议，取代早期未提供压缩的 HMTP 协议。CFTP 可以用来满足 NATO C3 技术架构以及使用 SMTP 协议的 NCSP 通用标准配置文件，用来可靠地从一端消息服务器到另一端消息服务器传输压缩 SMTP 邮件。CFTP 和邮件服务器的交互超出了 STANAG 的范围。

（2）当无法联系到邮件用户时（即用户偶尔接收电子邮件），CFTP 将不再适合将邮件传递给该用户。在这种情况下，应使用符合 POP3 或符合 IMAP4 从邮件投递服务器中检索邮件。

（3）简单邮件传输协议 SMTP 是 Internet 的标准。虽然 SMTP 在 Internet 上已经得到广泛的应用，但标准的 SMTP 不支持命令流水线操作，即 SMTP 固有的一条命令对应一条回应机制，在高延迟网络中将时间都花费在等待每个命令的回应上了。显然，频繁的链路回转对于具有长延时链路回转时间的短波网络是不适用的。有两种短波电子邮件传输协议均是为减少 SMTP 链路回转次数而制定的，一个是 STANAG 5066 附件 F 描述的 HMTP－66，另一个是 MIL－STD－188－141B 附录 E 描述的 HMTP－141。

（4）短波邮件传输协议（HMTP）是简单邮件传输协议（SMTP）的扩展版本。HMTP 客户端和服务器应使用符合 STD 10 的 SMTP 服务扩展（EHLO）协议。

2. 基本文件传输服务

基本文件传输协议（BFTP）数据单元可以分为消息头部分以及文件数据部分，具体包括以下信息字段：

1）消息头部分

（1）同步：控制字节数据通信换码符（Data Link Escape，DLE）以及正文起始符（Start of Text，STX）之间的同步。

（2）文件名大小：指定文件名大小。

(3) 文件名：一个可变长度字段，大小与文件名大小字段指定的值相同。

(4) 文件大小：指定文件大小。

2) 文件数据部分

(1) 文件数据：一个可变长度字段，大小与文件大小字段指定的值相同。

可靠的面向连接协议（RCOP）提供一个短消息头来支持一对节点多路复用连接。通过头部 RCOP_PDU 的字段应用唯一地确认 RCOP 连接。

(2) 对互联网应用程序的透明支持。

对于诸如远程登录、文件传输和 Web 浏览等交互式应用，在短波网络边界上的路由器（IP 网关）用来连接不同的协议和硬件，同时允许应用程序和传输协议透明地通过短波子网，如图 6 - 35 所示。

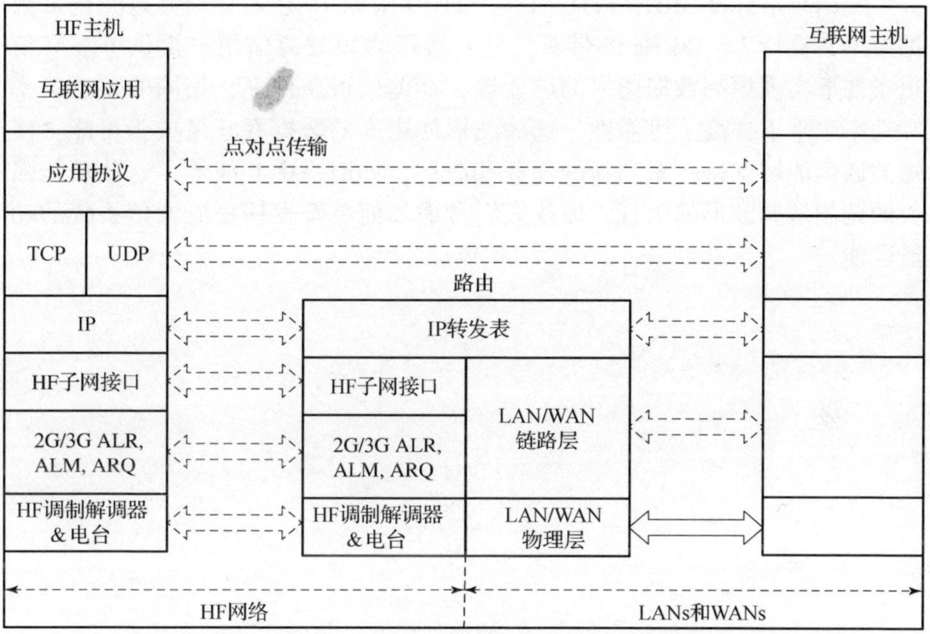

图 6 - 35　互联网本地应用透明支持

与商用路由器相比，该专用网关更容易在短波电台或其外部控制器中实现，运行短波特定协议的驱动软件、短波电台和调制解调器之间的硬件接口。

当一台主机通过短波 IP 通信网络连接到互联网时，大多数互联网应用程序通过调用传输控制协议（TCP）或用户数据协议（UDP）来提供端到端传输服务。反过来讲，TCP/UDP 协议也需要互联网协议 IP 服务来传输互联网路由数据包。当 TCP/IP 在短波通信网络中使用时，应该注意以下几个问题：一是两个协议加在一起会给每个应用程序发送的 PDU 增加 40 个字节的开销；二是在链路建立握手和数据链路协议启动后，TCP 连接需要额外的三次握手，每一次握手至少消耗 3 次交织时间，例如，当使用带有 4.8s 交织器的 MIL－STD－110 串行音调制解调器时，三次握手将额外增加至少 43s 的时间；三是 TCP 拥塞避免机制，在每次短波数据链路吞吐量突然变化时，将显著降低吞吐量。

6.5 小结

美国军事标准 MIL－STD－188－110D 附录 D 定义了一组短波宽带数据波形，支持 3～48kHz 的带宽。这些波形为短波通信用户提供了在好信道条件下实现更高数据速率的可能性；在差信道条件下，相同的数据速率和功率水平下提高了可靠性。这些波形使更高的数据吞吐量成为可能，使短波通信能够支持一系列新的任务和应用，如网络中心战等。这些功能强大的调制解调波形的出现，促使人们考虑如何更好发挥短波通信系统的功能性能。

第 7 章 短波接入网技术

短波 IP 通信网络是基于短波信道，使用 IP 协议框架建立的互联综合网络，在实现信息正常传输的同时有效提升网络的抗毁和抗干扰能力。当然，由于短波通信自身特点，计算机网络 IP 技术并不完全适用于短波 IP 通信网络，所以需要构建适合短波信道特殊要求的 IP 网络结构和接口。短波通信发展的一个方向是实现网络接入通信，即构建短波接入网能够实现机动用户随机接入通信，具有抗毁抗干扰性强、覆盖面积广、与其他通信网系互联互通互操作等优点。

7.1 短波接入网络结构

短波接入网是将短波发信台、收信台等无线固定基础设施通过有线网络互联组网，形成广域覆盖的短波无线接入网络，为各类用户提供可靠的短波接入通信服务。各级各类用户接入短波综合接入网的过程，称为无线接入。短波综合接入网由网控中心、接入节点、地面传输网络和电台用户 4 部分构成，如图 7 – 1 所示。

其中，网控中心对接入用户进行身份认证、业务授权、路由控制和网络管理。在网控中心统一管理和规划下，网络为各类接入电台用户提供公共的短波接入服务。接入节点是短波接入网的主体部分，为网络各类机动用户提供接入信道。网络中各接入节点在物理上平等的，通过在宽带传输网络上构建 VPN 进行互联。网络为每一个接入节点分配相应的地址，相互间通过 IP 直接进行寻址。电台用户通过接入节点实现相互间的通信。

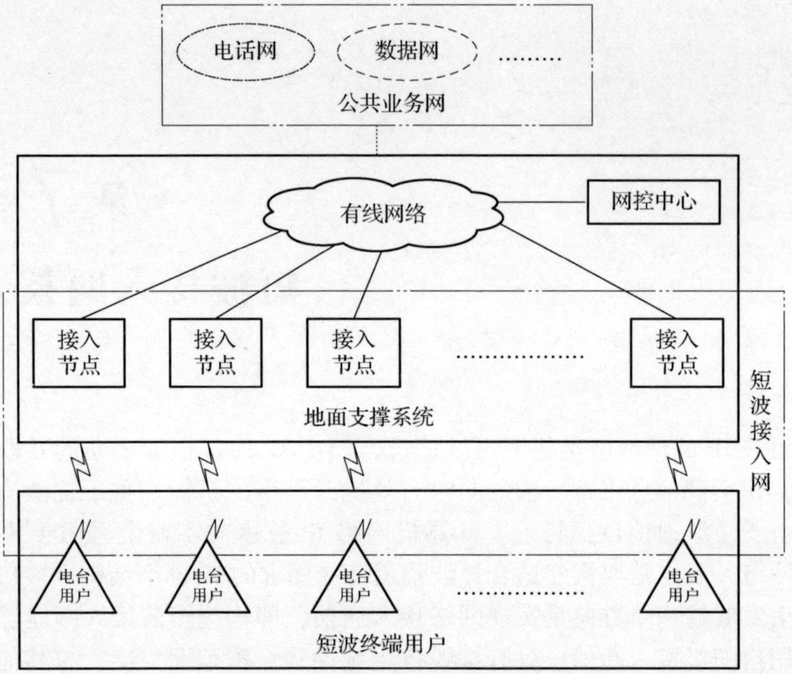

图 7-1　短波接入网络结构模型

随着短波通信网络技术的不断发展，短波无线接入技术体制经过了不同的发展阶段。在短波接入网的建设发展过程中，根据短波无线接入机理不同，先后出现了异步选频接入、同步选频接入、智能选频接入、广域频率分集接入等接入技术体制。总的来说，短波接入网由于能够实现机动用户的随遇接入，具有抗干扰性强、可通率高、覆盖面积广、能方便实现与其他通信网系互联互通等突出优点，是短波通信组网方式的重点发展方向之一。

7.2　短波接入网建设情况

典型的短波接入网有美国的短波全球通信系统、瑞典的 HF2000 短波通信网和澳大利亚的 LONGFISH 短波通信网络等。短波接入网已广泛运用于军事、外交、交通、应急等各个领域，实现了可靠通、快速通、保底通。

7.2.1 美国短波接入网建设情况

20 世纪 80 年代初，美国海军研究实验室（NRL）为了满足海军作战通信需求，提出为美国海军构建短波特混编队通信网（HFITF）和短波岸/舰网络（HFSS）。

短波特混编队通信网 HFITF 由地波传输，通过短波分布式无线自组网为其海军提供 50～100km 的超视距通信；短波岸/舰网络 HFSS 由天波传输，由岸站和大量水面舰船节点构成远距离双向通信链路；北美改进型短波数字网络（IHFDN），通过混合使用短波天波、地波综合组网通信，实现大范围短波无线通信系统，保障美国海军全球范围区域通信。

美国空军建设了短波全球通信系统（HFGCS），采用二代自动链路建立（2G－ALE）技术，通过地面有线网络将全球 15 个短波台站连接起来，每一台站有 10～30 个信道机，实现对欧洲、亚洲、美洲、澳大利亚、大西洋、印度洋和太平洋大部分地区的覆盖。图 7－2 给出了其全球站点分布图。

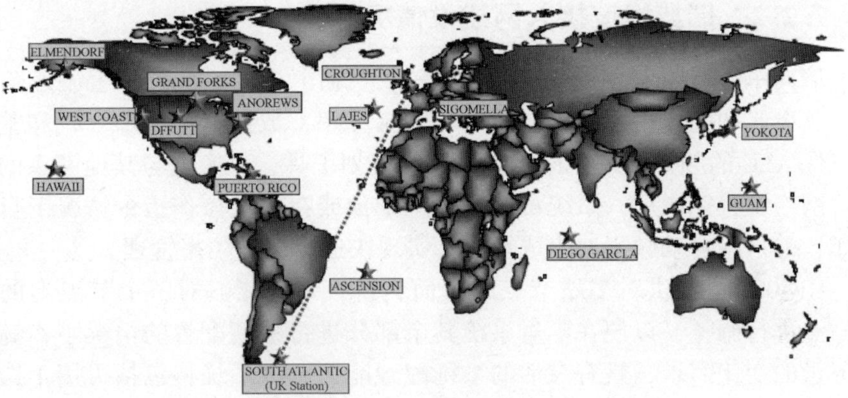

图 7－2　美军 HFGCS 短波接入节点全球分布图

HFGCS 使用 4kW 的大功率短波收发信机，HFGCS 语音通信覆盖范围约为 3200km，数据通信覆盖范围约为 4000km。支持的业务包括话音、数据、电子邮件及数据广播等综合业务，且其数据为 IP 数据，支持短波信道上的 IP 传输，最高数据速率可达 9.6kbps。HFGCS 典型台站的配置包括发射机、收信机和控制站。发射机、收信机与控制站之间采用光纤或微波方式连接，实现收发分离、避免干扰、提高抗毁能力。控制站通过网关接入地面网（如国防信息系统局的有线网络）与其他台站互联。

美军 HFGCS 采用 IP 网络将分布在全球范围内的台站连接起来，形成短波接入网络，在 IP 连接基础之上，通过交互台站间的短波信道质量信息，可实现最佳频率和台站的选择，支持台站间切换、语音自动检测、语音电话自动转接等功能。同时，短波台站的控制信令与通信数据都是基于 IP 承载的。控制中心的台站可以通过 IP 网络对其他台站实施远程控制，按需进行动态配置和调度，将不同的发信机和收信机优化组合。通信中的音频信息和短波台站控制数据采用语音 IP（AoIP）技术传输。台站收发信机远程调度采用分离控制方式进行，控制数据通过采用串口控制 IP 承载（ScoIP）方式传输，实现对台站远程控制。除了有线部分采用 IP 传输外，HFGCS 的空中接口也采用 IP 传输，即实现 IP over HF。通过在短波信道传输 IP 数据包，可实现空中移动平台 IP 地址的动态分配和移动管理。HFGCS 的每个地面台站划分为若干个地空短波 IP 子网，短波台站和机载短波电台为具有 IP 路由功能的节点。地空通信中使用适合短波信道的 IP 网络层、接入层协议。

7.2.2 瑞典短波接入网建设情况

瑞典军方根据其对短波通信的需求，提出了全新的联合短波通信系统，其主要功能包括：链路自适应（包括频率、数据速率和功率）和基于第三代 ALE 的频率管理，同时内嵌网络规划工具，可实现与其他网系的集成。网络设置完成后，系统可在无人工干预或在少量操作指令情况下自动工作，并采用自动频率池生成算法，实现快速高效的频率管理。

HF2000 可提供对多站节点的全面支持，并且能够对一个节点上的多个站点进行调整，以便在不对系统其余部分进行重新配置的情况下，满足业务量的变化需求，具有灵活的系统配置能力。该系统将包括可用于选择发射与接收站的算法，以确保最有效地使用可用资源和频率。也就是说，该系统能够掌握设备的实时工作状态，了解哪些设备正在处理业务，哪些设备出现了故障，并且做出合理选择，使得设备有合适的资源能向目的地传送信息。系统还将包括可用来“掌握”哪些频率的传播性能较好的技术，从而提高系统一次选中频率的概率。

HF2000 通过有线网络将分布在全国各地的收信机、发信机和收发信机控制器连接起来，由控制台站统一控制，为遍布全国的机动用户提供短波通信服务。其支持的主要业务包括 IP 报文、电子邮件、数字话音等。系统包括一系列短波无线电台，用于支持战术通信和战略通信，其基础设施包括大型地面固定站、移动方舱、舰船、潜艇和飞机等。该系统能够根据作战需求进行扩充，而且能够在部署时进行配置，以满足新的通信需求。其灵活的组织运用方式使瑞典军队能与世界上任何地区进行作战的部队保持联系。HF2000 为瑞典军方军事通信提供了一种高度灵活、功能强大、用户友好的解决方法。

HF2000 系统台站部署如图 7 – 3 所示，该系统遵循北约标准化协议，可支持美军的异步自动链路建立，也可进行人工操作。

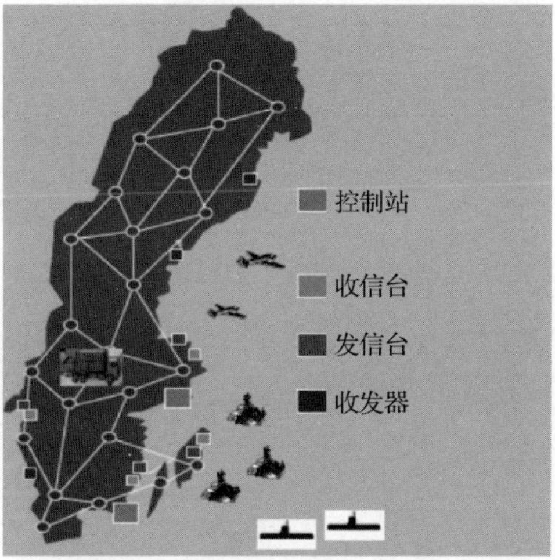

图 7 – 3　HF2000 系统台站部署图

2006 年，瑞典国防部开始了将其短波通信系统升级到 H7700 的项目。该系统对网络用频进行统一管理，同一节点采用相同的频率表，不同的子网间进行频率复用，支持同步和异步两种建链模式，可用于固定节点、移动指挥所、水面舰艇、商业直升机、运输机等平台。

7.2.3　澳大利亚短波接入网建设情况

为实施现代化短波通信系统计划，澳大利亚于 20 世纪 90 年代中期，开始研制短波实验网络平台 LONGFISH。现代化短波通信系统计划的目的就是要为澳大利亚的战区军事指挥互联网提供远距离的机动通信手段。

LONGFISH 网络的设计思路与目前广泛使用的移动通信网络 GSM 类似，采用分层的多星状拓扑。网络由在其本土上的四个基站和多个分布在岛屿、舰艇等处的移动台组成，其网络拓扑结构是以基站为中心的多星状拓扑。移动台与基站之间通过短波链路连接，基站之间则用光缆或卫星等宽带链路相连。通过自动网络管理系统，将频率管理信息分发给所有基站。每个基站使用不同频率集，为预先分组的移动台提供短波接入服务，从而减少频率探测和网络访问的时间。LONGFISH 网络按照 OSI 标准设计，系统支持 TCP/IP 协议，可提供短波信道的电子邮件、FTP 服务，并支持终端遥控、静态图像等功能。图 7－4 为 LONGFISH 网络示意图，其中 B 是基站，M 是移动站。

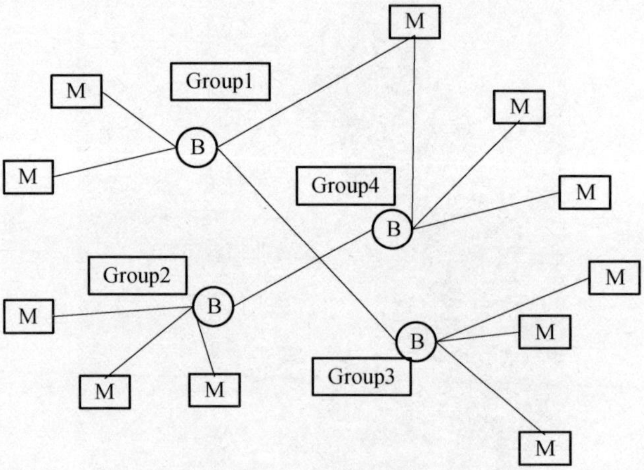

图 7－4　LONGFISH 网络示意图

为了使网络能够适应短波信道的时变性，并且在不同用户数及业务需求的情况下，表现出较佳性能，LONGFISH 采用了节点选择算法、频率选择算法、链路释放算法和带宽释放算法等关键技术。其中，节点选择算法根据信道和网内用户业务，实时自动为移动台分配节点链路。在网络负载较轻时，选择最好的链路分配给各移动台；而在网络负载较重时，自动为优先级高的业务选择最好的链路。链路评判的依据是链路数据库，它是以基站号和频率号为索引的二维矩阵，包括频率值、频率使用指示、移动台号和信噪比。数据库按信噪比排序，并且通过定期探测进行更新，以适应电离层和业务的不断变化。

7.2.4　加拿大短波接入网建设情况

加拿大相关机构研究认为，即使军事卫星得到大力发展，短波通信在国家安全利益上的作用仍是不可替代的。因此，从其 2020 年规划需求出发，加拿大提出了综合短波无线电系统（IHFR－SP），以提升短波通信保障能力。其主要思想是通过多个互联的台站，实现其国土范围内的有效短波通信覆盖，并按照不同覆盖范围，由多个接入节点为机动用户提供服务。

加拿大综合短波无线电系统具有多台站高速全覆盖、部分覆盖等多种应用模式。多个不同子网互联的多台站覆盖不但可以有效扩大覆盖范围，而且多个子网台站可以形成多重覆盖，有效提高短波通信的有效性和可通率。

7.3　同步选频接入技术

短波通信网 2G－ALE 的技术体制下，一般采用异步扫描搜索建链，建立网内用户间的通信。短波异步建链技术组网效率低，频带利用率不高。为解决这些问题，短波 3G－ALE 采用同步选频建链技术，实现了频率共享共用，提高了组网效率及网络的用户承载容量。同步选频建链接入技术，基于“大频率组、同步工作”的组网思想，构建一个公用的短波通信网络，既能实现电台用户间的直接同步组网通信，又能依托有线网络为电台用户提供接入转信服务，较好地解决了短波通信组织复杂、机动通信难、抗扰抗毁能力差、频率资源紧张、频率管控难等问题。

7.3.1　同步选频接入网络架构

基于同步选频建链的短波接入网网络架构，也由网控中心、接入节点、地面传输网络及电台用户 4 部分组成，主要区别在于接入节点和电台用户工作在时间同步体制下，该网络体系架构如图 7－5 所示。

基于同步选频建链的短波接入网采用的是同步选频建链网络架构。由于用户电台同步选频接入，所以需要短波接入网对全网频率实施统一有序的管理，网内所有电台使用公共频率组，建链、通信时占用，用完释放。控制中心根据对短波频率实时探测的结果，按照频率的方向选择性，对正交频率组进行分配、更新，有效克服了信道质量不均匀、盲区效应等不利因素的影响，提高了频率的利用率，降低了建链对频率质量的依赖性，使短波信道的固有缺陷得到弱化。

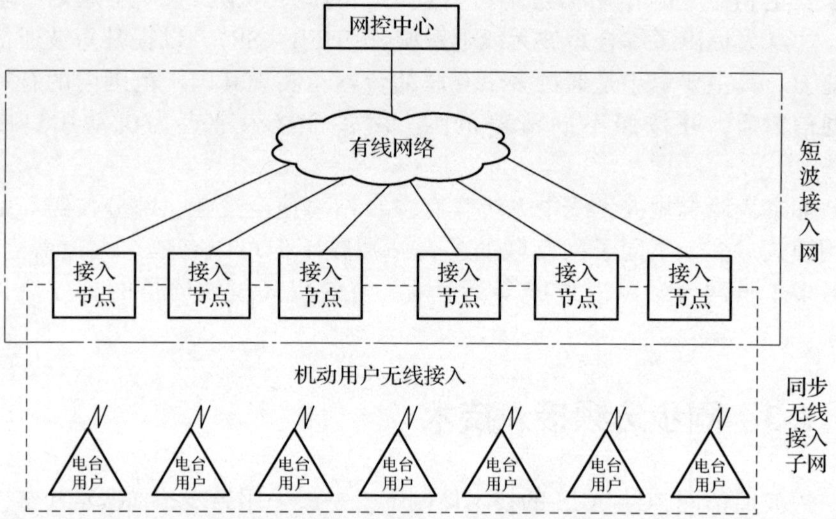

图 7-5 基于同步选频建链的短波接入网网络架构图

1. 网控中心

网控中心的作用是对全网频率实施统一有序的管理，由网控终端、报文处理设备、交换机、路由器、文电服务器和相关网络设备组成，如图 7-6 所示。

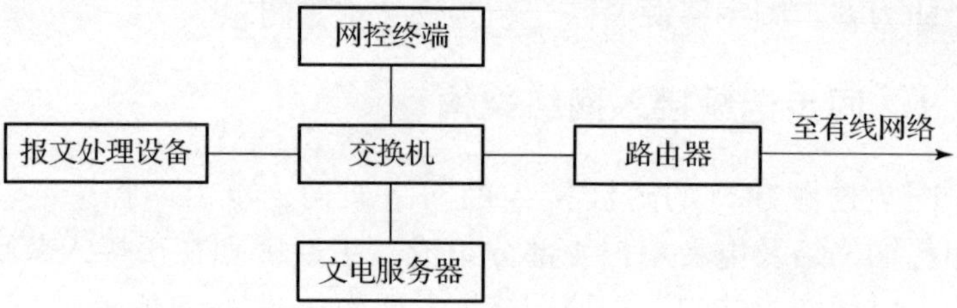

图 7-6 网控中心构成

报文处理设备主要负责报文转信路由配置、转信报文的统一管理和转发。文电服务器提供报文的域名解析、转发等底层服务，以及对接入节点控制信息的底层传输服务。网控终端主要用于接收接入节点实时状态信息，完成对全网台站的设备状态、通信链路的状态监视等功能；同时，其预留有频管终端接口，用于实现对全网频率的规划、下发等功能。路由器则是具有路由功能，与有线网络进行连接。

2. 接入节点

接入节点用来连接短波射频网和有线网，是电台用户的接入点，也是整个同步接入系统的主体部分，用于完成电台无线接入，有线终端用户的有线接入。接入节点的组成部分主要有业务终端、同步控制器、报文处理设备、短波台站控制系统、短波调制解调器、授时系统等，如图 7 – 7 所示。

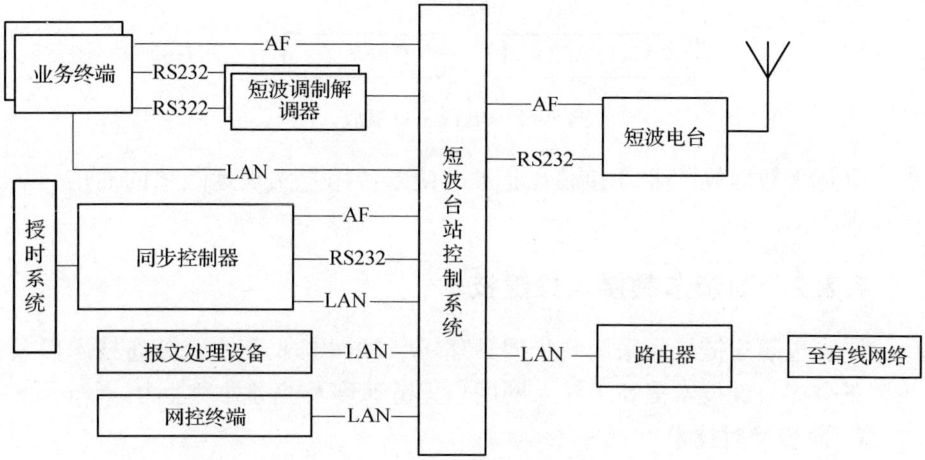

图 7 – 7　接入节点组成

业务终端的作用是对短波报文进行编辑和收发控制；同步控制器进行同步选频建链、组网选频；报文处理设备负责报文在电子邮件和短波报文格式的互相转换；短波台站控制系统负责对短波通信设备的状态监控及通信链路的调度管理；短波调制解调器主要完成数据报文的传输；授时系统为系统接入 GPS 卫星授时信号，为接入节点提供标准时钟信号，为电台用户提供授时服务。

3. 接入用户

接入用户是利用短波电台通过短波链路经接入节点接入到短波同步无线接入子网各级节点，实现报文转发、信息查询等操作，一个典型的接入用户由短波综合调制解调器、同步链路控制器、有线调制解调器、用户终端、授时系统、短波电台等组成，其组成如图 7 – 8 所示。

同步选频接入，是指采用同步选频建链技术，为电台用户提供网络接入的能力，使电台用户与有线用户之间能够完成数据（文本短信、电子邮

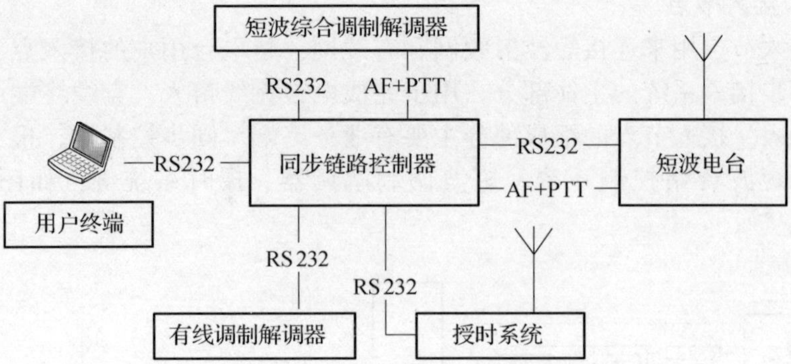

图 7-8　电台用户组成

件、自定义数据等）业务和话音业务，使电台用户实现远距离的通信，从而实现指挥协同。

7.3.2　同步选频接入关键技术

同步选频建链接入采用同步搜索建链、呼叫与业务信道分离技术以及频率正交等关键技术提高了接入网用户建链速度及业务处理能力。

1. 同步授时技术

同步授时技术是同步建链的基础和前提，在同步选频建链这一过程中，时间同步是整个专网同步工作的基础。同步扫描、智能选频、入网建链等都需要全网能够获取统一的时钟源。通过构建时间同步系统，能够使各专网内的设备获得标准的时间信号，确保同步工作正常运行，如图 7-9 所示。

同步选频建链中的同步授时可使用 GPS 卫星授时，GPS 卫星输出方式采用秒脉冲和数据同步输出的方式进行对外授时，其规则为每次输出的数据都表示下一个秒脉冲的绝对时间，系统接收到指令后，提取其中的时分秒年月日信息，从而得到初始时钟源。电台用户开机后都先与卫星时钟进行校准，保障全网用户同步工作的时钟精确要求。卫星接收机向外设输出的数据有定时定位信息、发送状态、零点状态等。每个信息都由信息头、长度、数据内容和校验组成。

2. 频率正交

频率正交技术是多载波调制技术的一种，它的原理是将高速的串行信号转化成低速的并行信号进行传输，然后对各副载波求和后实现传输，并

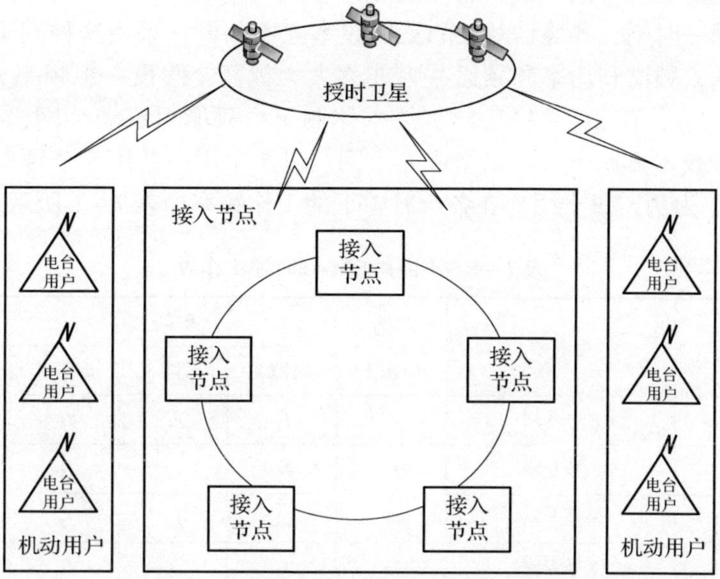

图 7-9　短波接入网时间同步系统示意图

且并行信号频谱之间成正交关系，也就是两个正弦信号的卷积为零，该技术的实现是通过傅里叶变换及傅里叶反变换实现串并信号之间的转换。它的信号频谱图如图 7-10 所示。在信号转化的过程中，符号周期变长，减小了信号传输过程中的衰落和窄带干扰。

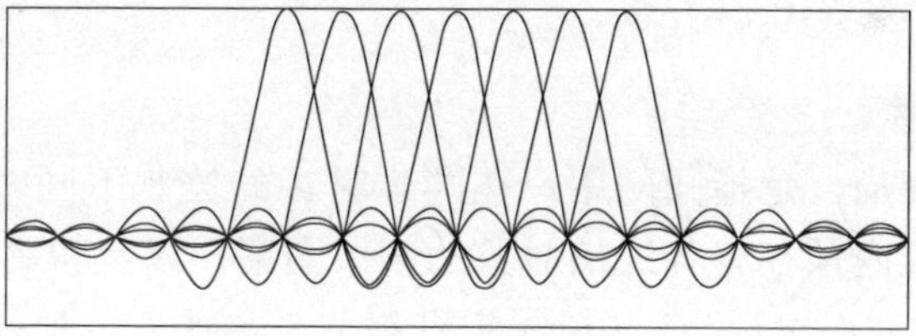

图 7-10　频率正交频谱图

频率正交技术在同步选频技术里的具体实现如下：将高速串行信号转化生成的低速并行信号组成各个子网内用户共用的一个公共频率集。开机后，用户在同步时钟控制下同步扫描频率集；通信时，用户根据当前时间计算出被呼方在下一时隙驻留的频率，并在该频率上发起呼叫；用户呼叫建链并完成通信业务后释放频率，供其他用户使用。

频率正交是将同一组内各个通信对象的工作频率在时域上进行区分，使得在同一时刻，各通信对象的工作频率互不相同。采用这种同步体制的组网技术，频谱利用率和频谱共享能力大大提高，假设一组频率分集$\{f_1, f_2, f_3, \cdots, f_n\}$，在2G－ALE异步技术体制下，只能组成一个网，而3G－ALE同步技术体制下，可以组成n个网。以5个用户共用5个频率f_1、f_2、f_3、f_4、f_5为例，每个用户在各个时隙下的工作频率如表7－1所示。

表7－1　不同用户不同时隙工作表

用户序号	组网号	时间				
		时隙1	时隙2	时隙3	时隙4	时隙5
用户1	1号专网	f_1	f_5	f_4	f_3	f_2
用户2	2号专网	f_2	f_1	f_5	f_4	f_3
用户3	3号专网	f_3	f_2	f_1	f_5	f_4
用户4	4号专网	f_4	f_3	f_2	f_1	f_5
用户5	5号专网	f_5	f_4	f_3	f_2	f_1

按照频率正交分组，5个频率可组成5个子网使用。在统一的时钟控制下，5个子网按照不同的频率图案，进行同步扫描。同一用户在工作时的频率并不固定，而是在不同时隙进行切换，但总体上是每一时隙都对应于一个频率。例子中用户1在5个不同的时隙的频率则为f_1，f_5，f_4，f_3，f_2。

3. 同步扫描

所谓同步扫描，是指同网用户在同步时钟的控制下同时对正交频率组进行扫描。系统内预存有各通信对象的频率图案，以及频率f、地址a与时间t的映射函数：$f=\phi(a,t)$。在同步机制下，主呼方可根据当前时间和通信对象的地址，准确计算出通信对象的频率图案和下一时隙的驻留频率，在下一时隙到来的同时跳到该驻留频率上监测信道状态并发出建链呼叫；被呼的一方严格按照时隙划分检测信号信道。该过程如图7－11所示。

由于相邻频率质量特征的相近性和关联性，将频率进行非线性排列而后进行扫描，使电台扫描时能快速跳出频率质量的“塌陷”区，提高建链效率。例如定义的呼叫频率为3，4，5，6，9，10，11，12，18，23MHz，而扫描次序却为3，6，11，23，5，10，18，4，9，12MHz。

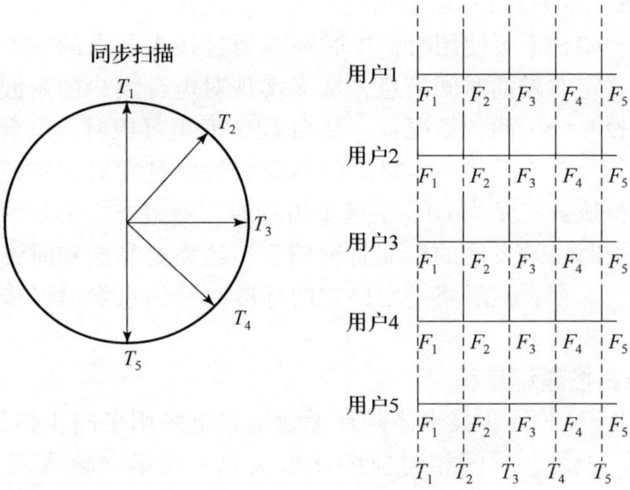

图 7－11　同步扫描示意图

7.3.3　同步选频建链接入主要工作流程

同步选频建链接入组网通信首先选择短波链路的直接通信；当直通不畅时，在地面传输网络的支撑下，选择接入子网进行转信。而在进行通信之前，都需经过获取授时、扫描建链这些过程。

1. 接入网时间同步获取

1）模块组成

基于同步选频建链的短波无线接入网的同步授时系统，以 GPS 时钟 + 铷钟作为标准时钟基准；电台用户以 GPS 时钟 + 高稳晶振作为标准时钟基准（当 GPS 不可用时，采用短波授时作为其备用）。高稳晶振输出的精确脉冲信号经过 FPGA 的处理产生高精度的毫秒脉冲信号进行毫秒计数。短波接入网的时钟同步模块包括时钟保持和授时终端模块。时钟保持模块安装于电台用户的同步链路控制器中，用来接收 GPS 卫星的时钟信号；当 GPS 卫星不能使用时，对接收到的短波授时时钟信号进行保持。授时终端安装于接入节点，对接入节点的数据传输与链路控制器进行授时；需要进行短波授时，控制发信机对电台用户发播时钟信号进行授时。

2）授时获取

接入节点的获取授时：授时终端接收到 GPS 卫星发布的标准时钟信息后，经铷钟和外围链路组成的时钟保持模块进行时间校正、保存，然后经过标准的 RS232 串口将一定格式的时间信息从授时终端发送给同步链路控制器。同时，GPS 不可使用时，授时终端通过接入节点的一部发信机以数据传输的形式定时发播时间信息，从而实现对电台用户的短波授时。电台用户的获取授时分为两种情况：一是当 GPS 卫星可用时，电台用户接收标准卫星时钟信号，然后将一定格式的标准时钟信息发给同步链路控制器中的同步选频模块；二是当 GPS 卫星不可用时，通过本方的接收机，接收来自接入节点授时终端发播的标准时钟信息，经高稳晶振和时钟保持模块进行时间校正、保存，然后将一定格式的标准时钟信息发给同步链路控制器中的同步选频模块。

2. 同步扫描建链流程

短波 3G－ALE 同步技术体制在无线链路上采用了同步扫描选频技术，设计了频率、地址、时间相对应的函数关系，通信时输入对方的通信地址，电台就能根据时间及频率图案，计算出对方当前的驻留频率，并发起呼叫。如果信道符合通信质量要求，即可建立自动通信链路。一个完整的同步扫描建链过程如图 7－12 所示。

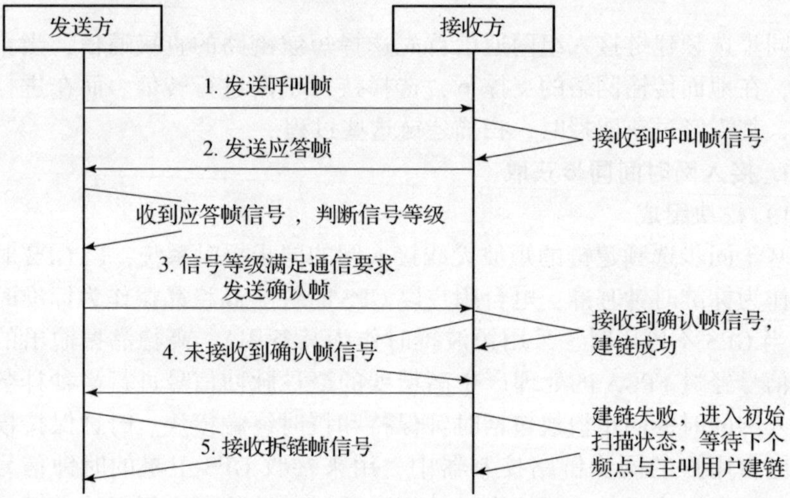

图 7－12　同步选频扫描建链过程

（1）发送方在合适的时隙（接收方正处于守候阶段）首先发送一个呼叫帧信号。

（2）接收方在规划频率集定频守候，若接收方接收到呼叫帧信号，便发送应答帧信号；若未接收到呼叫帧信号，则继续扫描等候。

（3）发送方接收到应答帧信号，对应答信号信道质量进行评估，判断信号等级是否满足当前业务的要求，若信号等级能满足要求，则发送确认帧信号；若不能接收到应答帧信号或信号等级不能满足当前业务要求，则返回继续等待合适的时隙呼叫。

（4）若接收方能收到确认帧信号，则建链成功；若未收到确认帧信号，则在拆链时隙发送拆链帧信号，发送完成后返回，继续扫描等候下一个频率与用户建链。

（5）若发送方收到接收方的拆链信号，则返回选择合适时隙继续呼叫；若未收到拆链信号，则此次建链成功。

3. 通信服务

短波同步网通信分为两种情况：直接通信与接入网转接通信。当同步接入子网发送方与接收方建链成功后，采用同步建链协议，直接通过短波链路建立的通信，称之为直接通信，其流程如图7－13所示。

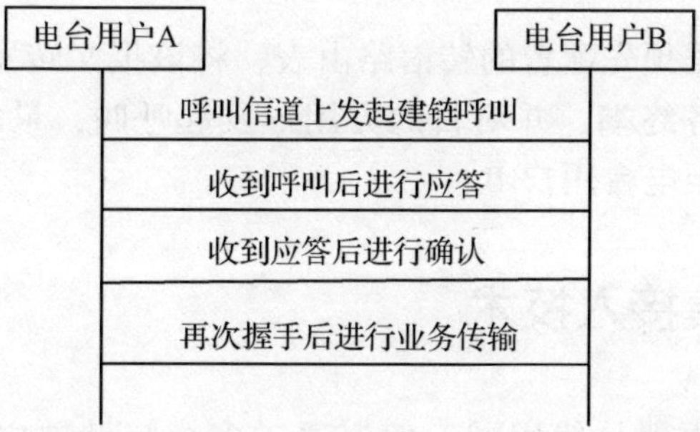

图7－13　直接通信流程

电台用户A向电台用户B传输报文。首先，电台用户A通过同步建链协议对电台用户B发起呼叫，经过三次握手在呼叫信道上建链成功后，同时跳转到相应的业务信道，再次握手后进行业务通信。

当“直通不畅”时，电台用户就会选择接入网进行转接通信。转接通信的流程比直接通信稍微复杂一些，如图7－14所示。

直接通信是点对点的通信。而转接通信则是一点对多点的转发通信。

电台用户A向电台用户B发送一份报文。当要进行转入通信时，电台用户A控制同步选频设备利用“一点对多点”的方式，选择一个适合转信的接入节点a接入，接入成功后，电台用户A将报文经由接入节点a内的短波业务终端，进行格式转换，再通过报文传输系统发送至网络控制中心

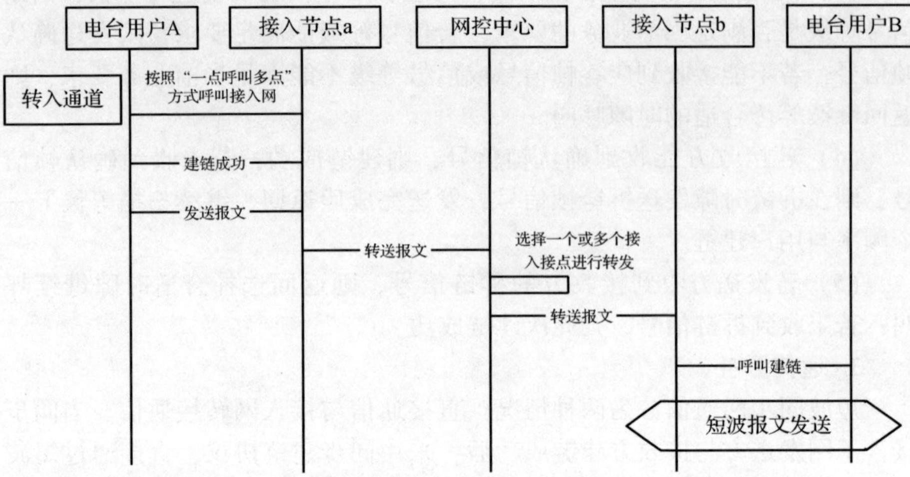

图 7－14　接入网转接通信流程

进行解析，并根据预先配置的转信路由表，将该报文转发至一个或多个接入节点的短波业务终端，并对目的方用户发起呼叫，最后在建链成功后，再将该报文发送至电台用户 B。

7.4　分集接入技术

分集的基本原理是使用同一信道通过多个统计独立的信道到达接收机，即接收机收到发射信号的多个副本，每个副本都经历了衰落特性统计独立的信道传输。获得不同独立衰落信号是分集接收技术可行性的必要前提。分集方式是指获得不同独立衰落信号的方式，包括频率分集、时间分集、空间分集、极化分集和角度分集。在短波通信中应用广泛的有频率分集、时间分集和空间分集三种，以及这三种方式的组合方式，如时间频率分集、空间频率分集等。不同独立衰落信号的个数为分集重数，除了极化分集的分集重数为 2（水平极化和垂直极化）以外，其他分集方式理论上并不限制分集重数，常用的是二重分集和四重分集。目前在短波接入网通信中，应用最多的是空间频率分集组合应用方式，也常形象地称为广域频率分集。

7.4.1　分集接收技术

所谓分集接收技术，就是利用不同路径、不同频率、不同电波到达角、不同时间或不同极化等方式去接收载有同一信息的信号，并将同一信息的各个信号分量按某种原则加以合并的信息处理技术。简而言之，就是分散接收输入，集合汇总输出的接收方式。采用分集接收技术的目的并不在于提高合并信号后的信号电平，而是为了降低因衰落造成的信号电平陡降到不能利用的时间。分集接收按“分”划分，可分为空间、频率、时间、极化、角度等基本类型；按“集”划分，可分为选择式合并、等增益合并、最大值合并。

1. 空间分集技术

利用多个天线接收同一信号的分集方式称为空间分集，也称天线分集。空间分集是最早出现且应用最为广泛的分集方式。空间分集主要利用了短波信道在空间上的独立性，将多个天线配置于空间中的不同位置上，构成天线阵列，共同接收同一信息，若天线之间相隔距离足够远，则可以实现接收信号衰落特性的独立。一般情况下，接收天线之间的距离 d 应满足半波长条件，即 $d \geqslant \lambda/2$（λ 为波长），以保证各支路信号不产生分辨模糊。再将各个天线的接收信号传送至同一处理中心，选取其中衰落程度最小的一路作为输出信号，或将其按一定的标准进行加权运算后输出，均可有效提高信噪比。其典型结构如图7－15所示。

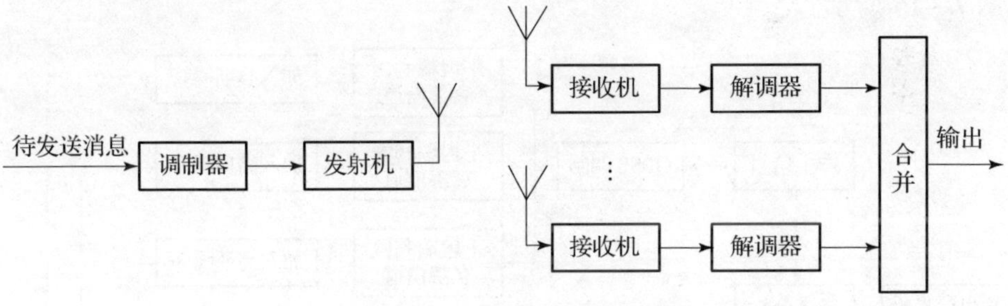

图7－15　短波接入网空间分集处理典型结构示意图

如若接收天线之间间距太小，则各分散接收信号的相关程度增加，分集效果不明显。但间距太大，也没有必要，因为随着间距的加大，各分散接收信号的相关程度并不随之成正比地下降，分集效果增加并不太多，相反增加了场地占用面积和馈线损耗。两天线接收被称为二重空间分集，三天线称为三重空间分集。因此通过天线之间的不同空间位置，可以实现接收多个所受衰落独立的信号合并，最终实现系统性能的相对稳定和抗衰落特性。

空间分集在实现时不需要增加发射功率或带宽，总体技术难度不大，但其为了追求更好的分集效果，往往需要使用更多的天线、建造地理距离更远的接收台站等，故实现成本较高。

此外，空间分集还有两类变化形式：极化分集，利用单个天线水平与垂直极化方向上的正交性能来实现分集的功能；角度分集，利用传输环境的复杂性，调整天线不同角度的馈源，实现在单个天线不同角度到达信号样值统计上的不相关性来实现等效空间分集的效果。

空间分集使用多个天线来取得分集，其中多个天线可以用在接收端和发射端。如果天线分开得足够大，大于信号的相干区间，则对于不同天线的信号独立地进行衰落。小型设备中受空间限制，难以使用多个天线；而接入节点可以以基站的形式存在，有足够的物理空间分开距离，所以将空间分集使用在接入节点一端。对于接收端分集天线的距离 d 一定要大于信号的相关区间 ΔS，即 $d \geqslant \Delta S \geqslant \lambda/\phi$。式中，$\lambda$ 为波长；ϕ 为天线扩展角，城市中 ϕ 一般取 20°，则得到 $d \geqslant 2.86\lambda$。

利用 MATLAB 中的 Simulink 工具对信号的空间分集过程进行仿真，模型将发送端的信号全部使用 QPSK 调制，使用平坦瑞利慢衰落信道，并加入高斯噪声来模拟信号传输过程中的多径衰落问题，其仿真模型结构如图 7－16 所示。

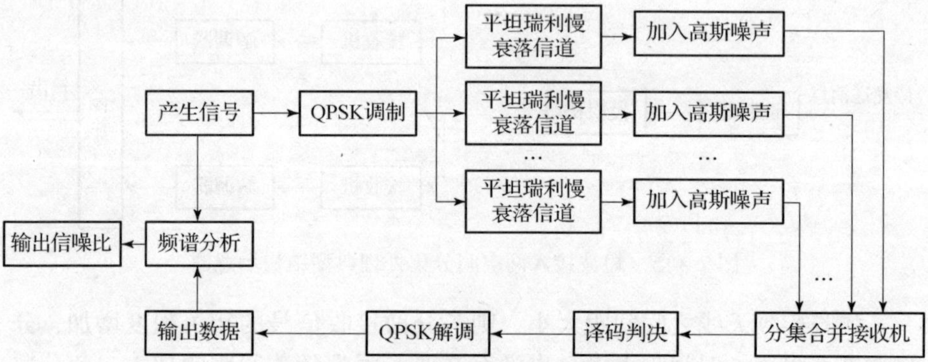

图 7－16　空间分集仿真模型结构图

通过不断地改变分集的重数，得到 1～10 重分集的信噪比，根据结果绘制图 7－17。

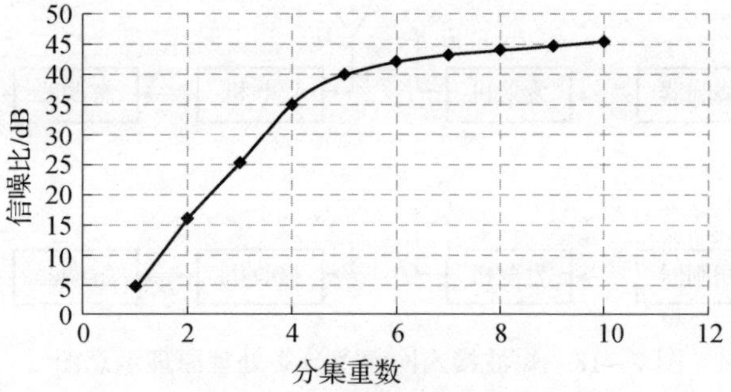

图 7－17　不同分集重数下的信噪比

此实验模拟了信号空间分集处理的过程，实验结果表明当分集重数 N 越大时，信噪比越大，但信噪比增加的幅度越来越小，在 $N=6$ 时基本保持不变。考虑到当 N 越大时，需要的设备也就越多，信号处理起来也就越繁琐。因此，在搭建空间分集的系统时，会在性能与复杂性上折中，一般取 4。

2. 频率分集技术

同一信息在不同频率上同时发送和分别接收合并所组成的分集方式，称为频率分集。其基本原理是利用信道衰落在频率维度的独立性。即，如果这些频率之间的间隔大于信道的相关宽度，则这些频率上的衰落近似相互独立，因此信号在两个频率上同时出现深度衰落的概率很小。

频率分集能够有效克服频率选择性衰落的影响，但由于其需要在多个频段发送相同内容的信息，故占用频谱资源较多，频谱利用率低，实际上并不常用。可将信息扩展到较大的带宽上，利用时分多址（TDMA）、码分多址（CDMA）、正交频分复用（OFDM）等方式，提升频谱利用率。

另外，频率分集还会造成一定程度的功率分散，当使用 n 个不同的频率传播信息时，每一条支路的最大发送功率仅为总发射功率的 $1/n$。在早期，为了在不同频率上发送信息，往往需要使用多部独立的发射机同时工作，并配备相应数量的接收机，实现代价较大，因此对频率分集的应用有限。但随着技术的发展，全频段接收机逐渐投入使用，频率分集也拥有了更广阔的应用前景。

频率分集与空间分集相比，不是使用空间维度，而是在频率维度上分隔不相关的信号。相比于空间分集，频率分集以牺牲系统频谱效率为代价，减少了收发天线的数目，其实现原理如图 7－18 所示。

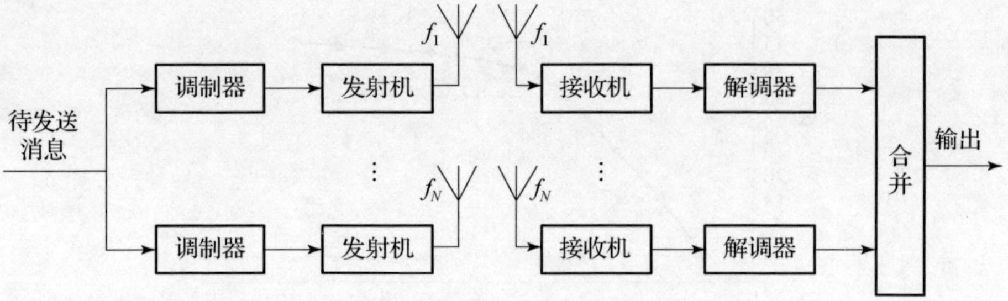

图 7-18　短波接入网频率分集处理原理示意图

所谓频率不相关的载波是指当不同的载波之间的间隔大于频率相干区间。即 $\Delta f \geqslant \Delta F \approx 1/L$。式中，$L$ 为接收信号的时延功率谱密度。

根据第三代短波通信的时延功率谱值得到实现频率分集的载波间隔应大于 200kHz。

同样对频率分集的过程进行仿真，在 MATLAB 中搭建一个使用频率分集的系统模块如图 7-19 所示。

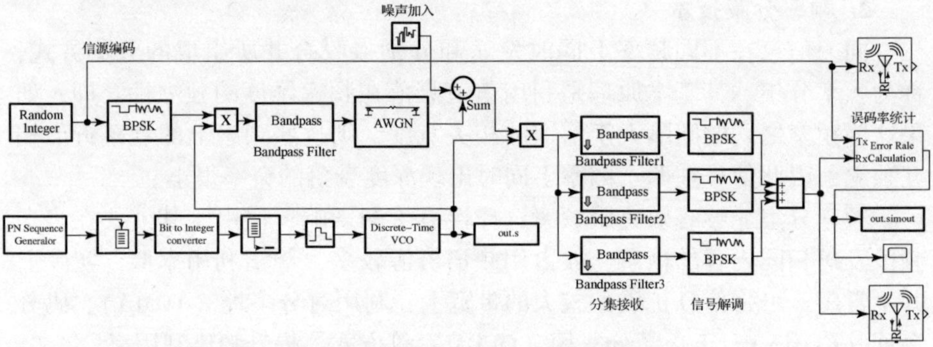

图 7-19　频率分集仿真模块结构图

在仿真过程中，值得注意的是，信号经过滤波器以及调制解调模块都会产生时延，要精确估计输入输出的延时，只有将输入和输出对齐后才能得到正确的误码率结果。这里需要在 MATLAB 的命令窗口输入下面的指令，得到输入和输出之间的时延。

```
[m,index] = max(xcorr(Rx,Tx));
L = length(Tx);
Delay = index - L;
```

将得到的时延值在误码率统计模块中的参数设为此值，这样才能进行正确的误码率统计。

在进行仿真时，通过改变频率分集的重数，得到不同分集重数下的误码率，如图 7-20 所示。

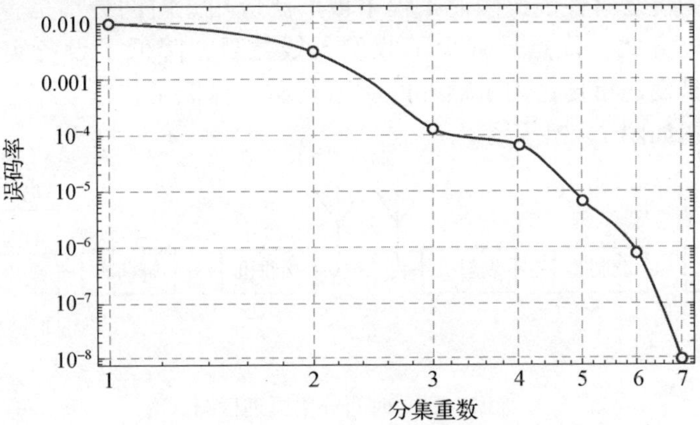

图 7-20　不同分集重数下的误码率

由图可知频率分集重数的增加，使误码率越来越小，这也证明了频率分集对信号传输的质量与可靠性有很大的提高。并且与空间分集技术相同，随着分集重数的增多，误码率减小的幅度越来越小，根据 IEEE802.3 标准规定的最坏情况下的误码率是 10^{-10}，在这种条件下，出现的误码不会影响性能，根据仿真结果，在分集重数大于 8 时，满足规定的标准。同样在考虑满足标准的前提下，还应考虑成本、技术复杂度等多方面因素。

3. 时间分集技术

时间分集是基于信道衰落在时间维度上的独立性（频率选择性），同一信号通过信道在一段时间重复发送，接收端取得不同时刻独立衰落的分集信号。因为信道是时变的，当发送信号的符号间隔大于信道的相干时间时，信号所受到的衰落是相互独立的，因而在接收端接收到的信号是不相干。因此，只要信号发射时间间隔大于信道的相关时间，则先后收到的装载同一消息的信号衰落起伏变化也是相互独立的。为了尽量得到大的等效功率分集增益，信号重复发送的时间间隔要尽量取得合适。一般情况下，短波信道的相干时间与电离层运动的剧烈程度成反比，因此在电离层比较平静的时期，信道的相干时间较长，时间分集间隔太小就会降低分集效果。

与其他分集方式不同的是，时间分集需要在发送和接收设备中设置信号存储模块，在发送端首先将需要发送信号进行存储，用于信号的重发；

在接收端将不同时刻接收到的信号进行存储，待所有时刻的信号都接收完毕后进行分集信号的合并。不同时刻的信号重发带来了时间分集增益，提高了系统的抗衰落性能，因而工程中被广泛应用。时间分集是一种设备最简单的分集方式，优点是减少了收发天线数目，降低了设备实现的复杂度，缺点是发送重传占用了额外的时隙资源，降低了传输效率。时间分集的原理框图如图 7 – 21 所示。

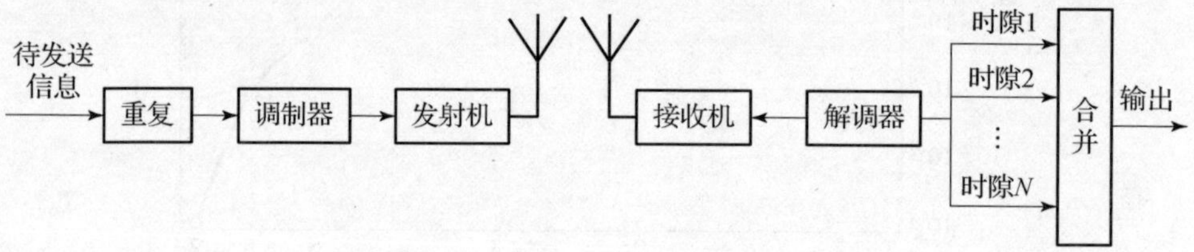

图 7 – 21　时间分集原理框图

实际使用时，分集的时间间隔要依据信号幅度衰落自相关曲线的不相关时间间隔来定。时间分集可通过重复编码、自动重传请求（ARQ）、交织和编码相结合等方式实现。重复编码是最简单的一种形式，信号重复发送多次，重复时间间隔要足够大，以达到去相关，这虽然能够获得分集，但大大降低了带宽效率，频谱效率降低的因子等于信号重复发送的次数；自动重传请求时，接收机通过反馈信道给发射机发送一个信息，表明是否以足够的质量收到了数据，如果不满足要求，发射机就会重新发送数据，该方式比重复编码频谱效率要好一些，因为只有在第一次传输遇到严重衰落时，才需要多次发送，而重复编码则会按分集重数一直发送；交织和编码相结合，是一种更高级的重复编码方案，一个码字的不同符号在不同的时间传输，其中一些符号以较高信噪比到达接收机的概率就会增加，发送的码字在接收端会被重建。

总之，与其他分集方式相比，时间分集的实现成本最低、代价最小，但它需要消耗更多的时间，故时效性较差。

4. 极化分集技术

极化分集是一种特殊的空间分集，这种技术要求发端分别发射不同极化的电磁波，例如水平极化与垂直极化波，左旋极化与右旋极化波等。

当然，即使发射天线只发射单一极化的信号，但信道传播特性的影响会导致去极化，会有两个极化方式的信号到达接收机。不同极化方向的反射系数不同，经过多次反射之后，不同极化方向的信号所受的衰落近似互相独立或者相互独立，接收端收到所受衰落独立的分集信号。

由于电离层对不同极化方向电波的反射率不同，短波信号在电离层中经历反射或折射时，其在不同极化方向上的幅度和相位产生的变化也不同，反复经历多次这样的反射、折射后，可以近似认为信号在两个正交极化方向上的分量的衰落特性相互独立。因此可以用两副天线分别接收信号水平极化和垂直极化的分量，并分别对信号进行处理，从而实现分集。

与空间分集不同，在极化分集方式中，天线可以靠得很近，即用同一位置上相同类型但极化不同（接收电波的不同极化分量）的天线接收同一信号，以克服由于电波的极化改变而引起的衰落。极化分集的性能劣于空间分集，所适用的通信场景有限。在天线间距确定的情况下，多重极化分集较多重空间分集的工程价值更大。

总之，极化分集利用了短波信号在不同极化方向上的分量的独立性。极化分集的优点是占用资源少、实现简单，缺点是只能进行二重分集。

5. 角度分集技术

角度分集其实是空间分集的一种特殊形式。由于多径信号在电离层中的反射角度不同，它们到达接收端时的传播方向也不同。可以使用多个方向性天线，接收来自不同方向的信号，获得信号在不同角度上的独立性，从而实现分集。

7.4.2　分集合并技术

通过分集获得的多个独立衰落的信号到达接收端后，需要进行合并处理，才能实现通信质量的改善，得出最终的接收信号。合并可以理解为对每一路信号赋予一个加权系数，再进行相加求和的过程。设分集重数为 m，各支路信号的幅度为 $S_i(t)(i=1,2,\cdots,m)$，则合并的输出信号为

$$S(t) = \sum_{i=1}^{m} \alpha_i S_i(t) \tag{7-1}$$

式中：α_i 为各支路的加权系数。

在接收端取得 M 个相互独立的支路信号以后，要通过合并技术来得到分集增益。合并技术通常有选择式合并、等增益合并、最大比值合并。

1. 选择式合并

选择式合并实质上并非合并，而是选择。即将 M 个输出信号使用选择逻辑进行比较，从其中选出“最佳”信号副本，其余信号全部丢弃。对于最佳信号的判断有多个不同标准，如可将具有最高基带信噪比的信号作为

合并器输出。选择式合并比较简单且易实现，适合分集重数不多时使用。在选择式合并中，合并器只需要选择出各支路中通信质量最好，即具有最高信噪比的一路作为输出即可，其原理如图 7－22 所示。

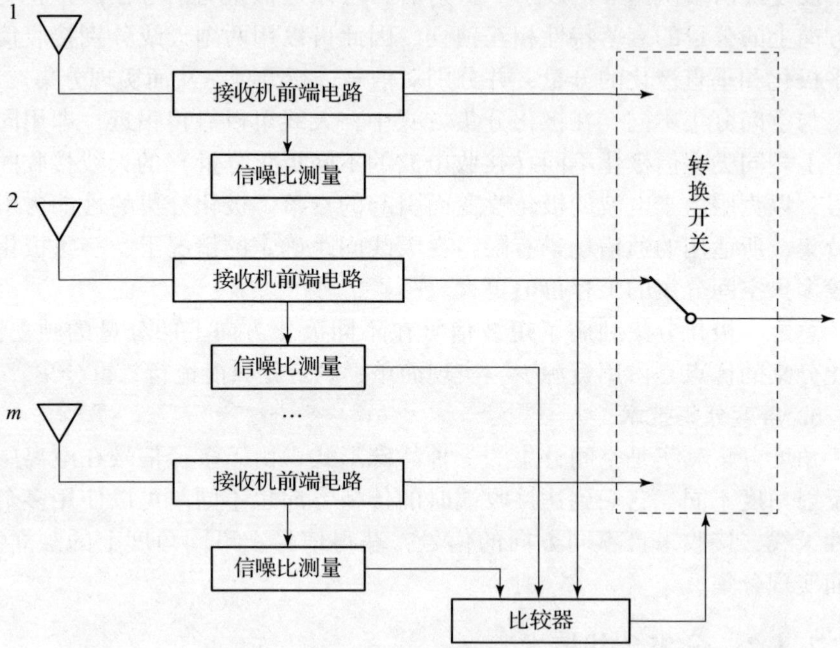

图 7－22　选择式合并原理图

合并器整体上相当于一个 $m:1$ 的转换开关。接收机收到信号后，首先对各分集支路的信噪比进行顺序的检测，检测可以在射频信号解调前进行，也可以在其解调成基带信号后进行。检测结果输送至比较器，比较出具有最大信噪比的一路，再由开关实时切换至该路，将其与输出端相连。

此时，各支路加权系数的取值为

$$\begin{cases}\alpha_i, \alpha_i \neq 0, & \gamma_i = \max(\gamma_1, \gamma_2, \cdots, \gamma_m) \\ 0, & \text{else}\end{cases} \tag{7-2}$$

最终的输出信号为：

$$S(t) = \alpha_i S_i(t), \alpha_i \neq 0 \tag{7-3}$$

设各分集支路的瞬时信噪比依次为 γ_1，γ_2，…，γ_m，则选择合并后输出的瞬时信噪比 γ_{SC} 为

$$\gamma_{SC} = \max(\gamma_1, \gamma_2, \cdots, \gamma_m) \tag{7-4}$$

选择式分集的主要缺点是，为了确定选择另一个不同天线的时刻，需要监视所有分集支路的选择标准（例如功率、信噪比等），这会增加硬件的工作量或降低频谱效率。

由于选择合并只选择了一条支路信号作为输出，故其运算量较小，复杂度程度较低。但是，选择合并没有很好地利用其他 $m-1$ 个支路样本，浪费了信号能量，未能实现各个信道间衰落特性的互补，故合并效果一般，而且其他 $m-1$ 个接收机都在工作却没有贡献，也是一种资源的浪费。

2. 等增益合并

将 M 个支路信号等增益放大后再相加（保持相位同相），作为合并的信号。这种方法将弱信号的能量也加以利用，而不是像选择分集那样舍弃，效果好很多，实现方法较为复杂，经常被选用。

等增益合并是将各个支路的信号都赋予相同的权重，对齐相位时延后全部叠加在一起，得出最终输出信号的合并方式。它相当于未对信号的幅度进行调制，只调整了各支路的相位，故又称为相位合并。其原理如图 7-23 所示。

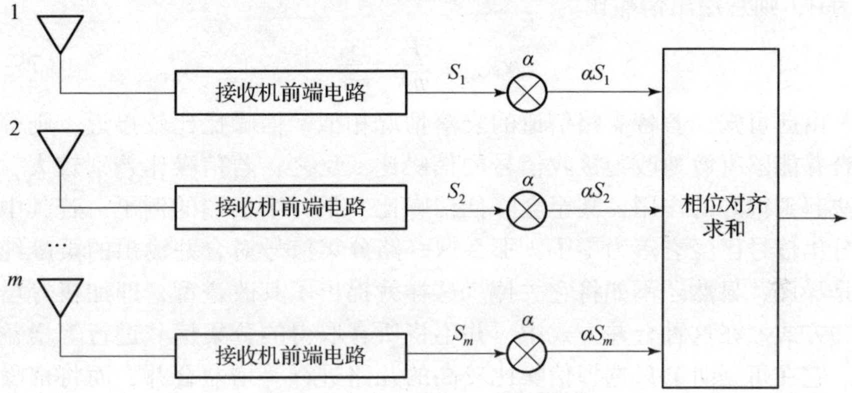

图 7-23　等增益合并原理图

在等增益合并中，各支路加权系数的取值为

$$\alpha_i = \alpha (i = 1, 2, \cdots, m) \tag{7-5}$$

则最终的输出信号为

$$S(t) = \alpha \sum_{i=1}^{m} S_i(t) \tag{7-6}$$

输出信号的瞬时信噪比 γ_{EGC} 为

$$\gamma_{\mathrm{EGC}} = \frac{\left(\alpha \sum_{i=1}^{m} \sqrt{P_i}\right)^2}{\alpha^2 \sum_{i=1}^{m} N_i} = \frac{\left(\sum_{i=1}^{m} \sqrt{P_i}\right)^2}{\sum_{i=1}^{m} N_i} \tag{7-7}$$

式中：P_i、N_i 分别为各支路的信号功率和噪声功率。

由该式可知，等增益合并的合并性能与各支路的信噪比密切相关。下面通过两个极端情况进行分析：

设各支路的信号功率和噪声功率均相等，即 $P_i = P$、$N_i = N(i = 1, 2, \cdots, m)$，支路信噪比 $\gamma_i = \frac{P}{N} = \gamma$，则总输出信噪比为

$$\gamma_{\mathrm{EGC}_1} = \frac{\left(\sum_{i=1}^{m} \sqrt{P}\right)^2}{\sum_{i=1}^{m} N} = \frac{mP}{N} = m\gamma \tag{7-8}$$

设各支路的信号功率相差悬殊，而噪声功率仍相等 $N_i = N(i = 1, 2, \cdots, m)$。令其中一路的信号功率 $P_1 = P$，信噪比 $\gamma_1 = \gamma$，其余各支路信号功率均为0，则总输出信噪比为

$$\gamma_{\mathrm{EGC}_2} = \frac{P}{mN} = \frac{\gamma}{m} \tag{7-9}$$

由此可知，若各支路信道的衰落情况相似、信噪比比较接近，则等增益合并能够有效地改善接收信号的信噪比。反之，若信噪比差别较大，则无法起到很好的作用，甚至会降低信噪比。举一个极端的例子，若其中某个分集信号已经衰落为零了，那么这一路分集信号对合并输出的贡献纯粹只是噪声，显然还不如将它去掉。这样就提出了其改进型，即加权等增益合并方式。在这种合并方式中，并不将所有取得的分集信号进行等增益放大。它在每一时刻只选择信噪比较高的几路进行等增益合并，而将信噪比过低的分集信号去掉。这实际上是等增益合并方式与选择式合并方式的混合形式。若处理得适当，其性能比等增益合并方式要有所改善。

3. 最大比值合并

将 M 个支路信号分别进行放大输出（要求各路输出电平相等）相加作为合并后的信号。因为每个支路信号的信号强度有差异，放大器对其的增益也有差异，因此，这种合并方式实现复杂，输出效果较高，使用情况不多。

最大比值合并（MRC）是根据各支路通信质量的不同，为每个支路实

时赋予不同的权重，对齐相位时延后进行加权合并，以实现输出信噪比最大化的合并方式，其原理如图 7－24 所示。

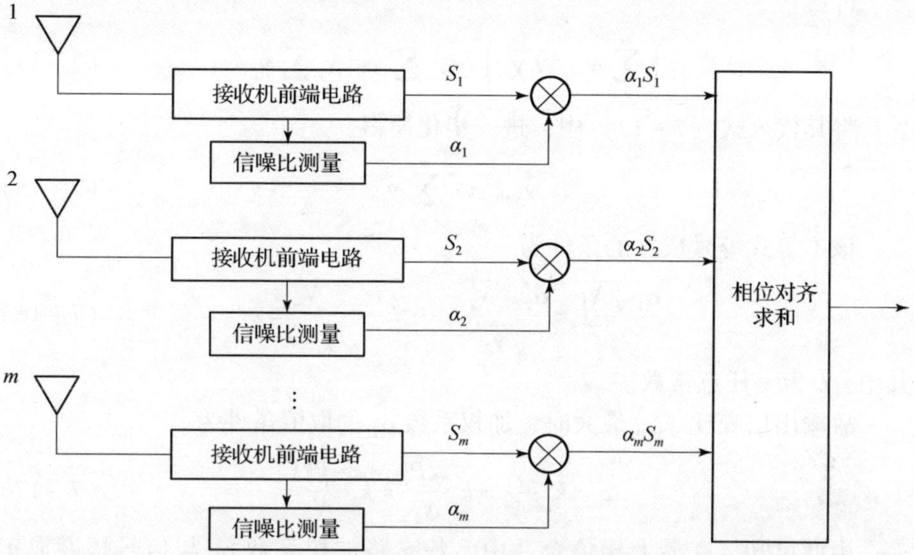

图 7－24　最大比值合并原理图

在最大比值合并中，设合并器为每一分集支路实时计算出的加权系数为 α_i，各支路信号先与加权系数相乘，再进行同相求和。则最终的输出信号为

$$S(t) = \sum_{i=1}^{m} \alpha_i S_i(t) \tag{7-10}$$

输出信号的瞬时信噪比 γ_{MRC} 为

$$\gamma_{\mathrm{MRC}} = \frac{\left(\sum_{i=1}^{m} \alpha_i \sqrt{P_i}\right)^2}{\sum_{i=1}^{m} \alpha_i^2 N_i} \tag{7-11}$$

又由 $\gamma_i = \dfrac{P_i}{N_i}$，可将上式可化为

$$\gamma_{\mathrm{MRC}} = \frac{\left(\sum_{i=1}^{m} \alpha_i \sqrt{N_i \gamma_i}\right)^2}{\sum_{i=1}^{m} \alpha_i^2 N_i} \tag{7-12}$$

由柯西－施瓦茨不等式：

$$\left(\sum_{i=1}^{m} x_i y_i\right)^2 \leqslant \sum_{i=1}^{m} x_i^2 \sum_{i=1}^{m} y_i^{\,2} \tag{7-13}$$

可得

$$\left(\sum_{i=1}^{m} \alpha_i \sqrt{N_i \gamma_i}\right)^2 \leqslant \sum_{i=1}^{m} \alpha_i^{\,2} N_i \sum_{i=1}^{m} \gamma_i \tag{7-14}$$

将其代入式（7－12）中，进一步化简得

$$\gamma_{\mathrm{MRC}} \leqslant \sum_{i=1}^{m} \gamma_i \tag{7-15}$$

该不等式等号成立的条件为

$$\frac{\alpha_1 \sqrt{N_1}}{\sqrt{\gamma_1}} = \frac{\alpha_2 \sqrt{N_2}}{\sqrt{\gamma_2}} = \cdots = \frac{\alpha_m \sqrt{N_m}}{\sqrt{\gamma_m}} = k \tag{7-16}$$

其中，k 为一任意常数。

故输出信噪比 γ_{MRC} 最大时，加权系数 α_i 的取值条件为

$$\alpha_i = k\sqrt{\frac{\gamma_i}{N_i}} = k\,\frac{\sqrt{P_i}}{N_i} = k\,\frac{S_i(t)}{N_i} \tag{7-17}$$

由此可知，在最大比值合并中，各支路加权系数 α_i 与信号幅度成正比，与噪声功率成反比时，输出信噪比可达最大值，为各支路信噪比之和。

最大比值合并实现了对所有分集支路的利用，又能够合理地处理各支路信号的优势与缺陷，真正实现了信道间的互补，是性能最佳的合并方式。然而它需要实时计算各支路的加权系数，并持续进行加权运算，因此也是计算难度最大、系统最复杂、实现成本最高的合并方式。

通过让三重频率分集的信号利用 MATLAB 里的分集合并接收机模块，按照三种合并方式每路信号所占的权重在分集合并接收机中进行设置，以此来模拟三种合并方式，再加入一个误码率统计模块进行误码率统计，通过调节信号传输过程中的噪声，得到三种技术在不同信噪比的情况下误码率的变化，如图 7－25 所示。

由图 7－25 可知，最大比值合并的性能最好，等增益合并效果次之，选择合并性能最差。但实际使用过程中，最大比值合并实现起来设备最复杂，信号处理最繁琐，且当分集重数过多时，等增益合并的效果和最大比值合并相差不大。所以分集重数多时，一般采用等增益合并。当分集重数为 2 时，选择合并的性能和其他两种合并方式的性能相差不大，而且实现简单，所以此时一般使用选择合并。

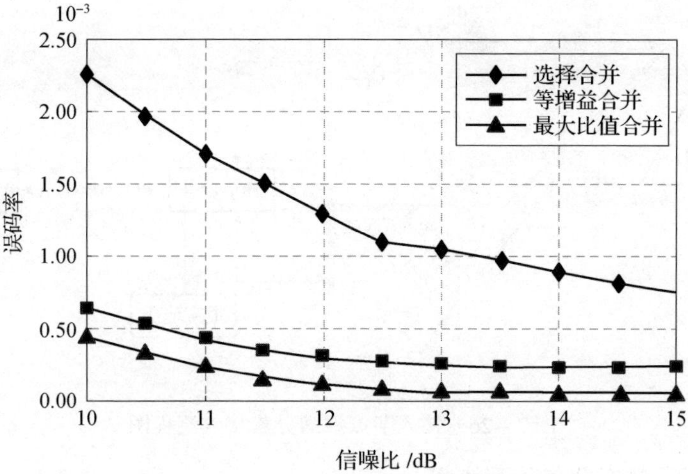

图 7－25　不同合并技术的误码率比较

7.4.3　分集接收处理工作流程

基于分集接收的无线接入技术，采用 3G－ALE 为主的建链方式。其分集传输技术被运用于电台用户与接入节点之间，在接入节点一端同时采取空间分集与频率分集两种技术，分别对应电台用户向节点通信及节点向电台用户通信。

1. 上行空间分集处理流程

在系统中，电台用户向接入节点上行通信采用的是广域空间分集处理技术。充分利用短波台站的设备（信道设备资源多、发射机功率大）、场地（可架设大型天线）、安装环境、保障条件等多方面优势，通过多个收信台全频段同时接收上行信号，转发至处理中心进行合并处理，实现空间分集，提升上行信号的接收效果。其接收流程如图 7－26 所示。

电台用户以单个频率发送信号，业务终端将数据发送给信道设备完成调制和信号放大，通过电台的天线发出。接收处可以选择由一个节点的多副天线接收或者多个节点的多个天线接收的方式进行空间分集接收，分集合并后的报文既可以直接输出，也可以通过有线网络汇集到网控中心进行二次分集合并处理，最终完成电台用户的信号的接收，提高通信的可靠性。

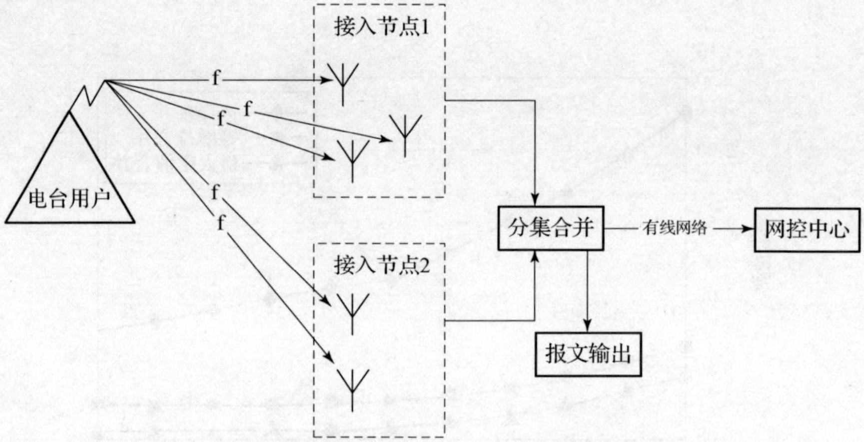

图 7-26　接入节点空间分集接收流程图

2. 下行频率分集处理流程

系统中，接入节点向电台用户下行通信采用的是频率分集处理技术。与上行信号全频广域接收工作原理类似，下行信号采用多点多频发送、机动用户分集接收方法，即多个短波发信台在不同频率同时发射信号，由机动用户对多个下行信号并行接收、解调生成软信息并合并译码，实现频率分集，大幅提升下行链路可通率。其处理流程如图 7-27。

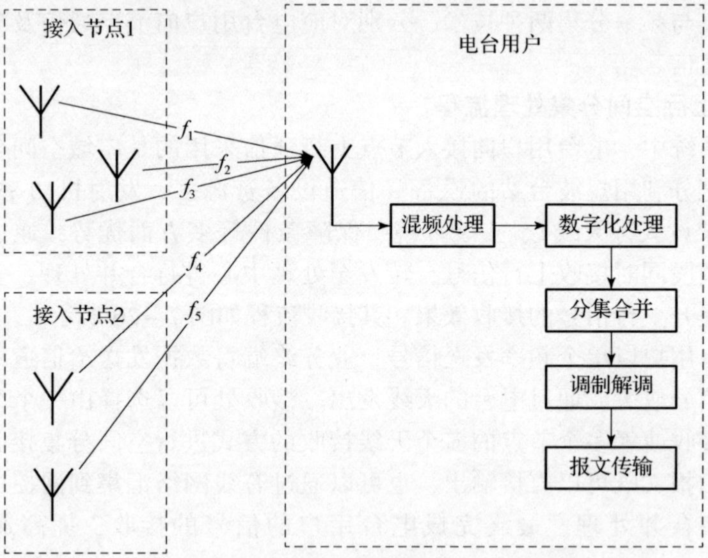

图 7-27　接入节点频率分集处理流程图

接入节点选择一个节点多个频率发送，或者多个节点多个频率发送，使用时根据需求灵活地选择发送频率个数，通过网控中心统一下发报文给接入节点，各节点统一控制发信机，以多个频率同时发送同一信号。电台采用单点接收的方式，通过一副天线进行接收信号，将接收到的多路不同频率的信号进行分集合并处理，之后进行解调和解码处理，最终输出高信度的报文。

7.5　小结

由于短波通信存在一些明显的缺点，如频段窄、通信容量小、信号传输稳定性差、受噪声干扰严重等，导致短波通信装备在技术体制和性能方面还存在一些问题，与满足用户需求尚存在一定差距，主要表现在：一是短波通信选频困难，可通率低，短波通信随时间、空间、环境等变化频繁，各类干扰严重，使得话音成功率始终在 60%～70% 之间徘徊；二是可通时段受限，“远程通” 能力不够，各用户对远程接入通信的需求越来越急迫，但现有短波电台难以满足；三是技术体制不统一，互联互通能力弱，各类用户短波通信技术体制不统一，互联互通互操作困难。本章主要研究了短波接入网无线接入技术，根据典型短波接入网的网络架构，对同步选频建链技术、上行空间分集、下行频率分集处理技术进行了深入研究，对几种技术的优劣性进行比较分析，可为短波接入网建设改进选频建链策略提供有益参考。

术语与缩略语

1G	The first generation	一代
2G	The second generation	二代
3G	The third generation	三代
4G	The fourth generation	四代
ACP	Allied Communications Publication	联合通信出版物
ACS	Auto Channel Selection	自动信道选择
AGC	Automatic Generation Control	自动增益控制
ALE	Automatic Link Establishment	自动链路建立
ALM	Automatic Link Maintenance	自动链路维护
AMD	Automatic Message Display	自动报文显示
ARQ	Automatic Repeat Request	自动重传请求
AWGN	Additive White Gaussian Noise	加性高斯白噪声
BER	Bit Error Rate	误码率
BEC	Backward Error Correction	后向纠错
BFTP	Basic File Transfer Protocol	基本文件传输协议
bps	bit per second	比特每秒

BPSK	Binary Phase Shift Keying	二进制相移键控
BW	Band Width	带宽/频宽
CDMA	Code Division Multiple Access	码分多址
CF	Critical Frequency	临界频率
CFTP	Compressed File Transfer Protocol	压缩文件传输协议
CHESS	Correlated Hopping Enhanced Spread Spectrum	高速差分跳频
COMSEC	COMMmunication SECurity	通信加密
COP	Common Operation Picture	通用作战图
CP	Cyclic Prefix	循环前缀
CPM	Continue Phase Modulation	连续相位调制
CRC	Cyclic Redundancy Check	循环冗余校验
CRC	Communications Research Centre Canada	加拿大通信研究中心
CSMA	Carrier – Sense Multiple Access	载波监听多路访问
CSMA – CA	Carrier – Sense Multiple Access with Collision Avoidance	载波监听多路访问 – 冲突避免
CSMA – CD	Carrier – Sense Multiple Access with Collision Detection	载波监听多路访问 – 冲突检测
CW	Continuous Wave	连续波
dB	decibel	分贝
DBM	Data Block Message	数据块消息
DCD	Data Carrier Detection	数据载波检测
DPP	Delay Power Profile	延时功率谱
DQPSK	Differential Quadrature Reference Phase Shift Keying	差分正交相移键控
DRM	Digital Radio Mondiale	数字无线广播

DSP	Digital Signal Processing	数字信号处理
DSSS	Direct Sequence Spread Spectrum	直接序列扩频
DTE	Data Terminal Equipment	数据终端设备
FEC	Forward Error Correction	前向纠错
FED - STD	Federal Standard	联邦标准（美国）
FER	Frame Error Rate	误帧率
FFT	Fast Fourier Transform	快速傅里叶变换
FHSS	Frequency Hopping Spread Spectrum	跳频扩频
FOT	Frequency of Optimum	最佳工作频率
FPGA	Field Programmable Gate Array	现场可编程门阵列
FTM	Fast Transaction Management	快速业务管理
FSK	Frequency Shift Keying	频移键控
FTP	File Transfer Protocol	文件传输协议
FLSU	Fast Link Set Up	快速链路建立
GI	Guard Interval	保护间隔
HARQ	Hybrid Automatic Repeat reQuest	混合自动重传请求
HDL	High - throughput Data Link	高速数据链路
HDL +	High - throughput Data Link +	增强版高吞吐数据链路
HF	High Frequency	高频（短波）
HFITF	High Frequency Intra - task Force	短波特混编队通信网（美国）
HFPOP	High Frequency Post Office Protocal	短波邮局协议
HFTP	High Frequency Token Protocol	短波令牌协议
HFSS	High Frequency Ship and Shore	短波岸舰网络（美国）
HMTP	High Frequency Mail Transfer Protocol	短波邮件传输协议

ICEPAC	Ionospheric Communications Enhanced Profile Analysis & Circuit	电离层通信增强剖面分析和电路
ICI	Inter Carrier Interference	载波间干扰
IFFT	Inverse Fast Fourier Transform	快速傅里叶逆变换
INP	Initial Net Parameter	初始化网络参数
IP	Internet Protocol	互联网协议
IR	Incremental Redundancy	递增冗余
ISB	Independent Side Band	独立边带
ISI	Inter - Symbol Interference	符号间干扰
ISO	International Organization for Standardization	国际标准化组织
ITS	Institute of Telecommunication Sciences	美国电信科学协会
ITU	International Telecommunications Union	国际电信联盟
ITU - R	International Telecommunication Union - Radio Communications Sector	国际电信联盟无线电通信组
LAN	Local Area Network	局域网
LBT	Listen Before Transmit	发射前侦听
LDL	Low latency Data Link	低速数据链路（协议）
LDPC	Low Density Parity Check	低密度奇偶校验
LP	Linking Protection	链路防护
LQA	Link Quality Analysis	链路质量分析
LSB	Least Significant Byte	最低有效位
LSU	Link State Update	链路状态更新
LUF	Lowest Usable Frequency	最低可用频率
MAC	Media Access Control	媒体访问控制（协议）
MAP	Maximum a Posteriori	最大后验概率

MDS	Multi Direct Sequence	多进制扩频
MELP	Mixed Excitation Linear Prediction	混合激励线性预测
MF	Medium Frequency	中频
MIL - STD	Military Standard	军用标准（美国）
ML	Maximum Likelihood	最大似然
MLSE	Maximum Likelihood Sequence Estimation	最大似然序列估计值
MMHS	Military Message Handling System	军事消息处理系统
MIMO	Multiple - Input Multiple - Output	多入多出
MRF	Multi - path Reduction Factor	多径衰减因子
MSB	Maximum Significant Byte	最高有效位
MSK	Minimum Frequency Shift Keying	最小频移键控
MTA	Mail Transfer Agent	邮件传输代理
MUF	Maximum Usable Frequency	最高可用频率
MULE	Multicast E - mail	多播电子邮件传输
NATO	North Atlantic Treaty Organization	北大西洋公约组织
NVIS	Near Vertical Incidence Skywave	近垂直入射天波
OFDM	Orthogonal Frequency Division Multiplexing	正交频分复用
OQPSK	Offset Quadrature Phase Shift Keying	偏移正交相移键控
OSI	Open System Interconnection	开放系统互联
PAR	Peak to Average Ratio	峰均比
PALE	Protected Automatic Link Establishment	链路防护子层
PDU	Protocol Data Unit	协议数据单元
PSK	Phase Shift Keying	相移键控
PN	Pseudorandom - Noise	伪噪声随机
PTM	Point to Multi - point	点对多点
PTP	Point to Point	点对点

QAM	Quadrature Amplitude Modulation	正交幅度调制
QoS	Quality of Service	服务质量
QPSK	Quadrature Phase Shift Keying	正交相移键控
RCOP	Reliable Connection – Oriented Protocol	可靠的面向连接协议
RF	Radio Frequency	无线电频率、射频
RLSU	Robust Link Set Up	鲁棒链路建立
RS	Reed – Solomon	里德 – 所罗门
RTT	Right to Transmit	传输权
Rx	Receive	接收
SAP	Subnet Access Point	子网接入点（STANAG 5066 中定义）
SDS	Synchronous Dwell Speed	同步驻留速度
SMTP	Simple Mail Transfer Protocol	简单邮件传输协议
SNR	Signal Noise Ratio	信噪比
SPNDR	Signal Power to Noise Density Ratio	信号功率与噪声密度比
SSB	Single Side Band	单边带
STANAG	Standardization Agreement	标准协议（北约）
TCM	Trellis Coded Modulation	格形编码调制
TCP	Transmission Control Protocol	传输控制协议
TDMA	Time Division Multiple Access	时分多址接入
TDXN	Tactical Data Exchange Network	战术数据交换网络
TGC	Transmit Gain Control	发射增益控制
TLC	Transmit Level Control	发射电平控制
TM	Traffic Management	业务管理
TRANSEC	Transmission Seccurity	传输加密
Tx	Transmit	发射

UAV	Unmanned Aerial Vehicle	无人机
UDOP	Unreliable Datagram Oriented Protocol	非可靠的面向数据报协议
UDP	User Data Protocol	用户数据报协议
VOACAP	Voice of America Coverage Analysis Program	美国之音覆盖分析程序
WALE	Wide band Automatic Link Establishment	宽带自动链路建立
WBHF	Wide Band High Frequency	宽带短波（宽带高频）
WID	Waveform Identification	波形编号
WTRP	Wireless Token Ring Protocol	无线令牌环协议
XOR	Exclusive OR	异或（逻辑运算）

参考文献

[1] U. S. Department of Defense Interface Standard. Interoperability and performance standards for data modems：MIL - STD - 188 - 110A [S]. Department of Defense，1991.

[2] U. S. Department of Defense Interface Standard. Interoperability and performance standards for data modems：MIL - STD - 188 - 110B [S]. Department of Defense. 2000.

[3] U. S. Department of Defense Interface Standard. Interoperability and performance standards for data modems：MIL - STD - 188 - 110C [S]. Department of Defense，2011.

[4] U. S. Department of Defense Interface Standard. Interoperability and performance standards for data modems：MIL - STD - 188 - 110D [S]. Department of Defense，2017.

[5] U. S. Department of Defense Interface Standard. Interoperability and performance standards for medium and high frequency radio systems：MIL - STD - 188 - 141A [S]. Department of Defense，1988.

[6] U. S. Department of Defense Interface Standard. Interoperability and performance standards for medium and high frequency radio systems：MIL - STD - 188 - 110B [S]. Department of Defense，1999.

[7] U. S. Department of Defense Interface Standard. Interoperability and performance standards for medium and high frequency radio systems：MIL - STD - 188 - 110C [S]. Department of Defense，2011.

[8] U. S. Department of Defense Interface Standard. Interoperability and performance standards for medium and high frequency radio systems：MIL - STD - 188 - 110D [S]. Department of Defense，2017.

[9] NATO. Profile for HF Data Communications：STANAG 5066：V4. North Atlantic Treaty Org，2021.

[10] NATO. Technical Standards for an Automatic Radio Control System for HF communication Links：STANAG 4538 [S]. North Atlantic Treaty Org，2000.

[11] NATO. Technical Standards for Non - Hopping HF Communications Waveforms：STANAG 4539 [S]. North Atlantic Treaty Org，2005.

[12] NATO. Technical Standards for wideband waveforms for single non hopping：STANAG 4569 [S]. North Atlantic Treaty Org，2023.

[13] NATO. Technical Standards for single channel and multichannel HF radio equipment：STANAG 4203 [S]. North Atlantic Treaty Org，2022.

[14] NATO. Technical Characteristics of 1200/2400/3600 bits per second single tone modulators/demodulators for HF Radio Links：STANAG 4285 [S]. North Atlantic Treaty Org，1989.

[15] NATO. Standard for Military Messaging based on X. 400：STANAG 4066 [S]. North Atlantic Treaty Org，2005.
[16] NATO. Characteristics of single tone modulators/demodulators for Maritime HF Radio Links with 1240Hz Bandwidth：STANAG 4529 [S]. North Atlantic Treaty Org，1998.
[17] NATO. Military load classification of bridges，ferries，rafts and vehicles：STANAG 4529 [S]. North Atlantic Treaty Org，2021.
[18] NPFC. Telecommunications：HF radio automatic link establishment：FED - STD - 1045 [S]. US，1993.
[19] NPFC. Telecommunications：HF Radio Modems：FED - STD - 1052 [S]. US，1996.
[20] Furman W N，Koski E. Next generation ALE concepts [C]. The Institution of Engineering and Technology，11th International Conference on Ionospheric radio Systems and Techniques. IEEE Xplore，2009：1 - 5.
[21] Li，Q，Teh，Li K H. Low - complexity channel estimation and turbo equalisation for high frequency channels [J]. IET Communications，2013，7 (10)：980 - 987.
[22] GJB 2077.《短波自适应通信系统 自动线路建立规程》[S]. 1994.
[23] GJB 2077A.《短波自适应通信系统 自动线路建立规程》[S]. 2007.
[24] 王金龙. 短波数字通信研究与实践 [M]. 北京：科学出版社，2013.
[25] 任国春. 现代短波通信 [M]. 北京：机械工业出版社，2020.
[26] 胡中豫. 现代短波通信现代通信网络技术系列 [M]. 北京：国防工业出版社，2003.
[27] 马新，刘翠海，马文骄，等. 浅析无线信道特性及对潜艇目指数据传输的影响 [J]. 数字技术与应用，2015 (08)：56 - 57.
[28] 王奋升. 新型短波自动链路建立协议的设计与实现 [D]. 西安：西安电子科技大学，2013.
[29] 左卫. 短波通信系统发展及关键技术综述 [J]. 通信技术，2014，47 (8)：847 - 853.
[30] 徐淑正，张晖，杨中华，等. 信息时代的短波通信 [J]. 电子技术应用，2005，3：1 - 3.
[31] 张小龙. 短波综合模拟系统硬件平台设计与实现 [D]. 西安：西安电子科技大学，2013.
[32] 赵莉，吴一飞. 略议现代短波通信技术 [J]. 数字技术与应用，2012 (6)：57 - 58.
[33] 任谷润. 短波第三代自动线路建立协议设计与实现 [D]. 西安：西安电子科技大学，2012.
[34] 刘俊杰，王翔，唐光亮. 第二代与第三代短波自动链路建立协议对比分析 [J]. 通信技术，2009 (5)：3.
[35] 马满仓. 新一代短波通信技术的特点 [J]. 军民两用技术与产品，2009 (2)：3.
[36] 张婷婷. 基于3kHz带宽的短波高速传输系统 [D]. 西安：西安电子科技大学，2015.
[37] 林川. 短波宽带数据传输系统中的关键技术研究 [D]. 西安：西安电子科技大学，2014.
[38] Costello，林舒. 差错控制编码 [M]. 2版. 北京：机械工业出版社，2007.
[39] 樊昌信，曹丽娜. 通信原理 [M]. 6版. 北京：国防工业出版社，2006.
[40] 王凯，李珊. 短波通信组网与数字短波组网关键技术探析 [J]. 无线互联科技，2020，17 (19)：1 - 2.
[41] 何坤. 探究超短波电台通信网络中的自组网路由协议应用 [J]. 科技创新导报，2019 (11)：153 - 155.
[42] 李木胜. 短波通信组网发展趋势探究 [J]. 无线互联科技，2018，15 (7)：9 - 10.

[43] 李智深，俞岭．刍议短波通信组网与数字短波组网关键技术［J］．数字通信世界，2018（9）：58－59.

[44] 徐伯禺，吴永宏．基于短波广域分集组网通信的海洋物联网［J］．海洋信息，2019，34（3）：18－22.

[45] 余超，蔡欣．频率管理系统在短波通信中的应用研究［J］．科学与信息化，2019（12）：45.

[46] 张海勇，田晓铭，徐池．基于 Kriging 频率预测的短波通信选频系统设计与构建［J］．通信技术，2019，52（4）：795－801.

[47] 董彬虹，李少谦．短波通信的现状及发展趋势［J］．信息与电子工程，2007（1）：1－5.

[48] 马罗文，杨瑞娟，潘平俊，等．高速短波 OFDM 系统空间分集接收性能仿真分析［J］．空军预警学院学报，2016，30（04）：271－274.

[49] 杨美华，朱宇峰，魏巍．基于 OFDM 的短波多天线分集接收技术性能仿真［J］．通信技术，2011，44（10）：7－9.

[50] 寻川怀，赵艳，游凌，等．短波多音并行信号分集接收技术研究［J］．电信技术研究，2019（1）：24－29.

[51] 任谷润．短波第三代自动线路建立协议设计与实现［D］．西安：西安电子科技大学，2012.

[52] 杨莹莹．第三代短波通信数据链路层协议的研究与实现［D］．西安：西安电子科技大学，2012.

[53] 姜之一．第三代短波通信协议的研究与实现［D］．西安：西安电子科技大学，2007.

[54] 李长斌．短波通信网络频率指配系统研制［D］．广州：华南理工大学，2015.

[55] 赵亲成．短波通信技术在应急通信中的应用［J］．中国战略新兴产业，2019（36）：87－88.

[56] 赵振学．短波自适应通信技术理论研究［J］．通讯世界，2016（12）：1.

[57] 陶玉柱，胡建旺，崔佩璋．软件无线电技术综述［J］．通信技术，2011，44（1）：37－39.

[58] 左卫．短波通信系统发展及关键技术综述［J］．通信技术，2014（8）：847－853.

[59] 周亚桥．短波选频与建链模块的设计与实现［D］．西安：西安电子科技大学，2018.